新版 宇宙物理学

星
銀河
宇宙論

高原文郎 [著]

朝倉書店

まえがき

　本書『新版 宇宙物理学——星・銀河・宇宙論——』は，学部上級から大学院修士課程の学生のための宇宙物理学の教科書である．このレベルの教科書の通例として，他分野の研究者が宇宙物理学の概観を得るのにも役立つことも期待している．本書の旧版『宇宙物理学』（朝倉書店）に1999年に刊行され幸いなことに多くの読者を得てきたが，この間の宇宙物理学の発展をふまえて今回改訂版を刊行することにした．この機会に，旧版で触れることができなかった宇宙論について新たに1章を設けるとともに，降着円盤など高エネルギー天体物理について簡単な説明を加えた．また，いくつかの細かな誤りの訂正を含め，記述の改善のため全般に手を加えた．これにより「1冊で宇宙物理学全般の基礎概念を学べる教科書」という要求をよりよく満たすようになったと信じるものである．

　旧版の序でも述べたことであるが，この半世紀の間に宇宙物理学は大きく発展し，宇宙物理学に関心をもつ学生や研究者の数は増加の一途をたどっている．しかし，力学，電磁気学，量子力学，統計熱力学，物理数学などをひととおり学んだ学生のための，日本語で書かれた宇宙物理学の教科書は依然としてそれほど多くない．信頼できる教科書はレベルが高すぎたり，題材が限られたりするものがほとんどである．あるいは20冊程度のシリーズというように分量が多すぎる場合もある．そこで，1冊でまず宇宙物理学の概要を学ぶことが可能な教科書が要望されるが，それに応えるのが本書の目的である．

　物理学の他の科目に比べた宇宙物理学の特徴としてまず挙げられることは，基礎となる物理がかなり広範にわたることであろう．量子力学や統計熱力学などの基礎科目を個別に理解しているだけでは不十分で，これらを総合的に応用していくことが必要となる．これに加え，素粒子物理学，原子核物理学，原子物理学，流体力学，プラズマ物理学などの初歩的知識も必要となる．こういうと，宇宙物理学はとてつもなく難しい科目と思われるかもしれないが，それは誤解である．宇宙物理学をひととおり理解するために必要な事項はかなり基礎的な一般的事項が主となっているからである．もともと自然は1つなのであり，物理学の各分野は互いに切り離された独立なものではなく，相互に深い関連をもっているのである．宇宙物理学を学ぶことによって，このような自然認識と物理学の在り方を学び，考えるのも意味のあることであろう．

　宇宙物理学のもう1つの特徴はその範囲の広さであろう．その対象，観測手段，基礎となる物理過程があまりにも広いために，どうしても宇宙物理学の学習は片寄りが

ちになる．たまたま在籍した大学の教員が専門としている狭い分野だけは学習できるが，そのほかの分野については無知に近いということでは，専門化の弊害を防げず，学問の将来がないというものであろう．その意味で，よい教科書を何冊か自学自習することの意味は，他の科目に比べても大きいものがある．そこで，本書では宇宙物理学の標準的構成として，宇宙の3つの基本的階層である星，銀河，宇宙についてそれぞれの力学，構造，進化を論じることを骨組みとして，これに中性子星とブラックホールの基本的事項を加えるという構成をとった．ただ，著者の専門分野である活動銀河や宇宙線天体物理などの高エネルギー現象については，本格的な記述を本書に含ませることは無理と考え，簡単な記述にとどめた．

　上に述べたような宇宙物理学の性格からしても，教科書としての宇宙物理学の記述の仕方にはいろいろのスタイルと重点のおき方があると思う．今後，特徴ある宇宙物理学の教科書が何冊も出版され，学習者の便宜が改善されることを期待したい．なお，内容の正確さには十分注意を払ったつもりではあるが，もし著者の思わぬ誤解による誤った記述に気づかれた際には，ご注意いただければ幸いである．最後になるが，朝倉書店編集部には，この数年間遅筆の著者を叱咤激励していただいた．この寛容と督励がなければ本書は未完成のままであったであろう．深く感謝する次第である．

2015年4月

高 原 文 郎

目　　次

1. 序　　論 ··· 1
   1.1 宇宙物理学とは ··· 1
   1.2 基本的な観測事実 ··· 4
       1.2.1 恒　　星 ·· 4
       1.2.2 星　　団 ·· 5
       1.2.3 銀　　河 ·· 6
       1.2.4 星 間 物 質 ·· 7
       1.2.5 宇　　宙 ·· 7
       1.2.6 元 素 組 成 ·· 8
       1.2.7 年 代 学 ·· 9
       1.2.8 高 密 度 星 ·· 10
       1.2.9 活 動 銀 河 ·· 11
       1.2.10 ガンマ線バースト ··· 11
       1.2.11 高エネルギー宇宙線 ··· 12

2. 星 の 構 造 ··· 13
   2.1 力 学 平 衡 ·· 13
       2.1.1 基礎方程式 ·· 13
       2.1.2 ポリトロープ球 ·· 15
       2.1.3 積 分 定 理 ·· 17
   2.2 輻 射 輸 送 ·· 18
       2.2.1 基本的概念 ·· 18
       2.2.2 輸送方程式 ·· 20
       2.2.3 拡散方程式 ·· 22
       2.2.4 吸 収 係 数 ·· 24
   2.3 対　　流 ·· 25
       2.3.1 対流不安定の条件 ·· 25
       2.3.2 混合距離理論 ·· 27
       2.3.3 その他の問題 ·· 29
   2.4 熱 核 反 応 ·· 30

iv　目次

　　2.4.1　熱核反応の運動学 30
　　2.4.2　核反応率 31
　　2.4.3　水素燃焼 34
　　2.4.4　ヘリウム燃焼 37
　　2.4.5　重元素の熱核反応 38
　　2.4.6　ニュートリノ損失 39
　2.5　星の構造を決定する4つの式 40
　演習問題 42

3. 星の進化 45
　3.1　原始星 45
　　3.1.1　重力崩壊 46
　　3.1.2　林フェイズ 49
　3.2　主系列星 51
　3.3　主系列以降の進化 57
　　3.3.1　赤色巨星 57
　　3.3.2　ヘリウム燃焼段階の星 59
　　3.3.3　その後の進化 60
　3.4　白色矮星 63
　3.5　超新星爆発 67
　　3.5.1　コア崩壊型超新星 68
　　3.5.2　炭素爆燃型超新星 70
　3.6　元素の起源 71
　　3.6.1　宇宙初期の軽元素合成 72
　　3.6.2　宇宙線破砕反応による軽元素合成 72
　　3.6.3　恒星中の熱核反応生成物の質量放出 73
　　3.6.4　中性子捕獲過程（s過程） 74
　　3.6.5　中性子捕獲過程（r過程） 76
　3.7　太陽ニュートリノ問題と太陽の内部構造 77
　演習問題 80

4. 中性子星とブラックホール 82
　4.1　相対論的な星の構造 82
　4.2　中性子星の内部構造 86
　　4.2.1　陽子・中性子・電子からなる系 87

4.2.2	原子核との化学平衡	88
4.2.3	中性子星の質量と内部構造	90
4.2.4	中性子星の観測的諸相	92
4.3 パルサー		94
4.3.1	パルサーの基本的性質	94
4.3.2	磁気双極子放射	97
4.3.3	単極誘導	100
4.3.4	パルサー風	104
4.4 X線星		107
4.4.1	中性子星への降着	108
4.4.2	X線パルサー	109
4.4.3	低質量X線連星	111
4.4.4	ブラックホール連星	112
4.5 降着円盤		113
4.5.1	標準降着円盤	113
4.5.2	移流優勢円盤	117
4.6 連星中性子星		119
4.7 ガンマ線バースト		121
4.8 マグネター		124
演習問題		124

5. 銀 河 126
  5.1 銀河の基本的性質 126
    5.1.1 銀河の分類 126
    5.1.2 楕円銀河と円盤銀河 128
    5.1.3 銀河の統計 129
    5.1.4 銀河の形成と進化 131
  5.2 恒星系力学 133
    5.2.1 無衝突ボルツマン方程式 133
    5.2.2 2体緩和時間 135
    5.2.3 恒星系の緩和と進化 138
  5.3 渦巻構造の密度波理論 139
    5.3.1 渦巻構造 139
    5.3.2 ガス円盤の局所的安定性 140
    5.3.3 密度波理論 142

- 5.4 銀河の化学進化 149
  - 5.4.1 対比すべき観測事実 149
  - 5.4.2 最も単純なモデル 151
  - 5.4.3 降着モデル 153
  - 5.4.4 進んだモデルへの道 154
- 5.5 原子核年代学と銀河の年齢 156
  - 5.5.1 ウラン–トリウム法 156
  - 5.5.2 星の表面のトリウム量 158
  - 5.5.3 白色矮星の光度関数 159
- 5.6 星間物質 160
  - 5.6.1 星間ガスの重力不安定 161
  - 5.6.2 星間ガスの熱的状態 163
- 5.7 活動銀河 166
  - 5.7.1 活動銀河の分類 166
  - 5.7.2 大質量ブラックホールモデル 168
- 演習問題 169

6. 宇宙論 172
- 6.1 膨張宇宙の力学 172
  - 6.1.1 ニュートン力学における膨張宇宙 172
  - 6.1.2 一様等方宇宙 174
  - 6.1.3 ロバートソン–ウォーカー計量 176
  - 6.1.4 フリードマン方程式 176
  - 6.1.5 宇宙モデル 180
- 6.2 膨張宇宙の基本的性質 185
  - 6.2.1 赤方偏移とハッブルの法則 185
  - 6.2.2 宇宙の地平線 187
  - 6.2.3 宇宙年齢 188
  - 6.2.4 天体までの距離 189
- 6.3 膨張宇宙の熱史 194
  - 6.3.1 宇宙を構成する物質 194
  - 6.3.2 宇宙の熱史の概観 195
  - 6.3.3 宇宙初期の元素合成 198
  - 6.3.4 残存ニュートリノ 202
  - 6.3.5 水素の再結合 205

6.4　密度ゆらぎの線形摂動論	205
6.4.1　ニュートン力学での取り扱い	206
6.4.2　一般相対論的摂動論	208
6.4.3　密度ゆらぎのふるまい	210
6.4.4　多成分流体のゆらぎ	213
6.5　構 造 形 成	214
6.5.1　密度ゆらぎのスペクトル	215
6.5.2　球対称ゆらぎ	219
6.5.3　質 量 関 数	222
6.5.4　相 関 関 数	224
6.6　宇宙背景放射	226
6.6.1　角度相関関数と角度パワースペクトル	226
6.6.2　ボルツマン方程式	228
6.7　バリオン物質の構造	232
6.7.1　銀 河 形 成	233
6.7.2　銀　河　団	235
6.7.3　銀河中心の大質量ブラックホール	237
6.7.4　銀河間物質	237
演 習 問 題	239
索　　引	243

1 序論

1.1 宇宙物理学とは

　宇宙物理学は，字義どおりに宇宙を物理学の立場から研究する学問である．したがって，宇宙物理学の対象は広く，われわれに最も近い恒星である太陽から宇宙全体までにわたっている．また，扱う現象も素粒子，原子核，原子分子のミクロな素過程からプラズマ，流体，相対論というマクロな物理まで非常に広範囲にわたっている．まず，宇宙物理学がどのような学問であるのかという感じをつかむために，宇宙物理学の歴史をごく簡単に振り返りながら，その特徴や性格を考えてみよう．夜空に観測される無数の星や星雲の存在は早くから知られていたが，星雲の多くが，天の川の星々からなるわれわれの銀河の外部にある，われわれの銀河系と同様な星の集団であることが確立したのは 20 世紀になってからである．その後の天文学の発展は急速であり，星や銀河についての知識が急増した．それとともに，天文学的知識を物理学によって理解しようとする研究が起こってきた．宇宙物理学の誕生である．

　もちろん，天体現象が地上の物理学の法則と同一の法則に従うということはニュートン力学の誕生以来認識されてきたところである．また，恒星スペクトルと分光学との関係は以前から深い関係にあった．しかしながら，宇宙物理学の誕生は，1930 年代終わりに原子核物理学に基づいて，星のエネルギー源が原子核反応によるということが確立した時点にとるのが最も適切だと考えられる．これを契機に星の進化と元素の起源という学問分野ができたのである．観測される星のスペクトルを理解し，星をその諸性質によって分類するだけではなく，直接的には観測されない星の内部構造やエネルギー源を解明したことにより宇宙物理学が誕生したのである．ここには宇宙物理学の 2 つの特徴が現れている．第 1 は星の内部など直接的には観測されないことであっても，地上の実験室で確認された物理学の法則を適用して，宇宙の諸現象を研究していくということである．第 2 の特徴は大胆に物理学の法則を適用して，宇宙の成り立ちを理解しようとすることである．長期間の原子核反応による星の構造の変化を予言するとともに，宇宙に存在するさまざまの元素がどのようにして生成されてきた

のかを理解しようとしたのである．この立場は，生物学において種が神の与えたものではなく，淘汰の中で発展してきたものであるというダーウィンの進化論になぞらえられるものであり，「星の進化」や「元素の起源」という名称はその特徴をよく表しているといえよう．

　宇宙物理学の次の発展の契機となったのは 1960 年代である．この時代は天文学と宇宙物理学の歴史の上で欠かすことのできない大発見の 10 年であった．それまでの宇宙の描像は静かに光輝く星と銀河からなる宇宙というものであった．1960 年代に入って，クェーサーと呼ばれる，宇宙論的な距離にあって激しい活動性を示す天体が発見された．クェーサーはそれまでに知られていた比較的近傍にある電波銀河やセイファート銀河とともに，銀河の中心核に巨大なエネルギー源が存在していることを明らかにした．1965 年には宇宙を一様に満たすマイクロ波の背景放射が発見され，宇宙膨張の初期が高温高密度の状態から始まったというビッグバン理論の直接的証拠を提出した．さらに，1967 年には電波で周期的なパルスを放出する天体，パルサーが発見され，その正体が 30 年以上も前に存在を予言されていた超高密度の天体である中性子星であることが確立した．

　1960 年代は観測手段の面でも大きな発展があった時代である．伝統的な可視光による天文学にたいし，電波天文学は天文学のなかですでに確立した地位を占めており，21 cm 線を使った星間物質や銀河構造の研究で大きな成果を上げていたが，電波銀河を使った宇宙論の研究やパルサーの発見で 1960 年代の発見の時代の重要な部分を担った．この時代に新たに始まったものは X 線天文学と赤外線天文学である．X 線は地球大気を透過できないので，大気圏外での観測を必要とする．気球，ロケットに始まり，ついには人工衛星での観測が行われるようになったのである．X 線天文学は中性子星を含む連星系が X 線で明るく輝くことを発見した．さらに，X 線星のあるものは質量が中性子星にしては大きすぎて，これが一般相対論の予言するブラックホールであるということを強く示唆した．赤外線天文学は赤外線検出器の開発とともに発展した．その展開は 1970 年代までは比較的ゆっくりとしたものであったが，1980 年代以降には人工衛星による観測も始まり大きな発展をとげ，星間物質や原始星，系外銀河の研究に大きな寄与をなしている．

　宇宙膨張そのものは，すでに 1930 年頃には観測的にも理論的にも知られており，1940 年代終わりにはビッグバン宇宙論も提案されていたが，多くの研究者の興味を引くには至っていなかったのが現実であった．これは研究の対象となる具体的な観測が乏しかったことによっているのであろう．宇宙背景放射の発見により，宇宙論は宇宙物理学の中心的な存在となっていったのである．また，クェーサーやパルサー，X 線星の発見により，中性子星やブラックホールといった一般相対論的な天体の観測が豊富になったことで，相対論的宇宙物理という新たな宇宙物理学の分野が形成された．

そして，それまで物理学の中でもマイナーなものであった一般相対論に再び大きな脚光を浴びさせることになったのである．そして，これらの相対論的天体での動的な高エネルギー現象は多くの研究者の興味を引きつけ，X線天文学を中心にして高エネルギー宇宙物理学とも呼ぶべき分野が発展を始めた．このように，宇宙物理学は単に物理学の理論の宇宙への応用というだけで発展しているのではない．天文学的観測による予期しなかった発見によって大きく進展していくのである．これが宇宙物理学の第3の特徴といえるだろう．

1970年代以降の発展は，観測理論両面にわたって莫大なものがある．観測面では電波からガンマ線に至る全領域で大型観測装置と高性能の検出器の開発・実用化が進み，膨大な観測データが蓄積されてきている．惑星系の誕生から銀河の形成と宇宙の進化まで，多様な観測手段での実証的研究が進められている．また，宇宙から飛来する高エネルギー宇宙線の研究の歴史は長く，初期の素粒子物理の展開に重要な役割を果たしてきたが，今日では高エネルギー粒子の加速は天体の活動現象を理解する上で不可欠の重要な過程とみなされており，宇宙線物理学は高エネルギー宇宙物理学の不可欠の構成分野となってきた．さらに，電磁波以外の観測手段としてニュートリノ天文学がすでに始まり，重力波天文学も始まろうとしている．

理論面でも，恒星の進化と元素の起源，宇宙の構造と進化，ブラックホールや中性子星にかかわる相対論的宇宙物理学の基本概念が確立し，大型コンピュータによるシミュレーション研究もあって，定量的な研究が進んでいる．また，1980年頃からは特に素粒子物理学と密接に関係した分野が形成されてきた．素粒子相互作用のゲージ理論に基づく統一理論が確立すると，宇宙初期に真空の相転移によるインフレーション的膨張の時代があったことが予言され素粒子的宇宙論の研究が進んだ．それとともに，宇宙の暗黒物質の正体の問題を未知の素粒子で説明する試みがなされている．太陽ニュートリノ問題がニュートリノ振動で解決されたこともあり，素粒子物理学の実験場としての宇宙が脚光を浴びている．このように宇宙物理学の第4の特徴として，地上では検証の困難な物理法則を宇宙を実験室として利用して研究するということが挙げられよう．

今後の宇宙物理学の進展を予測することは難しい．多種多様な観測手段による天文学的知識の拡大はこれからも進むであろう．基礎物理学のさまざまの分野との関連もますます密接になるであろう．その結果，宇宙物理学がますます発展していくことは疑いがない．

以下では，序章の残りで，宇宙物理学の対象となる天体の観測事実をごく簡単に眺めた後，第2章と第3章で星の構造と進化，第4章で中性子星とブラックホール，第5章で銀河，第6章で宇宙論について述べる．

1.2 基本的な観測事実

1.2.1 恒　　星

　恒星は宇宙における物質の存在形態のうち最も基本的なものである．われわれの銀河を構成する通常の物質，すなわち核子と電子のおよそ90%は恒星として存在している．恒星は自己重力と圧力勾配が釣り合った力学平衡状態にあって，エネルギーを放出しながらゆっくりと進化していく．さまざまの恒星は光度と表面温度とで分類される．横軸に表面温度，縦軸に光度をとって恒星の占める位置をプロットした図をヘルツシュプルング–ラッセル図（H–R 図）と呼ぶ（第3章図 3.5 参照）．恒星は H–R 図でランダムに分布するのではなく，ある特定の位置を占める．主系列星と呼ばれる星は H–R 図で高温高光度の位置から低温低光度に伸びる1つの曲線の上に分布する．低温高光度の星は半径が大きいので巨星と呼ばれるが，これも特定の曲線上に分布する．そのほか，水平分枝，白色矮星などがある．なぜ恒星がこのような特定の位置に分布するのかという疑問が起こるが，これに答えを与えるのが恒星の構造と進化の理論である．恒星のエネルギー源は熱核融合反応であるが，この反応の性質によって星の構造と H–R 図における位置が決定されるのである．

　恒星からの光は星の表面から放出されるので，その内部を直接的に探ることは不可能であると考えられるかもしれない．しかし，近年，太陽にたいして直接内部を探索する観測が行われ，注目を集めている．1つは太陽中心部の核反応の結果放出されるニュートリノの観測である．観測の結果は理論的予言値の約半分のニュートリノしか検出されていないというものである．太陽の内部構造の理論に何か不備があるのか，それともニュートリノという素粒子に何か未知の性質が備わっているのか，いずれにしてもわれわれの自然認識の根底にかかわる大問題であり，この問題は太陽ニュートリノ問題と呼ばれている．この問題はニュートリノが小さいながら有限の質量をもち，3種類のニュートリノの間で振動を起こすというニュートリノ振動によって解釈できることが確立した．もう1つは，太陽がさまざまのモードで振動しているという観測事実である．この振動は，乱雑な変動ではなく，太陽全体が位相を保って振動しているのである．この振動のモード解析から，太陽内部の温度や密度，元素組成さらには回転角速度などの分布が得られる．得られた密度や温度の分布は標準的な星の理論の与えるものとよく一致しているが，他方太陽表面における重元素量（炭素より重い元素の分量）についてまだかなりの不定性があるという問題をつきつけてもいる．

　恒星の半分以上は連星系をなして存在している．連星は星の質量の測定を行う上で特に重要である．ケプラーの法則により，星の質量を m_1, m_2, 周期を P, 重心のまわりの軌道長半径を a_1, a_2 とすると

という関係がある．また，

$$\frac{a_1}{a_2} = \frac{m_2}{m_1} \tag{1.2}$$

である．a_1 と a_2 が両方観測されれば，もちろん m_1 と m_2 が決定される．a_1 のみの観測でも，

$$\frac{m_2^3}{(m_1+m_2)^2} = \frac{4\pi^2 a_1^3}{GP^2} \tag{1.3}$$

の関係が得られる．a_i の観測が可能なのは太陽近傍の星に限られるが，a_i が直接測定できない場合でもドップラー効果によるスペクトル線の周期 P での変動は観測される．これから公転速度を視線方向に投影した成分の時間変化が得られる．軌道傾斜角，すなわち軌道面の法線と視線とのなす角を i とすると，この解析から，軌道の離心率および天球上に投影された軌道の長半径 $a_1 \sin i$ が求められるが，a_1 そのものは求められない．したがって，この場合観測的に得られる量は，質量関数

$$f(m_1, m_2) \equiv \frac{m_2^3 \sin^3 i}{(m_1+m_2)^2} \tag{1.4}$$

のみである．多くの場合，他の観測事実と天文学的知識を援用して，質量のとりうる範囲に制限をつけることになる．

20 世紀の終わりには，褐色矮星と系外惑星という新たな種類の小質量の星が発見されて注目を集めている．褐色矮星は表面温度が 1000 K 程度まで低く，質量が 0.01〜0.08 $M_\odot$ の範囲にあり，中心では短期間の重水素燃焼のみが起こり，水素の熱核反応が起こらないような星である．系外惑星は質量が 0.01 $M_\odot$ 以下で，重水素燃焼も起こらないような天体である．われわれの太陽系以外にも惑星をもつ星が多数発見されたことは，人類の宇宙認識の上でも画期となるものであり，さまざまな観点からの研究が進められている．

1.2.2 星　　団

銀河系の恒星の大部分は銀河面内にランダムに分布するが，数十個から百万個程度の星の集団も存在している．星団はほぼ同時に形成された星の集団と考えられるので，銀河系の歴史を探る上で重要なものである．銀河円盤を取り囲む銀河ハローの領域には，百数十個の球状星団が存在している．球状星団は百万個程度の星からなる星団で，その H–R 図は高温の主系列星を欠いていることが特徴である．また星の重元素量は非常に少ない．主系列星のうち最大光度をもつ星の年齢が星団の年齢となる．推定された年齢は 120 億〜170 億年程度である．宇宙膨張と宇宙背景放射の観測から決められた宇宙の年齢は 138 億年であり，球状星団は銀河系の形成時につくられたと考えら

れている．球状星団の年齢と宇宙の年齢との間に矛盾があるかどうかは，盛んに議論された話題であるが，現在では宇宙論的観測で決定された年齢に整合するように，球状星団の星の進化を決定する．星の進化の仕方は定量的にはヘリウム量や重元素量，また対流の取り扱いによって異なるからである．

銀河円盤部には銀河星団と呼ばれる，百個程度の星からなる星団が多数存在している．主系列の星がどこまで存在しているかは，星団によって異なる．すなわち，高温の星を含む若い星団から，かなり古い星団までさまざまのものがある．重元素量は一般に太陽のものに比較的近い．

1.2.3 銀　　河

われわれの銀河は渦巻構造をもった平坦な銀河であり，回転によって支えられている．動径座標の関数として回転速度を表したものを回転曲線という．回転曲線の観測から銀河の質量が求められる．系外銀河のうち円盤銀河はガスを多く含むので，水素原子の 21 cm 線放射などによって，回転曲線が測定される．ガスの分布は星の分布よりも広がっており，かなり外側までの質量分布が推定される．もし，銀河の質量の大部分が星によるものだとすると，星の分布がほとんどない外側の領域では回転曲線は $r^{-1/2}$ で落ちることが予想される．しかし観測事実としては回転曲線は外側にいっても一定のままである．これは質量が半径に比例して増加していることを意味している．円盤部以外に球状に分布する星やガスの存在も知られているが，それらの質量は円盤の質量に比べ，たかだか数%にすぎない．したがって，質量の担い手は星やガスではなく，電磁波を放出せず重力のみでその存在がわかる未知の物質であり，暗黒物質と呼ばれている．暗黒物質の正体はまだわかっていないが，未知の素粒子である可能性が大きいと信じられている．

系外銀河はその形状によって，円盤銀河，楕円銀河，棒状銀河，不規則銀河などに分類される．いわゆるハッブル系列である（第5章図5.1参照）．楕円銀河はみかけの形状が楕円状であり，内部構造がほとんどなく，スムーズな星の分布を示す．ガスはX線を放射するような高温ガスを含むが，低温ガスはほとんど含まない．これは現在では星の形成が行われていないことを意味する．星の色やスペクトルからも楕円銀河が古い世代の星からなる集団であることがわかる．楕円銀河の真の形は，回転楕円体または3軸不等な楕円体であるが，星のスペクトルから求められる回転曲線からはその形を回転と等方速度分散で説明できない場合が多く，非等方速度分散の存在が示唆されている．これは力学の問題として自明でない運動の積分の存在を意味するので，大きな興味を集めている．円盤銀河はガスを多く含み（星の10%程度），顕著な内部構造を示す．現在でも星の生成が起こっており，超新星の爆発やそれに伴う星間物質の加熱や宇宙線の加速が話題となる．ガスには磁場が付随しており，その起源は古くか

らの未解決の問題となっている．

1.2.4 星間物質

銀河内の星間物質の物理も，宇宙物理学の重要な部分を構成している．星間ガスの状態は著しく多様である．以前には中性水素原子からなる温度が 100 K 程度，質量 100 $M_\odot$ 程度の星間雲が，10^4 K 程度の電離水素ガス中に多数存在しているという描像が描かれていた．また，星間ガス中にはダストと呼ばれる大きさ 1 μm 程度の固体微粒子が存在しており，重元素の半分程度は気体ではなく固体として存在していることも知られていた．これらに加え，近年の観測により，温度が 10 K 程度，質量 10^5 $M_\odot$ 程度の水素分子を主成分とする分子雲が多数存在し，そこで恒星の生成が起こっていることが明らかになってきた．それとともに，形成過程にある原始星の研究は大きく進んでいる．さらに，近傍の星の惑星の観測も行われるようになり，太陽系の起源の問題も実証的な議論ができるようになってきている．また，星間空間には温度が百万度を超えるような高温ガスも存在しており，このガスは銀河系の体積の 9 割を占めていることもわかってきた．これらの星間ガスを貫いて，約 3 μG の大きさの磁場も存在している．また，高エネルギーの宇宙線もエネルギー密度にして磁場と同程度存在している．上でみたような高温ガスの加熱や，星間雲の乱流運動のエネルギー源としては最終的には超新星爆発による衝撃波がその大部分を担っていると考えられている．衝撃波は星間ガスに運動エネルギーを供給するとともに，宇宙線を有効に加速することが知られている．

1.2.5 宇　　宙

可視光で観測される物質は銀河に集中している．銀河の視線方向の速度と銀河までの距離との間に比例関係があることがハッブルによって 1920 年代に発見された．これがいわゆる宇宙膨張である．銀河は互いに遠ざかっているのである．その比例係数をハッブル定数というが，長年の間距離の評価は困難をきわめてきた．現在ではようやくその値が数%の誤差で $70\,\mathrm{km\,s^{-1}\,Mpc^{-1}}$ と定まってきた．ハッブル定数の逆数はほぼ宇宙の年齢を与える．膨張宇宙論は一般相対論によって基礎づけられており，その解はフリードマンによってハッブルの発見と同時期に与えられている．銀河の分布はほぼ一様等方であるが，小さなスケールでは互いの重力によって集団をなす傾向がある．そのため，銀河は数個から数千個の集団をなすことが多い．小さな集団を銀河群，大きな集団を銀河団と呼ぶ．銀河団は宇宙のなかで最大の自己重力系である．銀河団より大きなスケールでも，銀河の分布には非一様性がある．これらを超銀河団と呼ぶ．逆に銀河がほとんど分布していないような大きな空洞領域も存在している．これらの構造を大規模構造と呼ぶが，大規模構造は一様宇宙膨張からのずれであって，

自己重力系をなしているわけではない．銀河団や大規模構造は暗黒物質によって支配されているが，暗黒物質の質量分布の様子は重力レンズ効果を使って調べられる．

視線方向の後退速度はスペクトル線の赤方偏移で測定されるが，現在のところ，赤方偏移が 8 程度のところまでの銀河の観測が報告されている．赤方偏移の大きな銀河はそれだけ昔の姿を見せていることになり，銀河の進化を直接観測していることになる．このような研究は 1990 年代以降飛躍的に発展している．宇宙論的距離にある天体を使って宇宙膨張の時間的変化のふるまいを調べることができるが，20 世紀の終わりには宇宙論的距離にある超新星を使って宇宙が加速膨張していることが発見された．これは暗黒エネルギーと呼ばれる負の圧力をもつような「物質」，アインシュタインの宇宙項に相当するものが存在することを意味している．

宇宙論的な観測としては，宇宙背景放射の観測が重要である．宇宙を一様に満たす温度 2.73 K の黒体放射は 1965 年に発見され，宇宙膨張は高温高密度の状態から始まったとするビッグバン宇宙論の最大の証拠となっている．銀河，銀河団，大規模構造という現在の宇宙の構造は宇宙初期に存在した微小な密度ゆらぎが成長してできたと考えられるが，そのような密度ゆらぎは宇宙背景放射にも微小振幅の非等方性を生み出す．1990 年代になって，このような非等方性の観測が進み，現在では密度ゆらぎの性質や宇宙パラメータが非常に高い精度で決定され，精密宇宙論の時代を迎えている．

1.2.6 元素組成

宇宙を構成する物質のうち，核子成分についてはその元素組成比が重要である．太陽表面の元素組成比と太陽系形成時の情報を維持する隕石から得られる組成比をもとにいわゆる宇宙組成が求められている．宇宙といっても基本的に太陽系のものであるが，銀河系の他の恒星や星間ガスの組成とも基本的には一致している．それによると，宇宙の核子物質の大部分は水素であり，重量比で 70% を占める．次にヘリウムが 28% を占める．残りの 2% が炭素以上の重い元素で，宇宙物理学の分野ではこれらを重元素と総称する．重元素中では酸素，炭素，マグネシウムなどの α 元素と鉄が多い．鉄よりも重い元素も存在している．これらの元素がどこでどのようにして生まれたのかを調べるのが元素の起源の問題である．重元素は星の内部の原子核反応で生成され，質量放出や超新星爆発で外部に放出されたとして説明できる．ヘリウムの存在量は星の内部で合成されたものでは大幅に不足し，大部分が宇宙初期に合成されたものとしてよく説明できる．宇宙初期の元素合成ではヘリウムのほかに少量の重水素やリチウムも合成されるがこれらも観測される量とほぼ一致している．これらの軽元素の存在比もビッグバン宇宙論を支持する大きな証拠となっている．

1.2.7 年代学

さまざまな天体や宇宙の年齢の決定も宇宙物理学の大きな課題の1つである．年齢の決定方法のうち最も直接的なものは放射性同位体を使うものである．太陽系の年齢は隕石中のウランの同位体を使って求められる．ウランの同位体には ^{238}U と ^{235}U があるが，前者は平均寿命 $T_{238} = 6.45\,\mathrm{Gyr}$（64.5 億年）で崩壊し，最終的に ^{206}Pb となる．後者は平均寿命 $T_{235} = 1.015\,\mathrm{Gyr}$ で最終的に ^{207}Pb になる．隕石が固化したときの量を添字 0 をつけて表す．年齢を t とすると

$$^{206}\mathrm{Pb} = {}^{206}\mathrm{Pb}_0 + {}^{238}\mathrm{U}_0(1 - \mathrm{e}^{-t/T_{238}}) \tag{1.5}$$

$$^{238}\mathrm{U} = {}^{238}\mathrm{U}_0 \mathrm{e}^{-t/T_{238}} \tag{1.6}$$

^{235}U と ^{207}Pb についても同様な式が成立する．これらの式から

$$\frac{{}^{207}\mathrm{Pb} - {}^{207}\mathrm{Pb}_0}{{}^{206}\mathrm{Pb} - {}^{206}\mathrm{Pb}_0} = \frac{{}^{235}\mathrm{U}}{{}^{238}\mathrm{U}} \frac{\mathrm{e}^{t/T_{235}} - 1}{\mathrm{e}^{t/T_{238}} - 1} \tag{1.7}$$

を得る．左辺の鉛の存在量はもう1つの同位体 ^{204}Pb との比をとって表すと便利である．^{204}Pb は放射性崩壊では生成されないので，時間的に一定であるからである．隕石の生成時に取り込まれるウランや鉛の量は隕石ごとに異なっていても化学的ふるまいはほとんど同じなので同位体比はすべての隕石で共通であると考えられる．実際，ウランの同位体については隕石や岩石共通に ^{235}U$/^{238}$U $= 1/137.8$ となっている．これにたいし，鉛の同位体比は生成時のウランと鉛の比の違いを反映してサンプルごとに異なるが，^{207}Pb$_0/^{204}$Pb と ^{206}Pb$_0/^{204}$Pb は共通のはずである．したがって，

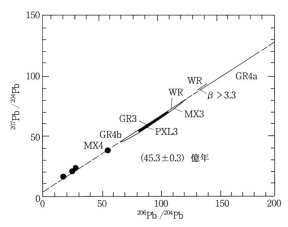

図 1.1 ウランの同位体を使った隕石の年代測定

さまざまの隕石の鉛の同位体存在比は1つの直線上に乗り，この直線の傾きから隕石の年代が約 45.5 億年と求められる（立本らによる）．

^{206}Pb/^{204}Pb にたいして ^{207}Pb/^{204}Pb をプロットすれば年齢の同じ隕石は1つの直線の上に乗るはずである．そしてその傾きから年齢が求められる．図 1.1 に示すように，測定の結果は実際そうなっており，これから隕石の年齢が 45.5 億年と求められている．隕石の形成は太陽系の生成，また太陽の形成とほとんど同時と考えられるので，この年齢は他の宇宙物理学の問題の考察の基礎となる．また，古い星の表面での同位体組成の観測から同様な手法で，星の年齢を定めることができる．これを使い銀河系の星形成の歴史を調べることも行われている．

1.2.8 高密度星

恒星は内部で核反応が進み，1核子あたりの束縛エネルギー最大の鉄が合成されるとそれ以上は核反応でエネルギーを供給できなくなる．すると，内部の圧力が減少し，重力に対抗できなくなり，重力崩壊を起こすと考えられる．しかし，多くの星では重力崩壊を起こす前に温度が0でも存在する量子力学的な圧力である縮退圧によって支えられるようになる．実際，白色矮星が電子の縮退圧により支えられる星であることは早くから知られていた．そのほかに，中性子の縮退圧により支えられる星，中性子星の存在も同時期に理論的に予言されていたが，中性子星の観測的発見は 1960 年代の半ば，パルサーや X 線星の発見を待たねばならなかった．白色矮星にはチャンドラセカール質量と呼ばれる $1.4 M_\odot$ の上限質量があり，中性子星の上限質量もおよそ $2 M_\odot$ と評価されている．これより大きな質量の星がエネルギー源を失うと，もはや安定な星としては存在できず，1点にまでに重力崩壊してしまうことになる．一般相対論に従えば，この1点は時空の特異点となり，それを取り囲む事象の地平線が存在し，その内部は外部から観測することはできない．これをブラックホールという．ブラックホールの観測は，中性子星の上限質量よりも大きな質量をもつ高密度星を発見することで同定される．

パルサーは強磁場をもって回転している中性子星である．多くの場合，電波で検出されるが，ガンマ線，X 線，可視光でも多数検出されている．そのエネルギー源は中性子星の回転エネルギーであるが，その大部分はパルサーから放出される粒子の運動エネルギーとなっている．また，中性子星の磁場の強さは 10^{12} G を上回るものが多く，このような強磁場中での物理過程として多くの興味深い過程が現れる．ミリ秒パルサーは周期が数ミリ秒と高速回転しているもので磁場は 10^9 G 程度と比較的弱く，年齢が古い．いくつかのパルサーは近接連星系中にあり，大きな近日点移動や重力波放出による公転軌道の変化が観測されている．これらの観測は一般相対論の予言と驚くべき精度で一致しており，その最良の検証手段となっている．

X 線星は連星系中にある中性子星やブラックホールに相手の星から放出されたガスが流れ込み，重力エネルギーの解放によって高温となり，X 線で輝いているものであ

る．この過程を降積あるいは降着と呼ぶが，降着するガスは角運動量をもっているので円盤をつくる．これを降着円盤と呼ぶ．降着円盤は X 線星以外にも活動銀河や原始星でも存在していると考えられており，現代の宇宙物理学を理解する上で必須の話題となっている．ミリ秒パルサーはもともと X 線連星であったものが，伴星の進化の結果降着が終了したり，摂動によって連星から離脱することにより，パルサーとなったものと考えられる．

このように中性子星の存在形態は著しく多様であるが，なかでも特異なものとしてマグネターと呼ばれる磁場の大きさが 10^{15} G にも達する超強磁場をもつ中性子星の存在も知られている．

1.2.9 活動銀河

銀河の中心には恒星と星間ガスだけでは理解できない激しい活動性を示すものがある．数%の円盤銀河はセイファート銀河と呼ばれる活動銀河である．セイファート銀河は銀河全体の光度に匹敵する，大きさ 1 pc 以下の明るい中心核をもち，速度幅が数千 km s^{-1} の輝線スペクトルが観測される．紫外線や X 線でも明るく輝いており，数日程度の時間変動を示す．一方，数%の楕円銀河は電波で明るく輝く電波銀河である．電波放射の広がりは可視光で見える銀河よりはるかに大きく，1 Mpc を超えるものもある．電波放射は可視光で見える銀河をはさんで双対状に見えることが多い．中心核と広がった電波源を結ぶジェット構造も観測され，電波活動の原因が中心核にあることがわかる．中心核もセイファート銀河に似た活動性を示すものが多い．クェーサーはみかけ上銀河が付随していない恒星状の活動天体であるが，その赤方偏移が大きいため，宇宙論的な遠方にある活動銀河であるとみなされる．実際，最近の観測によってクェーサーに付随した銀河の存在が示されてきている．クェーサーは電波で明るいものと暗いものとに大別され，前者は電波銀河に，後者はセイファート銀河に類似した性質を示すが，その光度は近傍の活動銀河よりも 100 倍程度明るい．

活動銀河のエネルギー源は太陽の 1 億倍程度の大質量のブラックホールへのガスの降着によるものと考えられている．これは X 線星と類似の機構であるが，活動性の多様さは，電波やガンマ線でみられる特徴的な現象をはじめ，X 線星をはるかにしのいでいる．特に相対論的ジェットの形成機構や相対論的電子の加速機構の解明は高エネルギー宇宙物理学の中心的課題となっている．

1.2.10 ガンマ線バースト

これまでざっと述べた以外にも宇宙には興味深い諸現象が多々観測されている．そのなかでも最も興味深い現象がガンマ線バーストであろう．ガンマ線バーストは数秒程度の短時間に，宇宙から強いガンマ線が到来する現象である．その天球上の分布は

一様で，1日に1回程度の頻度で観測されている．発見から約30年の間ガンマ線以外では観測されていなかったので，どのような天体がガンマ線バーストを放出するのかまったく不明であった．太陽近傍の中性子星なのか宇宙論的距離で起こっている現象なのかさえ不明だったのである．1997年になって，ガンマ線バースト直後の残光がX線や可視光で初めて検出され，可視光でのスペクトル観測から宇宙論的距離で起こっていることが明らかになった．その結果，ガンマ線バーストの全エネルギーは 10^{52} erg 程度と超新星爆発に匹敵する，あるいはそれを上回るものであることがわかった．ガンマ線バーストの成因については，何らかの原因で中性子星程度の大きさの領域に高エントロピーの電子陽電子対の相対論的プラズマが形成された結果起こる現象であるとするファイアボール（火の玉）モデルが有力となっているが，現在でも謎の点が多く残されている．

1.2.11 高エネルギー宇宙線

宇宙線の発見は1912年で，その研究の歴史は100年を超えるが，まだまだ新しい話題を提供しつづけている．宇宙線は 10^8 eV から 10^{20} eV ものエネルギーをもった荷電粒子である．主として陽子や原子核からなり，そのエネルギースペクトルは基本的にべき型である．われわれの銀河系内でのエネルギー密度は 10^{-12} erg cm^{-3} を超え，星間物質の力学的熱的性質に大きな影響を及ぼしている．星間物質との非弾性散乱でつくられる中性 π 粒子の崩壊によりガンマ線を放出する．これを観測することによって銀河内の宇宙線の分布を調べることができる．宇宙線はいくつかのエネルギー領域に分けられるが，3×10^{15} eV 以下の宇宙線は超新星残骸の衝撃波で加速されるものと考えられている．その加速機構は無衝突プラズマ中の衝撃波で起こるフェルミ加速過程であると考えられている．これに関連して多くの興味ある物理過程が検討され，宇宙プラズマ物理学の中心的課題の1つとなっている．一方，10^{20} eV まで達する最高エネルギー領域の宇宙線は，銀河系の磁場に閉じ込められないので，銀河系外起源と考えられている．その源として，活動銀河やガンマ線バーストなどの高エネルギー活動天体が考えられているが，まだその同定には成功していない．

宇宙線中の電子成分と陽電子成分も最近大きな注目を集めている．電子は超新星残骸で加速された成分が主だが，陽電子は宇宙線の原子核成分が星間物質との非弾性散乱でつくる荷電 π 粒子を起源としていると考えられてきた．これは 10 GeV 以下のエネルギー領域では正しいと思われるが，10 GeV を超える領域での観測が進むと陽電子と電子の比が上昇するという，予期に反する結果が最近報告されている．この陽電子の源として，パルサーなどによる電子陽電子対の放出，あるいは暗黒物質に関連した未知の素粒子の崩壊などが考えられている．

2 星 の 構 造

2.1 力 学 平 衡

2.1.1 基礎方程式

　星はガスが自己重力によって集まり，重力的に束縛された系をなしているものである．ほとんどの場合，星は重力と圧力勾配とが釣り合った力学平衡状態をとっている．ただし，星ができるときや爆発を起こすときには，星の構造は速く変化する．このようなときには，ガスに働く重力と圧力勾配とが釣り合わずに，加速度が生じて運動が起こっているのである．また，星は熱核反応によってエネルギーを生成し，そのエネルギーを輻射の形で外部に放出している．多くの場合，エネルギー収支も釣り合っているとみなせるが，長い時間でみれば熱核反応による化学組成の変化に伴い，その構造をゆっくりと変える．エネルギー収支の時間スケールは力学的な時間スケールよりもはるかに長いので，星は力学平衡を保ちながら進化することになる．すなわち，各瞬間に力学平衡状態にあるという近似が十分よく成立する．回転や磁場の影響が無視できる場合には，星は球対称の構造をとる．まず，力学平衡状態にある球対称の星がどのような構造をとりうるのかという問題を調べよう．

　星の構造を支配する方程式は，質量と運動量の連続方程式，エネルギー保存の式，エネルギー輸送の式の4つからなるが，まず最初の2つから調べていこう．質量保存の式は，定常状態では

$$\frac{dM_r}{dr} = 4\pi r^2 \rho \tag{2.1}$$

と書ける．ここで，r は動径座標，M_r は半径 r 以内にある質量，ρ は質量密度である．運動量保存の式は運動方程式にほかならないが，定常状態では力学平衡を記述し

$$\frac{1}{\rho}\frac{dp}{dr} = -\frac{GM_r}{r^2} \tag{2.2}$$

となる．ここで，G は重力定数，p は圧力である．この2つの常微分方程式を連立させて解けば，星の構造が定まることになる．ところで，未知関数は M_r, ρ, p の3つであるが，方程式の数は2つなのでこのままでは解けない．したがって，密度と圧力

とを関係づける式が必要となる.

　星の中のガスは局所的に熱平衡状態にあると考えられるので，圧力 p と密度 ρ とは状態方程式で関係づけられている．圧力はガス圧と輻射圧との和で書けるが，物質の状態が非縮退の理想気体であると近似すると，状態方程式は

$$p = \frac{\rho kT}{\mu m_{\rm H}} + \frac{aT^4}{3} \tag{2.3}$$

で与えられる．ここで，k はボルツマン定数，a は輻射定数，$m_{\rm H}$ は水素原子の質量，μ は平均分子量である[1]．平均分子量は，粒子1個あたりの質量を $m_{\rm H}$ を単位として表した量であり，粒子数密度を n として，

$$n = \frac{\rho}{\mu m_{\rm H}} \tag{2.4}$$

の関係がある．

　星の中のガスは高温なので，ガスはほとんど完全電離しているとしよう．イオンおよび電子の数密度をそれぞれ $n_{\rm i}$ と $n_{\rm e}$ とし，それらの平均分子量を $\mu_{\rm i}$，$\mu_{\rm e}$ とすると

$$n_{\rm i} = \frac{\rho}{\mu_{\rm i} m_{\rm H}} \tag{2.5}$$

$$n_{\rm e} = \frac{\rho}{\mu_{\rm e} m_{\rm H}} \tag{2.6}$$

であり，

$$\frac{1}{\mu} = \frac{1}{\mu_{\rm i}} + \frac{1}{\mu_{\rm e}} \tag{2.7}$$

となる．平均分子量の値は物質の化学組成に依存する．水素のみからなるガスにたいしては，$\mu_{\rm i} = \mu_{\rm e} = 1$，$\mu = 0.5$ となる．ヘリウムのみからなるガスにたいしては，$\mu_{\rm i} = 4$，$\mu_{\rm e} = 2$，$\mu = 1.33$ となる．水素，ヘリウム，炭素以上の重元素の重量比が X, Y, Z の場合には

$$\frac{1}{\mu_{\rm i}} = X + \frac{Y}{4} + \frac{Z}{A} \tag{2.8}$$

$$\frac{1}{\mu_{\rm e}} = X + \frac{Y}{2} + \frac{Z}{2} \tag{2.9}$$

$$\frac{1}{\mu} = 2X + \frac{3Y}{4} + \frac{Z}{2} \tag{2.10}$$

となる．ここで A は重元素の平均質量数を表し，平均原子番号が $A/2$ で近似されるとし，$A \gg 1$ とした．

　理想気体の状態方程式には温度と平均分子量が含まれているので，さらにこれらを

---

[1] 正確には $m_{\rm H}$ は原子質量単位（^{12}C の原子質量の 12 分の 1）である．

決める方程式が必要となる．平均分子量は化学組成と電離状態とから決まる．化学組成は星ができたときの初期条件と熱核反応による変化で決まるので，星の構造を解く際には与えられたものとみなせる．星の内部では物質は電離平衡にあるとみなせるので，電離状態も組成，温度と密度から決まる．したがって温度が求まれば星の構造が計算できることになるが，そのためにはエネルギーの輸送およびエネルギー保存の方程式が必要となる．これらの式は力学平衡に比べ複雑なものとなるので，後の節で取り上げることにしよう．

エネルギー輸送やエネルギー保存の問題を度外視して力学平衡状態の特徴を調べるために，ポリトロープ関係式を用いることがある．これは単に，密度と圧力の間に K と N を定数パラメータとして

$$p = K\rho^{1+\frac{1}{N}} \tag{2.11}$$

の関係を仮定するものである．N はポリトロープ指数と呼ばれる．この関係式は，後にみるように圧力として縮退圧が効く場合やエネルギー輸送に対流が効く場合などには実現されるが，一般には，単に便宜のために導入されたものである．それにもかかわらず，星の構造を調べる上でたいへん有益な概念であるので，以下でより詳しく調べることにする．

2.1.2 ポリトロープ球

式（2.1）と式（2.2）とから M_r を消去すると

$$\frac{d}{dr}\left(\frac{r^2}{\rho}\frac{dp}{dr}\right) = -4\pi G r^2 \rho \tag{2.12}$$

を得る．状態方程式としてポリトロープ関係式を採用し，

$$\rho = \rho_c \theta(\xi)^N \tag{2.13}$$

$$p = p_c \theta(\xi)^{N+1} \tag{2.14}$$

$$r = \alpha \xi \tag{2.15}$$

$$\alpha = \left(\frac{N+1}{4\pi G}\frac{p_c}{\rho_c^2}\right)^{1/2} \tag{2.16}$$

とおくと，式（2.12）は

$$\frac{1}{\xi^2}\frac{d}{d\xi}\left(\xi^2 \frac{d\theta}{d\xi}\right) = -\theta^N \tag{2.17}$$

となる．これをレイン–エムデン方程式，その解をエムデン解と呼ぶ．無次元動径座標 ξ にたいして無次元変数 $\theta(\xi)$ が求まれば，密度と圧力の分布が決まることになる．ρ_c と p_c は中心密度と中心圧力を表し，式（2.11）の K と

$$p_{\rm c} = K\rho_{\rm c}^{1+\frac{1}{N}} \tag{2.18}$$

の関係がある.

レイン–エムデン方程式は 2 階の常微分方程式なので, 2 つの境界条件が必要になる. 中心では密度が有限であり, 圧力勾配が 0 になることから

$$\theta(0) = 1 \tag{2.19}$$

$$\theta'(0) = 0 \tag{2.20}$$

とおけばよい. 一般の N については数値計算によって求めることになるが, $N=0$, $N=1$, $N=5$ については解析解が知られている. $N=0$, すなわち一様密度のガス球の場合には

$$\theta_0(\xi) = 1 - \frac{1}{6}\xi^2 \tag{2.21}$$

$N=1$ および $N=5$ にたいしては, それぞれ

$$\theta_1(\xi) = \frac{\sin\xi}{\xi} \tag{2.22}$$

$$\theta_5(\xi) = \frac{1}{[1+(\xi^2/3)]^{1/2}} \tag{2.23}$$

である.

密度は正でなければならないので, エムデン解は $\xi=0$ から, 最初に $\theta(\xi_N)=0$ となる点 ξ_N の間で物理的な意味をもつ. ξ_N は星の表面に対応する. 星の半径 R は

$$R = \alpha\xi_N = \left(\frac{N+1}{4\pi G}\frac{p_{\rm c}}{\rho_{\rm c}^2}\right)^{1/2}\xi_N \tag{2.24}$$

星の質量は

$$M = \int_0^R 4\pi\rho r^2 dr = 4\pi\alpha^3\rho_{\rm c}\int_0^{\xi_N} d\xi \xi^2 \theta^N = -4\pi\alpha^3\rho_{\rm c}\xi_N^2 \left.\frac{d\theta}{d\xi}\right|_{\xi=\xi_N} \tag{2.25}$$

となる.

$$\varphi_N = -(N+1)^{3/2}\xi_N^2 \left.\frac{d\theta}{d\xi}\right|_{\xi=\xi_N} \tag{2.26}$$

と定義して, 式 (2.16) を使うと

$$M = \left(\frac{1}{4\pi G^3}\frac{p_{\rm c}^3}{\rho_{\rm c}^4}\right)^{1/2}\varphi_N \tag{2.27}$$

を得る. 式 (2.24) と式 (2.27) は星の半径と質量の中心密度と中心圧力にたいする依存性が N によらないこと, N にたいする依存性は数係数にのみ現れることを示している. これらから平均密度 $\bar{\rho}$ も計算できる. φ_N は $N\leq 5$ にたいして有限である

表 2.1 ポリトロープ球の値

N	$(N+1)^{1/2}\xi_N$	φ_N	$\rho_c/\bar{\rho}$
5	∞	25.46	∞
3	13.79	16.15	54.2
1.5	5.777	10.73	5.99
0	$\sqrt{6}$	$2\sqrt{6}$	1

が，$N>5$ にたいしては発散する．したがって，$N>5$ にたいしては星の半径も質量も無限大になる．N が大きいほど，一様な密度分布からのずれが大きくなり，外層部が広がった構造をとる．$N=\infty$ は等温の場合に対応し，等温球と呼ばれる．代表的なポリトロープ球の数値を表 2.1 に示しておく．

式 (2.24) と式 (2.27) とを逆に解くと

$$\rho_c = \frac{M}{4\pi R^3}\frac{\xi_N^3(N+1)^{3/2}}{\varphi_N} \tag{2.28}$$

$$p_c = \frac{GM^2}{4\pi R^4}\frac{\xi_N^4(N+1)^2}{\varphi_N^2} \tag{2.29}$$

となり，星の質量と半径から中心密度と中心圧力を推定することができる．たとえば，太陽を $N=3$ のポリトロープ球とすると $M=2\times 10^{33}\,\mathrm{g}$, $R=7\times 10^{10}\,\mathrm{cm}$ より，$\rho_c=75.3\,\mathrm{g\,cm^{-3}}$, $p_c=1.23\times 10^{17}\,\mathrm{dyn\,cm^{-2}}$ を得る．太陽の元素組成にたいする平均分子量 $\mu=0.62$ を使うと，中心温度は $1.2\times 10^7\,\mathrm{K}$ となる．これらの値は正確な値と 30%程度の範囲で一致している．

ここでは，ポリトロープ球を具体的に解いたが，星の中心密度と中心圧力を質量と半径で表すことは，係数を別にすれば次元解析から簡単にわかることである．すなわち，式 (2.1) と式 (2.2) を次元解析して，$M\approx \rho_c R^3$ と $p_c/R \approx \rho_c GM/R^2$ と評価し，p_c と ρ_c を M と R で表せば，すぐに上と同じ依存性が得られる．

2.1.3 積分定理

星の全エネルギーについての重要な関係式にビリアル定理がある．力学平衡の式 (2.2) に $4\pi\rho r^3$ をかけて積分すると

$$\int_0^R 4\pi r^3 \frac{dp}{dr}dr = -\int_0^R 4\pi GM_r r\rho dr = -\int_0^M \frac{GM_r}{r}dM_r \tag{2.30}$$

を得る．左辺は部分積分により

$$[4\pi r^3 p]_{r=0}^{r=R} - 3\int_0^R 4\pi r^2 p\,dr \tag{2.31}$$

となるが，星の表面では $p=0$ なので第 1 項は消える．第 2 項は圧力の体積積分であるが，圧力と内部エネルギー密度 ρu の間には，比熱比を γ として，$p=(\gamma-1)\rho u$

の関係があるので結局 $-3(\gamma-1)U$ となる．ここで U は星の全内部エネルギーである．一方，式（2.30）の右辺は星の重力エネルギー Ω を表すので，

$$\Omega + 3(\gamma-1)U = 0 \tag{2.32}$$

という関係式を得る．これをビリアル定理という．

星の全エネルギーは

$$E = U + \Omega \tag{2.33}$$

なので

$$E = -(3\gamma-4)U = \frac{3\gamma-4}{3(\gamma-1)}\Omega \tag{2.34}$$

となり，$\gamma > 4/3$ ならば，$E < 0$ であり星は重力的に束縛されているが，$\gamma < 4/3$ ならば，$E > 0$ となって重力的に束縛されていないことになる．すなわち，このような星は不安定であることを意味している．

星が光度 L でエネルギーを失っていくと

$$\frac{dE}{dt} = -(3\gamma-4)\frac{dU}{dt} = \frac{3\gamma-4}{3(\gamma-1)}\frac{d\Omega}{dt} = -L < 0 \tag{2.35}$$

から，内部エネルギーは増加し，重力エネルギーは減少していくことになる．重力エネルギーは負であるので，星はより深く束縛されていくことを意味する．また，内部エネルギーの増加は温度の上昇を意味するので，星はエネルギーを失えば温度が上昇することになり，このため星は負の比熱をもっているともいわれる．

2.2 輻射輸送

2.1 節で述べたように，星の構造を決めるためには，質量保存と力学平衡の式以外にエネルギー輸送とエネルギー保存の式が必要となる．星の内部のエネルギー輸送には，輻射，対流，熱伝導の3つが寄与する．熱伝導は電子が縮退した領域以外では無視できるので，ここではまず輻射輸送について調べ，次節で対流についてふれることにする．

2.2.1 基本的概念

まず，輻射輸送の基本的概念から始めよう．輻射の進む方向に垂直な面素を単位時間，単位面積，単位立体角，単位振動数あたりに通過する輻射のエネルギーを比強度あるいは単に強度と呼び，I_ν で表す．これを振動数で積分した量を強度と呼び，I で表す．したがって，図 2.1 のような面積 dA の面素を考えると，その法線にたいし角度 (θ, φ) をなす向きに，立体角 $d\Omega$ の間に，時間 dt の間に通過する，振動数 ν と $\nu + d\nu$

2.2 輻射輸送

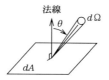

図 2.1　面素 dA を通過する輻射の概念図

の間にある輻射のエネルギーは

$$I_\nu \cos\theta dA dt d\Omega d\nu \tag{2.36}$$

となる．因子 $\cos\theta$ は輻射の進行方向に垂直な面素の面積が $dA\cos\theta$ であることによる．

輻射の比エネルギー流束密度 F_ν は面素の単位面積を単位時間に通過する，振動数 ν と $\nu + d\nu$ の間にある輻射のエネルギーであり，式 (2.36) を立体角で積分して得られる．すなわち，

$$F_\nu = \int I_\nu \cos\theta d\Omega \tag{2.37}$$

である．F_ν を単に流束密度ということも多い．F_ν を振動数で積分したものを輻射のエネルギー流束密度と呼び，F で表す．すなわち

$$F = \int I \cos\theta d\Omega \tag{2.38}$$

である．これらの式で立体角積分は全立体角で行うので，もし輻射が等方なら，$F_\nu = 0$, $F = 0$ となることに注意しておこう．

輻射の比エネルギー密度 u_ν は

$$u_\nu = \int \frac{I_\nu}{c} d\Omega \tag{2.39}$$

であり，輻射のエネルギー密度 u は

$$u = \int u_\nu d\nu = \frac{4\pi}{c} \int J_\nu d\nu \tag{2.40}$$

で与えられる．ここで，J_ν は平均強度であり，

$$J_\nu = \frac{1}{4\pi} \int I_\nu d\Omega \tag{2.41}$$

で定義される．

強度と流束密度の概念は混乱しやすいが，その違いに注意しておこう．強度は本質的には統計力学の位相空間分布関数に対応する量であり，衝突がなければ粒子（輻射）の径路に沿って不変である．したがって，たとえば，星の表面から放出されたときの強度とわれわれが観測するときの強度は同じである．それにたいし，流束密度はエネル

ギー・運動量テンソルの成分であり，距離の 2 乗に反比例して減少する．考えている面素の一方の方向のみに通過するエネルギー量を使って，片面流束密度 F_+ と F_- を

$$F_+ = \int_0^1 d\cos\theta \int_0^{2\pi} d\varphi I \cos\theta \tag{2.42}$$

$$F_- = -\int_{-1}^0 d\cos\theta \int_0^{2\pi} d\varphi I \cos\theta \tag{2.43}$$

と定義することもある．したがって $F = F_+ - F_-$ であり，輻射が等方ならば，$F_+ = F_- = \pi I = uc/4$ の関係がある．

2.2.2 輸送方程式

輻射が物質中を通過するときの強度の変化を考えよう．単位体積，単位立体角あたりの輻射の放出率を j_ν とすると，強度は考えている径路に沿って距離 ds だけ進む間に $j_\nu ds$ だけ増加する．一方，輻射の吸収係数を α_ν とすると，強度は $\alpha_\nu I_\nu ds$ だけ減少する．したがって

$$\frac{dI_\nu}{ds} = -\alpha_\nu I_\nu + j_\nu \tag{2.44}$$

を得る．これが輻射の輸送方程式と呼ばれるものである．これは統計力学のボルツマン方程式に等価なものである．

吸収係数について，少し注意をしておこう．α_ν の代わりに質量吸収係数 $\kappa_\nu = \alpha_\nu/\rho$ が使われることも多い．また，数密度 n と吸収断面積 σ_ν を使って $\alpha_\nu = n\sigma_\nu$ と表されることもある．ここで現れた吸収断面積や吸収係数は，誘導放出の補正を行った後の値であることに注意しておかなければならない．式（2.44）に現れる吸収は真の吸収から誘導放出を差し引いたものであるからである．

輻射輸送を理解するには光学的厚さや光学的距離の概念が重要となる．光学的距離 τ_ν を

$$d\tau_\nu = \alpha_\nu ds \tag{2.45}$$

で定義する．すると，輸送方程式は

$$\frac{dI_\nu}{d\tau_\nu} = -I_\nu + S_\nu \tag{2.46}$$

となる．ここで，S_ν は源泉関数と呼ばれ

$$S_\nu = \frac{j_\nu}{\alpha_\nu} \tag{2.47}$$

となるが，これは平衡状態になったときに実現される強度を表しており，物質の状態のみによって決まる量である．温度 T の物質にたいしては，これはプランク関数となる．すなわち，

$$S_\nu = B_\nu \equiv \frac{2h\nu^3/c^2}{\mathrm{e}^{h\nu/kT}-1} \tag{2.48}$$

である．ここで h はプランク定数である．輻射の放出率と吸収係数とがプランク関数（一般に源泉関数）で結びつけられていることをキルヒホッフの法則というが，統計力学における詳細釣り合いの原理の一例である．プランク分布が実現されている場合は，輻射のエネルギー密度が

$$u = \frac{4\pi}{c}\int B_\nu d\nu = aT^4 \tag{2.49}$$

となることはよく知られている．ここで

$$a = \frac{8\pi^5 k^4}{15c^4 h^3}$$

は輻射定数である．

簡単な場合の輸送方程式の解にふれておく．輻射の径路に沿って有限の厚さをもった一様な媒質中の輻射の伝播を考えよう．輸送方程式（2.46）の解は

$$I_\nu(\tau_\nu) = I_\nu(0)\mathrm{e}^{-\tau_\nu} + S_\nu(1-\mathrm{e}^{-\tau_\nu}) \tag{2.50}$$

で与えられる．第1項は物質の外部から入射した輻射が，伝播につれ減衰することを表し，第2項は物質中での輻射の放出と吸収を表す．外部からの輻射がない場合，$I_\nu(0)=0$ なので，τ_ν が1よりも小さいときには，

$$I_\nu(\tau_\nu) = S_\nu \tau_\nu = j_\nu s \tag{2.51}$$

となり，通過物質量に比例して強度が増加していくことがわかる．媒質の厚さを ℓ としたとき，$\tau_\nu(\ell)$ を媒質の光学的厚さと呼ぶ．$\tau_\nu(\ell) \ll 1$ の場合，媒質内部で放出された輻射は内部でほとんど吸収を受けることなく外部に放出されることになる．このような場合を光学的に薄いという．逆に $\tau_\nu(\ell)$ が1よりも十分大きいと

$$I_\nu(\tau_\nu(\ell)) = S_\nu \tag{2.52}$$

となる．このときは局所的に輻射の放出と吸収とが釣り合った平衡状態が実現され，輻射強度は源泉関数に一致する．物質が温度 T にあれば輻射はプランク分布になることがわかる．この場合を光学的に厚いという．このとき物質の表面から放出されるエネルギー流束密度は

$$F_+ = \frac{acT^4}{4} = \sigma_{\mathrm{SB}} T^4 \tag{2.53}$$

となる．σ_{SB} はシュテファン–ボルツマン定数である．光学的に厚くない場合や非一様媒質の場合など一般の場合にも，与えられた F_+ にたいして

$$F_+ = \sigma_{\mathrm{SB}} T_{\mathrm{eff}}^4 \tag{2.54}$$

で有効温度 T_{eff} を定義するが，有効温度は光学的に厚い一様媒質の場合にのみ物質の温度と一致する．

以上の取り扱いでは散乱の効果を無視してきた．散乱が等方的であり，エネルギー変化もない弾性的な場合には，光子数が保存されることを考慮すると，散乱のみによる輸送方程式は

$$\frac{dI_\nu}{ds} = -\alpha_\nu^{\mathrm{sc}}(I_\nu - J_\nu) \tag{2.55}$$

となる．ここで α_ν^{sc} は散乱係数である．吸収，放出，散乱をすべて考慮すると

$$\frac{dI_\nu}{ds} = -\alpha_\nu I_\nu + j_\nu - \alpha_\nu^{\mathrm{sc}}(I_\nu - J_\nu) = -(\alpha_\nu + \alpha_\nu^{\mathrm{sc}})(I_\nu - S_\nu) \tag{2.56}$$

$$S_\nu = \frac{j_\nu + \alpha_\nu^{\mathrm{sc}} J_\nu}{\alpha_\nu + \alpha_\nu^{\mathrm{sc}}} \tag{2.57}$$

となるが，この場合の源泉関数は J_ν にも依存することになる．ただし，吸収にたいする光学的厚さが大きく，$J_\nu = S_\nu$ が実現されているときには，この量は $j_\nu/\alpha_\nu = B_\nu$ に等しくなる．

媒質が非一様な場合にはそれに応じて輻射輸送も複雑になる．そのため，天体の放射スペクトルから天体の正確な情報を得ることはそれほど簡単なことではない．たとえば，星のスペクトルは，星の光学的厚さが十分大きいにもかかわらずプランク分布から大きくずれている．この原因をごく単純化していうと，星の表面から内部にいくにつれ温度が上昇しているからである．上の例からわかるように外部に放出される輻射は主として星の表面から測った光学的距離が1程度の場所で放出されたものである．吸収係数は輻射の振動数に強く依存しており，線スペクトルの振動数領域では吸収係数が大きく，星のごく表面の低温の領域から放出されるので強度が弱い．これにたいし，吸収係数の小さな連続スペクトルの振動数領域はやや深い高温の領域から放出されるので強度が大きい．そのため線スペクトルが吸収線として観測されるのである．

2.2.3 拡散方程式

星の大気など光学的に薄い場合，あるいは有限の光学的厚さの問題を扱う場合を別にすれば，星の内部では輻射と物質とはほとんど熱平衡状態にあり，光学的厚さは非常に大きい．このような場合には，輸送を取り扱うのに拡散近似を用いることができる．

物質の状態が z 方向にのみ依存する1次元問題を考える．この場合でも輻射の強度は z 方向からの角度 θ に依存する．

$$ds = dz/\cos\theta \tag{2.58}$$

なので，輻射輸送の方程式に

$$\cos\theta \frac{dI_\nu}{dz} = -(\alpha_\nu + \alpha_\nu^{\rm sc})(I_\nu - S_\nu) \tag{2.59}$$

となる．光学的に十分厚い場合には $S_\nu = B_\nu$ としてよく，I_ν もほとんど等方なので

$$I_\nu = B_\nu(T) + I_\nu^{(1)} \tag{2.60}$$

と展開すると，

$$I_\nu^{(1)} = -\frac{\cos\theta}{\alpha_\nu + \alpha_\nu^{\rm sc}} \frac{dB_\nu(T)}{dz} \tag{2.61}$$

を得る．すると輻射の比エネルギー流束密度は

$$F_\nu = \int I_\nu \cos\theta d\Omega = -\frac{2\pi}{\alpha_\nu + \alpha_\nu^{\rm sc}} \frac{dB_\nu}{dz} \int \cos^2\theta d\cos\theta = -\frac{4\pi}{3(\alpha_\nu + \alpha_\nu^{\rm sc})} \frac{dB_\nu}{dz} \tag{2.62}$$

となる．輻射のエネルギー流束密度は，これを振動数積分して

$$F = \int F_\nu d\nu = -\frac{4\pi}{3} \frac{dT}{dz} \int \frac{1}{\alpha_\nu + \alpha_\nu^{\rm sc}} \frac{dB_\nu}{dT} d\nu \tag{2.63}$$

となる．

ここで

$$\int \frac{dB_\nu}{dT} d\nu = \frac{d}{dT} \int B_\nu d\nu = \frac{c}{4\pi} \frac{d}{dT} aT^4 = \frac{ac}{\pi} T^3 \tag{2.64}$$

に注意し，質量吸収係数を用いると

$$F = -\frac{4ac}{3\rho} \frac{T^3}{\kappa} \frac{dT}{dz} \tag{2.65}$$

を得る．ここで κ はロスランド平均吸収係数と呼ばれる量で

$$\frac{1}{\rho\kappa} = \frac{\int \frac{1}{\alpha_\nu + \alpha_\nu^{\rm sc}} \frac{dB_\nu}{dT} d\nu}{\int \frac{dB_\nu}{dT} d\nu} = \frac{\pi}{acT^3} \int \frac{1}{\alpha_\nu + \alpha_\nu^{\rm sc}} \frac{dB_\nu}{dT} d\nu \tag{2.66}$$

と定義される．

これから，エネルギー輸送の式として，星の内部で半径 r の球面を単位時間に通過するエネルギー L_r が

$$L_r = 4\pi r^2 F = -4\pi r^2 \left(\frac{4acT^3}{3\kappa\rho}\right) \frac{dT}{dr} \tag{2.67}$$

で与えられることになる．

2.2.4 吸収係数

上でみたように輻射の吸収係数は星の構造を決定する上で非常に重要な量である．熱平衡状態では，物質の温度，密度，化学組成を与えれば，電離状態も決まり，原理的には吸収係数も計算できる．しかし，星の中でとりうる物質の状態は非常に広い範囲にわたっており，輻射と物質との相互作用についてもすべてわかっているわけではなく，現在も研究が進められている課題なのである．非常な高温ではさまざまな相対論的な効果が重要になるし，逆に低温領域では分子やダストの効果を考えなければならない．密度の高いときには縮退の効果も効いてくる．物質の状態によって，あるいは求めるべき精度によって多種多様な輻射過程の考察が必要になるのである．ここでは，最も代表的な輻射過程について，その吸収係数を挙げておこう．

第1に電子散乱がある．非相対論的な場合ではこれはトムソン散乱であり，断面積は

$$\sigma_{\rm T} = \frac{8\pi}{3}\left(\frac{e^2}{m_{\rm e}c^2}\right)^2 = 6.65 \times 10^{-25}\,{\rm cm}^2 \tag{2.68}$$

である．完全電離のガスでは電子数密度は

$$n_{\rm e} = \frac{\rho}{2m_{\rm H}}(1+X) \tag{2.69}$$

なので（式 (2.6) と式 (2.9) で $Z=0$，$X+Y=1$ とした）

$$\kappa_{\rm es} = \sigma_{\rm T}\frac{1+X}{2m_{\rm H}} = 0.20(1+X)\,{\rm cm}^2\,{\rm g}^{-1} \tag{2.70}$$

となる．

第2に自由・自由遷移がある．これは制動放射とも呼ばれ，自由電子とイオンとの衝突が主たるものである．質量数 A_i，電荷 Z_i のイオンの存在比を X_i とすると，その数密度は

$$n_i = \frac{X_i\rho}{A_i m_{\rm H}} \tag{2.71}$$

となり，吸収係数は

$$\begin{aligned}\alpha^i_{\nu,{\rm ff}} &= \frac{4e^6}{3hcm_{\rm e}}\left(\frac{2\pi}{3km_{\rm e}T}\right)^{1/2}\frac{Z_i^2 n_{\rm e} n_i}{\nu^3}(1-{\rm e}^{-h\nu/kT})g_{\rm ff} \\ &= 3.7\times 10^8 \frac{Z_i^2 n_i n_{\rm e}}{T^{1/2}\nu^3}(1-{\rm e}^{-h\nu/kT})g_{\rm ff}\,{\rm cm}^{-1}\end{aligned} \tag{2.72}$$

と与えられる．ここで，$g_{\rm ff}$ はゴーント因子と呼ばれ，量子論的な補正を表す1程度の量である．ロスランド平均吸収係数は各種のイオンの寄与の和となり，

$$\kappa_{\rm ff} = 3.7\times 10^{22}\frac{\rho}{T^{7/2}}(1+X)\left[X+Y+Z\left\langle\frac{Z_i^2}{A_i}\right\rangle\right]\langle g_{\rm ff}\rangle\,{\rm cm}^2\,{\rm g}^{-1} \tag{2.73}$$

となる．これをクラマースの吸収係数という．ここで $\langle\ \rangle$ は適切な平均を表す．

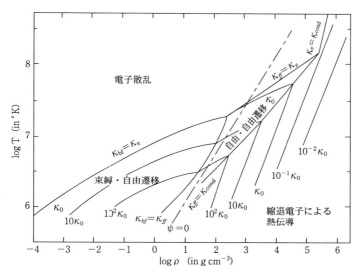

図 2.2 さまざまな温度と密度の領域にたいして最も有効なエネルギー輸送過程
図の左上の高温密度の領域では電子散乱，右下の低温高密度の領域では縮退した電子の熱伝導，中間の領域では自由・自由遷移，束縛・自由遷移が支配的な過程となる（C. Hayashi, R. Hōshi and D. Sugimoto: *Supplement of the Progress of Theoretical Physics*, vol. 22, 1962）．

最後に，不完全電離（中性を含む）のイオンにたいする束縛・自由遷移と束縛・束縛遷移を考慮しなければならない．これらは，物質の電離状態，多価イオンを含む原子スペクトルの構造によるので複雑である．ある程度高温になると重元素がおもに効いてくるが，太陽組成程度だと，自由・自由遷移による吸収係数よりも大きい寄与がある．実際に星の構造を解くときには，これらの吸収係数は温度や密度の関数として数表化されたものを用いるのが普通である．先に述べたように，吸収係数の正確な値にはまだ不確定な点が多々ある．もちろん，これらの不定性の大きさは温度や密度，化学組成に大きく依存する．たとえば，10^5 K から 10^6 K 程度の温度領域では鉄の不完全電離状態での束縛・束縛遷移の寄与が大きく，その吸収係数の決定には原子物理学の詳細な研究が必要となる．近年これらの系統的研究が進められており，太陽の内部構造や変光星の諸性質などと関係して詳しい研究が進められている．図 2.2 に温度密度の各領域で支配的な輸送過程を示しておく．

2.3 対 流

2.3.1 対流不安定の条件

星の内部の温度分布が急峻になると対流が発生し，エネルギー輸送が対流で担われ

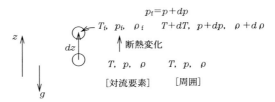

図 2.3 対流発生の概念図

るようになる．対流の発生する条件は以下のようにして決められる．$-z$ 方向に重力加速度 g があり，温度と圧力が $T(z)$, $p(z)$ の分布をしている 1 次元問題を考えよう．簡単のため化学組成は一様であるとしておこう．図 2.3 のようにある小さな質量要素を周囲と力学平衡を保ちながら断熱的に $dz > 0$ だけ変位させると，この要素の圧力は

$$p_{\rm f} = p(z+dz) = p(z) + \frac{dp}{dz}dz \tag{2.74}$$

温度は

$$T_{\rm f} = T(z) + \left.\frac{dT}{dp}\right|_{\rm ad} dp \tag{2.75}$$

となる．もし

$$T_{\rm f} < T(z+dz) = T(z) + \frac{dT}{dp}dp \tag{2.76}$$

ならば，周囲よりも低温であるため，周囲よりも密度が高くなるので下向きに力が働き，この質量要素はもとに戻る．すなわち，対流にたいして安定である．逆に

$$T_{\rm f} > T(z+dz) \tag{2.77}$$

ならば，周囲よりも密度が低くなるので浮力が働き，さらに上昇することになる．これが対流不安定である．

$dz > 0$ にたいして $dp < 0$ であることに注意すると，対流不安定の条件は，

$$\left.\frac{dT}{dp}\right|_{\rm ad} < \frac{dT}{dp} \tag{2.78}$$

となる．あるいは，両辺に $-dp/dz$ をかけて

$$-\left.\frac{dT}{dz}\right|_{\rm ad} < -\frac{dT}{dz} \tag{2.79}$$

で与えられる．すなわち，温度勾配が断熱的なものより急になっている，いいかえるとエントロピー勾配が負であると対流が起こる．$dz < 0$ の場合を考えても当然同じ条件を得る．対流不安定の条件は，式 (2.78) の両辺に p/T をかけて

$$\nabla_{\rm ad} \equiv \left.\frac{d\ln T}{d\ln p}\right|_{\rm ad} < \left.\frac{d\ln T}{d\ln p}\right|_{\rm rad} \equiv \nabla_{\rm rad} \tag{2.80}$$

と表すことも多い．右辺に添字 rad がついているのは，星の構造の問題の場合にはエネルギー輸送が輻射輸送のみによると仮定して得られた分布の対流に対する安定性を調べているからである．これをシュワルツシルトの判定条件と呼んでいる．

上に示したように，エネルギー輸送が輻射のみであると仮定して得たエントロピー勾配が負であると対流が起こる．対流が起こるとエネルギー輸送には輻射とともに対流も寄与することになる．多くの場合，対流が起これば，対流によるエネルギー輸送が支配的になり，対流要素の変化は断熱的と近似できるので，温度，密度，圧力の分布は断熱的になる．すなわち，エネルギー輸送の式は，輻射輸送の式の代わりに

$$\frac{dT}{dz} = \left.\frac{d\ln T}{d\ln p}\right|_{\mathrm{ad}} \frac{T}{p}\frac{dp}{dz} = \nabla_{\mathrm{ad}} \frac{T}{p}\frac{dp}{dz} \qquad (2.81)$$

で与えられる．

2.3.2 混合距離理論

以上は第 0 近似であり，星の構造と進化を精密に取り扱うためにはより詳しい取り扱いが必要となる．以下で，そのうちいくつかについて簡単にふれるが，対流の取り扱いには現在でも未解決の微妙な問題がいくつかある．星の外層での対流の発生には水素やヘリウムの電離度の変化に起因するものがある．このときには断熱的な温度変化が非常に小さくなるため対流が発生しやすくなるのである．対流層は星の表面まで達することはなく，表面近くで対流的に安定になり，再び輻射輸送によってエネルギーが運ばれる．対流層の上部ではエネルギー輸送には対流と輻射の両者が効いており，対流要素の変化も断熱的なものからずれてくるので，対流によるエネルギー輸送の表式が具体的に必要となる．これを第 1 原理から求めることは困難であり，多くの場合混合距離理論を使って評価することになる．

このような場合に星の構造を求めるには，光度 L_r が輻射によるエネルギー流束密度 F_{rad} と対流によるエネルギー流束密度 F_{conv} の和

$$L_r = 4\pi r^2 (F_{\mathrm{rad}} + F_{\mathrm{conv}}) \qquad (2.82)$$

で与えられるとし，F_{conv} を密度，温度，圧力などの物理量で表せばよい．対流によるエネルギー輸送は対流要素が周囲と圧力平衡を保ちながら運ぶ余分の内部エネルギーの輸送で評価される．すなわち

$$F_{\mathrm{conv}} = \rho c_{\mathrm{p}} \overline{v\Delta T} \qquad (2.83)$$

と書かれる．ここで c_p は単位質量あたりの定圧比熱，v は対流要素の速度，ΔT は対流要素と周囲との温度差であり，$\overline{v\Delta T}$ は多くの対流要素についての適切な平均値である．

まず個々の対流要素により運ばれるエネルギーを評価しよう．対流要素は周囲と力学平衡にあるので，圧力は周囲の圧力と等しいが，周囲との熱の交換は必ずしも無視できないので，温度変化は必ずしも断熱的ではない．考えている対流要素の実際の変化を

$$\nabla_{\mathrm{f}} \equiv \left.\frac{d \ln T}{d \ln p}\right|_{\mathrm{f}} \tag{2.84}$$

と記す．対流要素と周囲との間の熱交換が無視できるときには，これは断熱的な値 ∇_{ad} に等しくなる．周囲よりわずかに密度の低い対流要素が $z=0$ の位置に速度 $v=0$ で生まれたとしよう．距離 z だけ進むと温度差は

$$\Delta T \equiv T_{\mathrm{f}} - T(z) = (\nabla_{\mathrm{f}} - \nabla)T d\ln p = -(\nabla_{\mathrm{f}} - \nabla)T \frac{z}{H} \tag{2.85}$$

となる．ここで，

$$H = \frac{p}{-dp/dz} = \frac{p}{\rho g} \tag{2.86}$$

はスケールハイトと呼ばれ，圧力が $1/e$ だけ変化する距離である．

対流要素は周囲と圧力平衡にあり，浮力によって単位質量あたり

$$-\frac{\Delta \rho}{\rho}g = -\left.\frac{\partial \ln \rho}{\partial \ln T}\right|_p \frac{\Delta T}{T}g \equiv \delta \frac{\Delta T}{T}g \tag{2.87}$$

の加速度を受ける．受けた仕事の半分が運動エネルギーに転化すると仮定すると[1]，z だけ進んだときの速度は，

$$v^2 = \frac{\delta g z^2}{2H}(\nabla - \nabla_{\mathrm{f}}) \tag{2.88}$$

となる．対流要素は平均的に混合距離 l だけ進むと周囲と混合すると仮定しよう．ある場所でみたとき，対流要素の進んだ距離の平均値は $l/2$ であり，ΔT と v の平均値は

$$\overline{\Delta T} = (\nabla - \nabla_{\mathrm{f}})T\frac{l}{2H} \tag{2.89}$$

$$\bar{v} = \sqrt{\frac{\delta g l^2}{8H}(\nabla - \nabla_{\mathrm{f}})} \tag{2.90}$$

となる．

これらを式 (2.83) に代入すると，対流によるエネルギー流束密度は

$$F_{\mathrm{conv}} = \rho c_p T \frac{\sqrt{\delta g l}}{4\sqrt{2}}\left(\frac{l}{H}\right)^{3/2}(\nabla - \nabla_{\mathrm{f}})^{3/2} \tag{2.91}$$

---

[1] 対流要素は自由空間を運動しているわけではないので，浮力から受けた運動量をさまざまの形で周囲に渡す．このためすべての仕事が対流要素の運動エネルギーになるわけではない．周囲の媒質を一緒に動かそうとするために慣性が大きくなる「誘導質量」の効果や，周囲から受ける「抵抗力」の効果も考慮すべきなのである．

と評価される．対流要素の温度変化 $\nabla_{\rm f}$ は断熱変化から混合距離 l だけ動く間に失った内部エネルギーを差し引くことで評価される．対流要素の直径を混合距離 l と同じだとすると，単位時間あたりに対流要素の失うエネルギーは輻射輸送の式から

$$4\pi \left(\frac{l}{2}\right)^2 \left(\frac{4acT^3}{3\kappa\rho}\right)\frac{2\Delta T}{l} = \frac{8\pi acT^3 \Delta T l}{3\rho\kappa} \tag{2.92}$$

と評価される．これが

$$c_p\rho \frac{\pi l^3}{6}\bar{v}\left(\left.\frac{dT}{dz}\right|_{\rm ad} - \left.\frac{dT}{dz}\right|_{\rm f}\right) = -c_p\rho\frac{\pi l^3}{6}\bar{v}\frac{T}{H}(\nabla_{\rm ad} - \nabla_{\rm f}) \tag{2.93}$$

に等しいとして，最終的に

$$\nabla_{\rm f} - \nabla_{\rm ad} = \frac{8\sqrt{8}acT^3\sqrt{H}}{\kappa\rho^2 c_p l^2 \sqrt{\delta g}}[\nabla - \nabla_{\rm f}]^{1/2} \tag{2.94}$$

という式が得られる．

最初の問題に戻って星の構造を求めることを考えよう．$F_{\rm conv}$ を具体的に計算するためには混合距離 l を決めなければならないが，l はスケールハイト H 程度の大きさだと仮定して，両者の比 l/H をパラメータとして与えるのが通常のやり方である．エネルギー輸送の式は本質的には L_r が与えられたときに温度勾配を決める式であるが，式 (2.82)，(2.91) とともに式 (2.94) を同時に解くことから，星の構造を決める量 ∇ 以外に，対流に関する量として $\nabla_{\rm f}$ が同時に求められることになる．対流が生じているときには

$$\nabla_{\rm ad} < \nabla_{\rm f} < \nabla < \nabla_{\rm rad} \tag{2.95}$$

という不等式が成立していることになる．物理的意味は明らかであろう．輻射輸送のみと仮定した温度勾配 $\nabla_{\rm rad}$ が大きすぎるので対流が発生し，実現される平均的な温度勾配は ∇ はこれより小さくなる．対流要素が浮力を受けるためには，個々の要素の温度勾配 $\nabla_{\rm f}$ は周囲の温度勾配より小さくないといけないことは式 (2.85) からわかる．最初の不等式は対流要素が断熱変化に比べてエネルギーを失うことを意味している．このようにして一般には実現される温度勾配は断熱的なものより急になるが，多くの場合には $\nabla_{\rm ad} \approx \nabla_{\rm f} \approx \nabla$ が成立しているのである．

2.3.3 その他の問題

星の中心部で対流が起こると対流の発生した領域はよく混合されるので，そこでの元素組成は一様になる．対流が起こらなければ，原子核反応で変化した組成は著しい非一様性をもつことになる．したがって，対流領域の大きさの決定は星の進化に大きな影響を及ぼす．しかし，ここにもいくつかの未解決の問題がある．星の内部で対流が起こるとき，対流不安定な領域と対流安定な領域との境界は通常は上で議論した対

流安定の中立条件で与えた条件で決める．しかし，対流要素の運動を考えると，境界付近で発生した対流要素は境界に達したときに有限の速度をもっているので，境界を突破して対流安定な領域まで到達することも考えられる．この効果を対流過貫入と呼ぶ．実際にこれがどの程度起こっているかは論争中であるが，もしかなりの規模で起こっているとすると対流領域が大きくなるためにやはり星の進化に無視できない影響を及ぼす．

星のコアなど元素組成に勾配がある場合には，対流の起こる条件として平均分子量の勾配を考慮する必要がある．これを考慮すると，対流不安定の条件はルドーの判定条件

$$\left.\frac{d\ln T}{d\ln p}\right|_{\rm ad} + \frac{\varphi}{\delta}\frac{d\ln \mu}{d\ln p} < \left.\frac{d\ln T}{d\ln p}\right|_{\rm rad} \tag{2.96}$$

となり，一般には対流を安定化する方向に向かう．ここで，

$$\varphi = \left.\frac{\partial \ln \rho}{\partial \ln \mu}\right|_{p,T} \tag{2.97}$$

であり，δ は式（2.87）で定義されている．しかし，

$$\left.\frac{d\ln T}{d\ln p}\right|_{\rm ad} < \left.\frac{d\ln T}{d\ln p}\right|_{\rm rad} < \left.\frac{d\ln T}{d\ln p}\right|_{\rm ad} + \frac{\varphi}{\delta}\frac{d\ln \mu}{d\ln p} \tag{2.98}$$

の領域では振動的には不安定になることが示されており，これを準対流と呼んでいる．この不安定性の成長時間はかなり長いが，星の進化の時間に比べて無視できるかどうかを決定することは困難な問題である．準対流の問題も大質量星の進化などに大きな影響を及ぼすことが知られている．

2.4 熱核反応

星は輻射を外部に放出してエネルギーを失っているので，静的な構造を維持するためにはエネルギー源が必要である．よく知られているようにこのエネルギー源は熱核融合反応である．熱核融合反応はまた元素の起源の問題と直接にかかわっている．本節ではその基本的事項を概説する．

2.4.1 熱核反応の運動学

最初に，温度 T のプラズマ中での核反応率を計算しよう．反応に関与する粒子の質量を m_i，数密度を n_i $(i=1,2)$ とする．速度分布関数はマックスウェル分布で与えられ，非相対論的な温度では，

$$n_i(v_i)d^3v_i = n_i\left(\frac{m_i}{2\pi kT}\right)^{3/2}\exp\left(-\frac{m_i v_i^2}{2kT}\right)d^3v_i \tag{2.99}$$

である．相対速度の大きさを $v = |\vec{v}_1 - \vec{v}_2|$，反応の断面積を $\sigma(v)$ とすると，単位時間単位体積あたりの反応率に

$$I = \int n_1(v_1)n_2(v_2)\sigma(v)v d^3v_1 d^3v_2 \tag{2.100}$$

となる．速度 $\vec{v}_1$ と $\vec{v}_2$ を，相対速度 $\vec{v}$ と重心の速度 $\vec{V}$ に変数変換し，全質量 $m = m_1 + m_2$ と換算質量 $\mu = m_1 m_2/(m_1 + m_2)$ を使うと，

$$\begin{aligned} I &= \int n_1 n_2 \frac{(m_1 m_2)^{3/2}}{(2\pi kT)^3} \exp\left(-\frac{mV^2 + \mu v^2}{2kT}\right) \sigma(v) v d^3v d^3V \\ &= n_1 n_2 \left(\frac{\mu}{2\pi kT}\right)^{3/2} \int \exp\left(-\frac{\mu v^2}{2kT}\right) \sigma(v) v d^3v \\ &\equiv n_1 n_2 \langle \sigma v \rangle \end{aligned} \tag{2.101}$$

となる．同種粒子の衝突の場合にはこれに因子 $1/2$ がかかる．v の代わりにエネルギー $E = \mu v^2/2$ で書くことも多い．

1 反応あたりに解放されるエネルギーを Q とすると，単位質量あたりのエネルギー発生率は

$$\epsilon_{\mathrm{n}} = \frac{IQ}{\rho} \tag{2.102}$$

となる．

2.4.2 核反応率

核反応は 2 つの原子核同士が 10^{-13} cm 程度に近づいたときに起こるが，原子核の間にはクーロン力が働く．原子核間のクーロン力にたいする周囲の電子の影響は通常は小さいので，さしあたり無視することにしよう．電荷 $Z_1 e$ と $Z_2 e$ をもった 2 つの原子核の間のクーロンエネルギーは，原子核の間の距離を r として

$$\frac{Z_1 Z_2 e^2}{r} = 1.4 Z_1 Z_2 \left(\frac{r}{10^{-13}\,\mathrm{cm}}\right)^{-1}\mathrm{MeV} \tag{2.103}$$

なので，古典的には温度が 10^{10} K 以上まで上がらないと反応は起きない．太陽などの主系列星の中心温度は $(1 \sim 3) \times 10^7$ K 程度でしかないので核反応は起こらないことになる．しかし，これは古典力学の範囲のことであり，量子力学的にはトンネル効果によりクーロン障壁を透過する確率があり，より低温でも核反応が起こりうることになるのである．図 2.4 に示すように，古典力学的な反射点 $r_c = (2Z_1 Z_2 e^2)/\mu v^2$ から原子核の半径 R までの透過確率は，

$$P_{\mathrm{Coul}} = \frac{p_0}{v} \exp(-2\pi\eta) \tag{2.104}$$

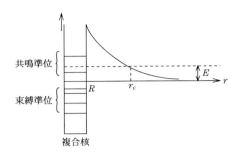

図 2.4 電子核反応の概念図

半径 R 以内では核力によるポテンシャルにより 2 つの入射粒子の複合状態ができる．エネルギーが負の準位は束縛準位であり，最低エネルギーの準位が安定な電子核である．エネルギーが正の準位は共鳴準位と呼ばれるが，この準位は 2 つの原子核が分離した状態とトンネル効果により結合しており，共鳴準位にある複合核は有限の寿命で崩壊する．

$$\eta = \frac{Z_1 Z_2 e^2}{\hbar v} \tag{2.105}$$

$$p_0 = \left(\frac{2Z_1 Z_2 e^2}{\mu R}\right)^{1/2} \tag{2.106}$$

と近似される．ここで，$\hbar$はプランク定数を2πで割ったものである．式（2.104）の右辺の指数因子はWKB法で得られる透過因子であり，係数p_0/vは透過確率が単位入射流束あたりで定義されることを考慮した因子である．クーロン障壁の効果を除いた核反応の部分の断面積をσ_Nと記して，核反応の断面積を

$$\sigma = P_\mathrm{Coul} \sigma_\mathrm{N} = \frac{S(E)}{E} \exp(-2\pi\eta) \tag{2.107}$$

と書くのが慣わしである．$S(E)$を天体物理的S因子と呼ぶ．$1/E$をくくり出した理由は低エネルギーでは断面積がド・ブロイ波長の 2 乗に比例することを考慮したためである．量子力学的な透過確率は非常に小さいものだが，衝突回数も非常に多いので，核反応を起こす確率がわずかながら存在することになるのである．

透過した原子核はさまざまな原子核反応を起こしうるが，その様子は個々の場合によって大きく異なる．ここで興味があるのは，非弾性散乱のうち核種が変化する場合である．この場合には，いったん 2 つの粒子の複合核ができ，それが異なる複数の原子核に分かれると考えてもよいだろう．このとき，入射粒子のエネルギーと一致するような複合核の共鳴準位が存在するときには$S(E)$が大きな値をとることになる．入射粒子のエネルギーと一致するような共鳴準位が存在しない場合には$S(E)$はほぼ一定の値をとると近似できるので

$$\begin{aligned}\langle\sigma v\rangle &= \left(\frac{\mu}{2\pi kT}\right)^{3/2} \frac{2S}{\mu} \int \exp\left(-\frac{\mu v^2}{2kT} - 2\pi\eta\right) 4\pi v dv \\ &= \frac{2\sqrt{2}S}{\sqrt{\pi\mu}(kT)^{3/2}} \int \exp\left(-\frac{E}{kT} - \frac{E_\mathrm{G}^{1/2}}{E^{1/2}}\right) dE \end{aligned} \tag{2.108}$$

となる．ここで

2.4 熱核反応

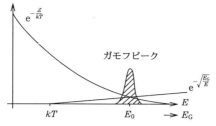

図 2.5 ガモフピークの概念図

$$E_{\rm G} = \frac{\mu}{2}\left(\frac{2\pi Z_1 Z_2 e^2}{\hbar}\right)^2 \tag{2.109}$$

と定義した.

図 2.5 に示すように，被積分関数は

$$E = E_0 = \left(\frac{\sqrt{E_{\rm G}}kT}{2}\right)^{2/3} \tag{2.110}$$

で最大値

$$\exp\left(-\frac{3E_0}{kT}\right) \tag{2.111}$$

をとり，両側で急激に減少する関数となる．これをガモフピークと呼ぶ．被積分関数を E_0 のまわりでガウス型だと近似して積分すると，ガモフピークの幅は

$$\Delta E_0 = \left(\frac{4E_0 kT}{3}\right)^{1/2} \tag{2.112}$$

であり

$$\langle \sigma v \rangle = \frac{8S}{\sqrt{6}kT}\left(\frac{E_0}{\mu}\right)^{1/2}\exp\left(-\frac{3E_0}{kT}\right) \tag{2.113}$$

を得る．たとえば，$kT = 1\,{\rm keV}$ とすると陽子陽子反応にたいして，$E_{\rm G} = 500\,{\rm keV}$, $E_0 = 16\,{\rm keV}$ の程度となる．核反応にはマックスウェル分布のすそにあるほんの少数の粒子が寄与しているのである.

複合核に共鳴準位が存在する場合は，断面積はブライト–ウィグナーの式

$$\sigma(E) = \frac{\pi(\hbar/\mu v)^2 \omega \Gamma_{12}\Gamma_{34}}{(E - E_{\rm res})^2 + \Gamma^2/4} \tag{2.114}$$

と表される．ここで $E_{\rm res}$ は共鳴エネルギー，Γ は共鳴幅，Γ_{12} は入射粒子の部分幅でクーロン障壁の効果はここに含まれる．Γ_{34} は形成される粒子の部分幅であり，$\Gamma = \Gamma_{12} + \Gamma_{34}$ である．ω はスピン因子で複合核のスピンを s_* とすると

$$\omega = \frac{2s_* + 1}{(2s_1 + 1)(2s_2 + 1)} \tag{2.115}$$

である．一般に共鳴幅はガモフピークの幅よりも小さいので，共鳴の効果はデルタ関数的に寄与し

$$\langle \sigma v \rangle = \left(\frac{2\pi}{\mu kT}\right)^{3/2} \hbar^2 \omega \frac{\Gamma_{12}\Gamma_{34}}{\Gamma} \exp\left(-\frac{E_{\rm res}}{kT}\right) \tag{2.116}$$

と表される．

共鳴，非共鳴いずれの場合でも核反応率は温度に強い依存性をもつ．非共鳴の場合，温度を 10^7 K を単位にして $T_7 = T/10^7$ K と表し，S を keV·barn の単位 (1 barn$=10^{-24}$ cm^2) で表すと

$$\langle \sigma v \rangle = \frac{A}{T_7^{2/3}} \exp\left(-\frac{B}{T_7^{1/3}}\right) {\rm cm}^3\,{\rm s}^{-1} \tag{2.117}$$

$$A = 2.8 \times 10^{-16} S \left[\frac{Z_1 Z_2 (A_1 + A_2)}{A_1 A_2}\right]^{1/3} \tag{2.118}$$

$$B = 19.7 \left[\frac{Z_1^2 Z_2^2 A_1 A_2}{A_1 + A_2}\right]^{1/3} \tag{2.119}$$

となる．

星の内部では $B \gg T_7^{1/3}$ なので，エネルギー発生率を基準温度 $T_{7,0}$ のまわりでべき近似すると

$$\frac{\epsilon}{\epsilon_0} = \left(\frac{T_7}{T_{7,0}}\right)^k \tag{2.120}$$

$$k = \frac{B}{3T_7^{1/3}} - \frac{2}{3} \tag{2.121}$$

となって，指数 k が大きいことがわかる．この大きな依存性のために，星の中心温度はそれぞれの核燃焼の段階でほぼ決まった温度をとるのである．

2.4.3 水素燃焼

クーロン障壁は原子番号の小さい原子核のほうが小さいので，水素燃焼が一番低い温度で起こる．水素燃焼は4個の陽子から1個のヘリウム原子核を合成する反応であり，実際の星の中では2つの過程が考えられる．第1は p–p 連鎖であり，第2は CNO サイクルである．水素は最も存在比の大きな元素であるので，星の内部での熱核反応の中で最も重要である．

a. p–p 連鎖

p–p 連鎖には3つの分枝があるが，低温 $(0.8 < T_7 < 1.4)$ では，おもに

$$^1{\rm H} + {}^1{\rm H} \to {}^2{\rm H} + e^+ + \nu_e$$

$$^2\text{H} + {}^1\text{H} \to {}^3\text{He} + \gamma$$
$$^3\text{He} + {}^3\text{He} \to {}^4\text{He} + 2\,{}^1\text{H} \tag{2.122}$$

の連鎖反応 (p–pI 連鎖) が起こる．最初の反応で発生した陽電子は電子と対消滅を起こすので，このサイクルで解放されるエネルギーは ^{4}He と 4 個の陽子の質量差に電子 2 個の質量を加えたもので，26.73 MeV である．ニュートリノのエネルギーは平均 0.26 MeV，1 サイクルで 2 個合計 0.53 MeV のエネルギーをもって出るので，ネットな星のエネルギー源としては 26.20 MeV となる．最初の反応は弱い相互作用であるので，反応は著しく遅く，$S(0) = 4.0 \times 10^{-22}$ keV·barn でしかない．当然ながら，p–p 連鎖の進む速さはこの反応で決まっている．

^{4}He が多いか，あるいは温度が少し高い（$1.4 < T_7 < 2.3$）と，p–pII 連鎖

$$^3\text{He} + {}^4\text{He} \to {}^7\text{Be} + \gamma$$
$$^7\text{Be} + \text{e}^- \to {}^7\text{Li} + \nu_\text{e}$$
$$^7\text{Li} + {}^1\text{H} \to 2\,{}^4\text{He} \tag{2.123}$$

が主となる．このサイクルでは，2 個のニュートリノのうち 1 個は ^{7}Be の電子捕獲の際に放出されるもので平均 0.80 MeV のエネルギーをもつ．したがって，ネットな星のエネルギー源としては 25.67 MeV となる．

さらに高温（$2.3 < T_7$）では ^{7}Be の陽子捕獲が起こり，p–pIII 連鎖

$$^7\text{Be} + {}^1\text{H} \to {}^8\text{B} + \gamma$$
$$^8\text{B} \to {}^8\text{Be} + \text{e}^+ + \nu_\text{e}$$
$$^8\text{Be} \to 2\,{}^4\text{He} \tag{2.124}$$

が主となる．^{8}B の崩壊で発生するニュートリノの平均エネルギーは 7.27 MeV と大きいのでネットな星のエネルギー源としては 19.20 MeV の寄与をなす．p–p 連鎖は図 2.6 のようにまとめられる．

現在の太陽の中心温度は $T_7 = 1.6$，コア全体でのそれぞれの連鎖の割合は p–pI，

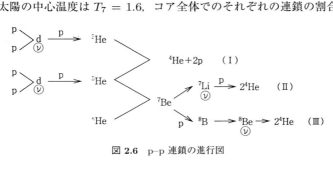

図 2.6　p–p 連鎖の進行図

p–pII, p–pIII が 86%, 14%, 0.25%と計算されている. p–p 連鎖は太陽およびそれより軽い主系列星のエネルギー生成の大部分を占めている. p–p 連鎖で発生したニュートリノは太陽内部で反応することなく直接外部に放出されるので, 太陽中心部の情報をそのままもっていることになる. したがって, 太陽から放出されるニュートリノの検出は星のエネルギー源や内部構造の直接的検証としてきわめて重要である. また, 3.7 節に述べるように, 太陽ニュートリノの観測は太陽の内部構造のみならず, 素粒子としてのニュートリノの性質を調べる上で貴重な手段ともなっているのである.

b. CNO サイクル

あらかじめ C, N, O などの元素が星に含まれていると, $T_7 > 1.8$ 以上の温度では, 陽子捕獲と β^+ 崩壊を通じて, 最終的に ^{4}He を形成する反応が起こりうる. これを CNO サイクルと呼ぶ. CNO サイクルは重い原子核が関与するので, やや高い温度を必要とし, 太陽よりも重い主系列星のエネルギー源となるとともに, 巨星の水素殻燃焼を担っている. このサイクルは

$$^{12}\text{C} + {}^{1}\text{H} \to {}^{13}\text{N} + \gamma$$
$$^{13}\text{N} \to {}^{13}\text{C} + e^+ + \nu_e$$
$$^{13}\text{C} + {}^{1}\text{H} \to {}^{14}\text{N} + \gamma$$
$$^{14}\text{N} + {}^{1}\text{H} \to {}^{15}\text{O} + \gamma$$
$$^{15}\text{O} \to {}^{15}\text{N} + e^+ + \nu_e$$
$$^{15}\text{N} + {}^{1}\text{H} \to {}^{12}\text{C} + {}^{4}\text{He} \tag{2.125}$$

と表される. 図示すると図 2.7 のようになる. ^{12}C は触媒の役割を果たしているだけで, ネットには 4 個の陽子からヘリウム原子核 1 個がつくられていることがわかる. ^{13}N と ^{15}O の崩壊で発生するニュートリノの平均エネルギーはそれぞれ 0.71 MeV と 1.00 MeV なので, ネットのエネルギー源として 25.02 MeV の寄与をなす. 最も遅い反応は ^{14}N の陽子捕獲反応なので, サイクルの進行はこの反応で決まる. したがって CNO サイクルの起こっている物質中では C, N, O の核種の中で ^{14}N の存在比が圧倒的に多くなっている. 現在の太陽ではサイクルは完了せず, ^{14}N が増加しつつある

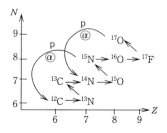

図 2.7 CNO サイクルの進行図

状態にあり，太陽光度の1%程度の寄与をなしている．

温度が少し高いと，最後の反応から

$$
\begin{aligned}
{}^{15}\mathrm{N} + {}^{1}\mathrm{H} &\to {}^{16}\mathrm{O} + \gamma \\
{}^{16}\mathrm{O} + {}^{1}\mathrm{H} &\to {}^{17}\mathrm{F} + \gamma \\
{}^{17}\mathrm{F} &\to {}^{17}\mathrm{O} + \mathrm{e}^{+} + \nu_{\mathrm{e}} \\
{}^{17}\mathrm{O} + {}^{1}\mathrm{H} &\to {}^{14}\mathrm{N} + {}^{4}\mathrm{He}
\end{aligned}
\tag{2.126}
$$

の分岐が起こりうる．この分岐比は10^{-4}の程度でしかないが，もともと存在していた$^{16}\mathrm{O}$が$^{14}\mathrm{N}$をつくることにより，エネルギー生成率を高める効果を及ぼす．$^{17}\mathrm{F}$の崩壊によるニュートリノの平均エネルギーは$1.00\,\mathrm{MeV}$である．

2.4.4 ヘリウム燃焼

水素燃焼が進むと水素が枯渇していくので，次の核燃料はヘリウムになる．A=5の安定な原子核が存在しないため，ヘリウム同士の反応で次の段階に進むことになる．しかし，A=8の安定な原子核も存在しないため，結局ヘリウムの三体反応で$^{12}\mathrm{C}$がつくられることになる．$^{4}\mathrm{He}$原子核はα粒子とも呼ばれるので，これは3α反応と呼ばれる．ヘリウム燃焼には$T_7 = 10$程度のかなり高温でかつ高密度の状態が必要となる．3α反応は

$$
\begin{aligned}
{}^{4}\mathrm{He} + {}^{4}\mathrm{He} &\to {}^{8}\mathrm{Be} \\
{}^{8}\mathrm{Be} + {}^{4}\mathrm{He} &\to {}^{12}\mathrm{C}^{*} \\
{}^{12}\mathrm{C}^{*} &\to {}^{12}\mathrm{C} + \gamma
\end{aligned}
\tag{2.127}
$$

と書かれる．図2.8に示されるように，$^{8}\mathrm{Be}$は不安定な原子核であり，第1の反応は$92\,\mathrm{keV}$の吸熱反応である．したがって，すぐに逆反応によって2つの$^{4}\mathrm{He}$に崩壊する．星の内部の状態では，化学平衡が成立しているので，その数密度はサハの式（本

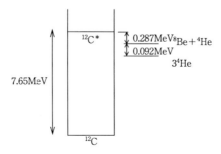

図 2.8 3α 反応にかかわるエネルギー準位の概念図

章末の問題 2.12 参照）により

$$n_{\rm Be} = n_{\rm He}^2 \left(\frac{2\pi\hbar^2 m_{\rm Be}}{m_{\rm He}^2 kT}\right)^{3/2} \exp\left(\frac{I}{kT}\right) = 1.87 \times 10^{-33} n_{\rm He}^2 T_8^{-3/2} \exp\left(-\frac{10.7}{T_8}\right) \tag{2.128}$$

となる．ここで $I = -92\,{\rm keV}$, $T_8 = T/10^8\,{\rm K}$ である．典型的な数値を入れればわかるが，ごくわずかの $^8{\rm Be}$ が存在するのみである．

この $^8{\rm Be}$ と $^4{\rm He}$ が反応して $^{12}{\rm C}$ ができる反応は $^{12}{\rm C}$ の励起状態 $^{12}{\rm C}^*$ への共鳴反応を通じて進む．この準位は $^8{\rm Be}$ より $287\,{\rm keV}$ だけ高いのでやはり吸熱反応である．しかも，$^8{\rm Be} + {}^4{\rm He}$ に分解する崩壊幅は，基底状態への崩壊幅よりはるかに大きいので，$^{12}{\rm C}^*$ の存在量も，サハの式により

$$\begin{aligned} n_{{\rm C}^*} &= n_{\rm He} n_{\rm Be} \left(\frac{2\pi\hbar^2 m_C}{m_{\rm He} m_{\rm Be} kT}\right)^{3/2} \exp\left(\frac{I}{kT}\right) \\ &= 1.21 \times 10^{-33} n_{\rm He} n_{\rm Be} T_8^{-3/2} \exp\left(-\frac{33.3}{T_8}\right) \end{aligned} \tag{2.129}$$

となり，非常にわずかである．ここで $I = -287\,{\rm keV}$ である．この存在量に基底状態への崩壊率 $5.6 \times 10^{12}\,{\rm s}^{-1}$ をかけて $^{12}{\rm C}$ の生成率が求められる．1 反応あたりのエネルギー生成は $Q = 7.27\,{\rm MeV}$ である．

$^{12}{\rm C}$ が形成された後には，ヘリウムも存在している状況では

$$\begin{aligned} {}^{12}{\rm C} + {}^4{\rm He} &\to {}^{16}{\rm O} + \gamma \\ {}^{16}{\rm O} + {}^4{\rm He} &\to {}^{20}{\rm Ne} + \gamma \end{aligned} \tag{2.130}$$

の反応が起こるが，$^{16}{\rm O}$ の共鳴状態は $^{12}{\rm C} + {}^4{\rm He}$ のエネルギーよりわずかに低い位置にあるためこの反応の断面積には大きな不定性がある．$^{20}{\rm Ne}$ には，有効な共鳴準位が存在しないのでヘリウム燃焼は基本的には C と O までで終わる．ヘリウム燃焼終了時の C と O の相対存在比は上の反応の断面積で決まっている．$^{16}{\rm O}$ が多くつくられるときには，$^{20}{\rm Ne}$ や $^{24}{\rm Mg}$ などもヘリウム反応でかなりつくられることになる．C と O の相対存在比は，元素の起源やその後の星の進化にとって重要であり，反応断面積の研究が続けられている．

2.4.5 重元素の熱核反応

温度が $T_7 \approx 60$ になると，炭素燃焼により重い元素の合成，

$$\begin{aligned} {}^{12}{\rm C} + {}^{12}{\rm C} &\to {}^{23}{\rm Na} + {}^1{\rm H} \\ {}^{12}{\rm C} + {}^{12}{\rm C} &\to {}^{20}{\rm Ne} + {}^4{\rm He} \end{aligned} \tag{2.131}$$

などが起こる．さらに高温になると酸素燃焼，

$$^{16}\text{O} + {}^{16}\text{O} \to {}^{32}\text{S} + \gamma$$
$$^{16}\text{O} + {}^{16}\text{O} \to {}^{31}\text{S} + \text{n}$$
$$^{16}\text{O} + {}^{16}\text{O} \to {}^{31}\text{P} + {}^{1}\text{H}$$
$$^{16}\text{O} + {}^{16}\text{O} \to {}^{28}\text{Si} + {}^{4}\text{He} \tag{2.132}$$

および，ネオンの α 粒子捕獲反応

$$^{20}\text{Ne} + {}^{4}\text{He} \to {}^{24}\text{Mg} + \gamma \tag{2.133}$$

が起こる．

さらに高温になって $T_7 > 300$ になると，^{24}Mg, ^{28}Si, ^{32}S の間の反応が進むより速く，光分解反応により，

$$^{28}\text{Si} + \gamma \to {}^{24}\text{Mg} + {}^{4}\text{He} \tag{2.134}$$

などが起こり，発生した α 粒子の捕獲反応で，光子を放出しながら ^{28}Si $\to$ ^{32}S $\to$ ^{36}Ar $\to$ ^{40}Ca $\to$ ^{44}Ti $\to$ ^{48}Cr $\to$ ^{52}Fe $\to$ ^{56}Ni と進む．α 捕獲以外に，光分解での陽子や中性子放出とその逆反応，電子捕獲なども起こり，次第に 1 核子あたりの質量欠損が最も大きい ^{56}Fe を中心とした統計平衡分布に近づいていく．鉄が形成されるとこれ以上核融合によってエネルギー生成を起こすことはできず，星のエネルギー源は尽きてしまうことになる．

次章で示すように，すべての星で鉄の形成に至るわけではない．星の中心部の温度や密度は，電子縮退の効果およびニュートリノ損失による冷却の効果によって，制限されるからである．

2.4.6 ニュートリノ損失

炭素燃焼段階以後では，ニュートリノと反ニュートリノの対発生によるエネルギー損失が無視できなくなる．発生したニュートリノは，断面積が小さいためほとんどがそのまま星の外部に放出されるため，直接的な冷却過程として働くのである．おもな反応として，光ニュートリノ過程

$$\gamma + \text{e}^- \to \text{e}^- + \nu_\text{e} + \bar{\nu}_\text{e} \tag{2.135}$$

電子対ニュートリノ過程

$$\gamma \leftrightarrow \text{e}^+ + \text{e}^- \to \nu_\text{e} + \bar{\nu}_\text{e} \tag{2.136}$$

プラズマニュートリノ過程

$$\text{プラズモン} \leftrightarrow \text{e}^+ + \text{e}^- \to \nu_\text{e} + \bar{\nu}_\text{e} \tag{2.137}$$

ニュートリノ制動輻射

$$e^- + 原子核 \to e^- + \nu_e + \bar{\nu}_e \tag{2.138}$$

などがあるが，いずれも大きな温度依存性をもつのが特徴である．

2.5　星の構造を決定する4つの式

　この章では球対称の星の構造について述べたが，関連事項に寄り道したところも多かったので，核心を見失わないように補足も含めて全体をまとめておく．球対称の星の構造は，質量保存，力学平衡，エネルギー輸送，エネルギー保存の4つの式を解いて定まる．多くの場合，質量を与えて星の構造を求めることになるので，M_r を独立変数とすると，質量保存の式は

$$\frac{dr}{dM_r} = \frac{1}{4\pi r^2 \rho} \tag{2.139}$$

と書かれる．同様に力学平衡の式は

$$\frac{dp}{dM_r} = -\frac{GM_r}{4\pi r^4} \tag{2.140}$$

である．エネルギー輸送の式は輻射平衡の場合

$$\frac{dT}{dM_r} = -\frac{1}{4\pi r^2 \rho}\left(\frac{3\kappa\rho}{4acT^3}\right)\frac{L_r}{4\pi r^2} \tag{2.141}$$

である．輻射平衡を仮定して求めた構造が対流不安定である領域を含む場合は，そこでは対流平衡となっており，温度勾配が断熱的であると近似すると

$$\frac{dT}{dM_r} = \left.\frac{d\ln T}{d\ln p}\right|_{\mathrm{ad}} \frac{T}{p}\frac{dp}{dM_r} \tag{2.142}$$

となる．

　エネルギー保存の式はここまで議論してこなかったが，単位質量要素にたいするエネルギー保存則

$$\left[\frac{\partial u}{\partial t} + p\frac{\partial}{\partial t}\left(\frac{1}{\rho}\right)\right]_{M_r} = \left.T\frac{\partial s}{\partial t}\right|_{M_r} = \epsilon_\mathrm{n} - \epsilon_\nu - \frac{dL_r}{dM_r} \tag{2.143}$$

が基礎となる．ここで，u と s は単位質量あたりの内部エネルギーとエントロピー，ϵ_n は熱核反応によるエネルギー生成率，ϵ_ν はニュートリノによるエネルギー損失率である．

$$\epsilon_\mathrm{g} = -\left[\frac{\partial u}{\partial t} + p\frac{\partial}{\partial t}\left(\frac{1}{\rho}\right)\right]_{M_r} \tag{2.144}$$

と定義して，エネルギー保存の式を

$$\frac{dL_r}{dM_r} = \epsilon_{\rm n} - \epsilon_\nu + \epsilon_{\rm g} \tag{2.145}$$

と書くことにする．$\epsilon_{\rm g}$ はエントロピー変化に伴う内部エネルギーの変化率に負号をつけたものであり，星の構造の変化に伴って現れる項である．重力エネルギー解放率と呼ばれることもあるが，後にみるように，星全体でみれば重力エネルギーの解放率から内部エネルギーの増加率を差し引いたものである．この項は星の構造の変化が無視できる場合はもちろん無視できるが，星の進化の問題を考えるときには星の構造が変化するので，一般には無視できない．

このようにして，式 (2.139)，(2.140)，(2.141) または (2.142)，および (2.145) の 4 つを解けばよいことになる．独立変数を M_r として，r, p, T, L_r を求めることになる．境界条件としては中心 $M_r = 0$ で $r = 0$, $L_r = 0$ ととる．表面 $M_r = M$ での境界条件は少し複雑で，光球と呼ばれる表面を定義して，温度や圧力が適切な有限値をとるように決めなければならないが，大気構造の詳細を無視するならば $p = 0$, $T = 0$ ととれば十分である．ρ は状態方程式を介して求められる．進化に伴う化学組成の変化は熱核反応率と対流による混合で決まる．

最後に，星全体としてのエネルギー保存についてふれておこう．式 (2.145) を積分すると，星全体としてのエネルギー保存則

$$L = L_{\rm n} - L_\nu + L_{\rm g} \tag{2.146}$$

が得られる．ここで

$$L_{\rm g} = \int \epsilon_{\rm g} dM_r = -\int \left[\frac{\partial u}{\partial t} + p\frac{\partial}{\partial t}\left(\frac{1}{\rho}\right)\right]_{M_r} dM_r \tag{2.147}$$

である．右辺第 1 項は星全体の内部エネルギー変化に負号がついたもので $-dU/dt$ になる．第 2 項の意味をみるために，力学平衡の式 (2.140) の両辺に $4\pi r^2 \partial r/\partial t$ をかけて

$$\frac{\partial}{\partial M_r}\left(p 4\pi r^2 \frac{\partial r}{\partial t}\right) - p\frac{\partial}{\partial t}\left(\frac{1}{\rho}\right) = \frac{\partial}{\partial t}\left(\frac{GM_r}{r}\right) \tag{2.148}$$

と変形する．これを dM_r で積分し，星の表面で $p = 0$ となることを使うと第 2 項は星全体の重力エネルギーの解放率 $-d\Omega/dt$ となることがわかる．結局，エネルギー保存則は

$$L = L_{\rm n} - L_\nu - \frac{d}{dt}(U + \Omega) \tag{2.149}$$

と，より直感的にわかりやすい形に書け，$L_{\rm g}$ は星の全エネルギーの減少率にほかならないことがわかる．進化に伴って星の全エネルギーは減少するので，$L_{\rm g} > 0$ であり，星の全エントロピーは一般に減少していくことがわかる．

演習問題

2.1 $N=\infty$ のポリトロープは等温の場合に相当する．式 (2.12) に $p=\frac{\rho kT}{\mu m_{\rm H}}$ を代入した式は，解
$$\rho = \frac{kT}{2\pi G\mu m_{\rm H}}\frac{1}{r^2}$$
をもつことを示せ．これを特異等温球と呼ぶ．

2.2 ポリトロープ球にたいし重力エネルギー，内部エネルギーを求めよ．ポリトロープ指数 N と比熱比 γ は一般には独立な量であることに注意しておく．星の内部のエントロピー分布が断熱的である場合にのみ，$N=1/(\gamma-1)$ の関係がある．

2.3 $z<0$ の半無限領域にある物質が $z>0$ の真空領域に輻射を放出する場合の輻射輸送を考える．散乱は無視できるものとする．表面から $-z$ 方向に測った光学的深さを
$$\tau_\nu = -\int_0^z \alpha_\nu dz$$
と定義すると（$z<0$ にたいして $\tau_\nu>0$），輻射輸送の方程式は
$$\cos\theta\frac{dI_\nu}{d\tau_\nu} = I_\nu - B_\nu(T(\tau_\nu))$$
となる．$\tau_\nu\to\infty$ では輻射は等方的で $I_\nu = B_\nu(T(\tau_\nu))$ となるが，表面付近では著しく非等方であり，外部から入射する輻射がないので $\tau_\nu=0$ では $\cos\theta<0$ にたいして $I_\nu=0$ となっている．この条件は正確に満たしてはいないが，流束密度 F_ν，平均強度 J_ν を使って強度を
$$I_\nu = J_\nu + \frac{3}{4\pi}\cos\theta F_\nu$$
と近似してみよう．F_ν と J_ν にたいする方程式が
$$\frac{dF_\nu}{d\tau_\nu} = 4\pi(J_\nu - B_\nu)$$
$$\frac{dJ_\nu}{d\tau_\nu} = \frac{3}{4\pi}F_\nu$$
となることを示せ．また，$z=0$ での境界条件は $F_-=0$ から $F_\nu=2\pi J_\nu$ と書かれることを示せ．$z\to-\infty$ での境界条件は $J_\nu(\infty)=B_\nu(\infty)$ である．

2.4 問題 2.3 を等方弾性散乱も含む場合に拡張しよう．光学的深さを
$$\tau_\nu = -\int_0^z(\alpha_\nu + \alpha_\nu^{\rm sc})dz$$
とすると，F_ν と J_ν にたいする方程式が
$$\frac{dF_\nu}{d\tau_\nu} = 4\pi\frac{\alpha_\nu}{\alpha_\nu+\alpha_\nu^{\rm sc}}(J_\nu - B_\nu)$$
$$\frac{dJ_\nu}{d\tau_\nu} = \frac{3}{4\pi}F_\nu$$
となることを示せ．散乱が吸収に比べ大きい場合には，表面付近では $J_\nu \ll B_\nu$ なので，輻射がプランク分布に近づく（$J_\nu\approx B_\nu$ となる）のは $(3\alpha_\nu\alpha_\nu^{\rm sc})^{-1/2}$ 程度の深さであることを示せ．

2.5 問題 2.3 を星の大気に応用してみる．平板近似をすると星の大気では振動数積分した輻射流束密度は一定なので

$$F = 2\pi \int d\nu \int_{-1}^{1} I_\nu \cos\theta d\cos\theta = \sigma_{\mathrm{SB}} T_{\mathrm{eff}}^4$$

は鉛直座標 z によらず一定である．散乱は無視でき，さらに吸収係数の振動数依存性も無視できるか，適切な平均値で置き換えられるものとする．すると，J にたいする方程式は解けて

$$T^4 = \frac{3}{4} T_{\mathrm{eff}}^4 \left(\tau + \frac{2}{3} \right)$$

となることを示せ．これは灰色大気と呼ばれる構造であり，$\tau = 2/3$ の深さで $T = T_{\mathrm{eff}}$ となっている．吸収係数の振動数依存性を考慮した大気モデルを非灰色大気，個々の輻射過程で源泉関数の温度が異なる（たとえば電子温度と，各種原子の励起温度）ことを考慮した大気モデルを非局所熱平衡大気と呼んでいる．

2.6 平均分子量に勾配のある場合の対流不安定の条件

$$\left. \frac{d\ln T}{d\ln p} \right|_{\mathrm{ad}} + \frac{\varphi}{\delta} \frac{d\ln \mu}{d\ln p} < \left. \frac{d\ln T}{d\ln p} \right|_{\mathrm{rad}}$$

を導け．

2.7 混合距離理論を使って，大雑把に $\bar{v}$ の音速にたいする比を評価してみよ．数値として $L = 4 \times 10^{33} \,\mathrm{erg\,s^{-1}}$, $r = 5 \times 10^{10}$ cm, $T = 2 \times 10^6$ K, $\rho = 0.2\,\mathrm{g\,cm^{-3}}$ を使え．

2.8 クーロン障壁の透過確率を具体的に計算してみよ．たとえば，$T_7 = 1$ での陽子陽子反応，$T_7 = 60$ での $^{12}\mathrm{C} + ^{12}\mathrm{C}$ 反応など．

2.9 本文中で与えられた S 因子の値を用いて，p–pI 連鎖でのエネルギー発生率が

$$\epsilon_{\mathrm{ppI}} = 5.3 \times 10^5 \rho X^2 T_7^{-2/3} \exp(-15.7 T_7^{-1/3}) \,\mathrm{erg\,g^{-1}\,s^{-1}}$$

となることを示せ．ここで，X は水素の重量存在比である．連鎖が完了するためには最初の $^2\mathrm{H}$ 生成反応が 2 回必要であることに注意せよ．

2.10 CNO サイクルの速さは最も遅い反応

$$^{14}\mathrm{N} + {}^1\mathrm{H} \to {}^{15}\mathrm{O} + \gamma$$

で決まるが，この反応の S 因子は $3.3\,\mathrm{keV \cdot barn}$ である．この値を使って CNO サイクルのエネルギー発生率が

$$\epsilon_{\mathrm{CNO}} = 1.9 \times 10^{27} \rho X Z T_7^{-2/3} \exp(-70.5 T_7^{-1/3}) \,\mathrm{erg\,g^{-1}\,s^{-1}}$$

となることを示せ．ここで，X と Z は水素および CNO 元素の重量存在比である．

2.11 3α 反応でのエネルギー生成率が

$$\epsilon_{3\alpha} = 5.0 \times 10^{11} \rho^2 Y^3 T_8^{-3} \exp(-44.0 T_8^{-1}) \,\mathrm{erg\,g^{-1}\,s^{-1}}$$

となることを示せ．ここで，Y はヘリウムの重量存在比である．この反応では $^4\mathrm{He}$, $^8\mathrm{Be}$ と $^{12}\mathrm{C}^*$ が化学平衡状態にあるので，反応率は $^{12}\mathrm{C}$ の基底状態への崩壊率で決まっていることに注意せよ．

2.12 化学反応（原子核反応を含む）

$$A + B \leftrightarrow C + D$$

を考える．I を左辺から右辺へ反応が起こるときの1反応あたりのエネルギー放出量とする．たとえば $A = H^+$，$B = e^-$，$C = H$，$D = \gamma$ ならば $I = 13.6\,\mathrm{eV}$ である．この反応が平衡にあるときには，1粒子あたりの化学ポテンシャルを μ_i とすると

$$\mu_A + \mu_B + I = \mu_C + \mu_D$$

が成立している．$D = \gamma$ の場合を考えると，$\mu_\gamma = 0$ であり，非縮退の場合には粒子数密度 n_i は

$$n_i = \frac{g_i}{(2\pi\hbar)^3}\int d^3p \exp\left(-\frac{\frac{p^2}{2m_i} - \mu_i}{kT}\right) = g_i\left(\frac{m_i kT}{2\pi\hbar^2}\right)^{3/2}\exp\left(\frac{\mu_i}{kT}\right)$$

と書かれること（g_i はスピン因子）を使って，サハの式

$$\frac{n_A n_B}{n_C} = \frac{g_A g_B}{g_C}\left(\frac{kT m_A m_B}{2\pi\hbar^2 m_C}\right)^{3/2}\exp\left(-\frac{I}{kT}\right)$$

を導け．

3

星 の 進 化

3.1 原 始 星

　星は星間雲の中で密度の濃い領域が重力崩壊することによって生まれる．星間雲については第5章で簡単にふれることとする．一般の星間雲は重力的に束縛されているわけではなく，熱的圧力，磁気圧，乱流運動，回転運動などと外圧とが釣り合って閉じ込められている状態にある．そのなかで，何らかの原因で密度が高くなった小さな領域で，重力が磁気圧や回転などを凌駕するような条件が満たされると，その領域が周囲から重力的に孤立して重力収縮を始めるのである．第5章で与える重力収縮の条件からみて，最初に重力収縮を始める領域の質量は，形成される星の質量よりもかなり大きいと予想されるが，その形状は著しく非一様でもあるので，収縮過程で分裂を繰り返して，最終的には観測されるような質量の星が形成されるものと考えられる．以下では簡単のため重力収縮する領域は球対称としておくが，回転や非球対称性の影響は，たとえば連星系の形成などを考えてもわかるように重要な問題である．

　圧力の無視できるガス球は自己重力によって収縮するが，中心部の圧力がある程度大きくなると収縮が止まり，中心部に力学平衡状態を保つコアが形成される．その後周囲のガスはコアに降り積もってコアを成長させる．これをアクリーション（降着）ともいう．（以前には，コアから衝撃波が発生し，中心から外側に向かって伝播しながら，周囲のガスの内向きの運動エネルギーを散逸して熱化し，衝撃波の通過した領域が力学平衡に達するという流れが描かれていたが，現在では周囲のガスの降着によってコアが成長するという描像が広く受け入れられている．）ガスの降着は，初期には比角運動量の小さいガスが球対称に近く降り積もるが，やがては大きな比角運動量をもつガスが円盤を形成しながら降着すると考えられている．このような段階の星を原始星と呼ぶ．原始星の中心部で水素の核燃焼が始まるまでは，星のエネルギー源は重力エネルギーなので，原始星はゆっくりと収縮していくことになる．中心部の温度が十分高くなって水素核燃焼が始まると主系列の星となるのである．最近では電波天文学や赤外線天文学の発展により，太陽質量程度の比較的小さな質量の星については，原

始星形成前後から主系列星の形成に至る過程が観測的にもかなり解明されてきている．より質量の大きな星については，理論的にはコアの成長に伴ってコアからの輻射が周囲のガスの降着を抑止する効果が強くなると予想されるが，観測的対象が少ないので未解明の点も多い．

3.1.1 重力崩壊

圧力の無視できる球の力学は重力のみで決定される．このような球の自由落下運動は，星の形成だけでなく宇宙論や銀河の問題にも現れるもので，宇宙物理学にとってきわめて基本的な事項である．内部の質量が M_r であるような球面の動径座標を r とすると運動方程式は

$$\frac{d^2 r}{dt^2} = -\frac{GM_r}{r^2} \tag{3.1}$$

と書ける．両辺に dr/dt をかけて積分することにより，エネルギー保存の式

$$\frac{1}{2}\left(\frac{dr}{dt}\right)^2 - \frac{GM_r}{r} = E = \text{const.} \tag{3.2}$$

を得る．初期条件として，$t=0$ に $r=R$，$dr/dt=0$ とすると $E=-GM_r/R$ となる．ここで

$$r = R\cos^2 \eta \tag{3.3}$$

と変数変換すると，式（3.2）は解析的に解けて

$$t = \sqrt{\frac{R^3}{2GM_r}}\left(\eta + \frac{\sin 2\eta}{2}\right) \tag{3.4}$$

を得る．これで η をパラメータとして解が求まったことになる．$r=0$ になるまでに要する時間を自由落下時間 $t_{\rm ff}$ と呼ぶが，これは式（3.4）で $\eta=\pi/2$ として

$$t_{\rm ff} = \frac{\pi}{2}\sqrt{\frac{R^3}{2GM_r}} = \sqrt{\frac{3\pi}{32G\overline{\rho_0}}} \tag{3.5}$$

となる．ここで，$\overline{\rho_0}$ は半径 r 以内の初期の平均密度である．実際の星の形成過程からは，自由落下を始める密度が 10^{-17}〜$10^{-16}\,{\rm g\,cm^{-3}}$ 程度（半径は 10^{16}〜$10^{17}\,{\rm cm}$ となる）と考えられているので，$t_{\rm ff}$ は 10^4 年程度となる．

実際の重力崩壊の過程では圧力勾配の影響が無視できないので，重力崩壊という代わりに以下では重力収縮と呼ぶことにする．その様子を太陽質量程度の原始星を例にとってみてみよう．初期の球の密度勾配は小さいとしても，一般に中心部のほうが密度が高いので重力収縮は中心部のほうが速く進む．また，たとえ最初は一様であっても，圧力の効果によって外側は相対的には密度が薄くなり，収縮が遅れる．この効果によっても中心部のほうがより早く収縮していくことになる．圧縮によってガスの内

部エネルギーは増加するが，初期には球は光学的に薄いので輻射によってエネルギーが失われ，結局ガスの温度は上昇せず（初期には 10 K 程度である）収縮が進んでいく．しかし，密度が $10^{-13}\,\mathrm{g\,cm^{-3}}$ 程度になると，中心部は光学的に厚くなり，それ以降は増加した内部エネルギーを逃すことができずに断熱的に温度や圧力が上昇し，重力収縮を止めることになる．数値計算によると密度が $10^{-10}\,\mathrm{g\,cm^{-3}}$ 程度になったときに，中心部は力学平衡にあるコアを形成する．その後は周囲のガスが降り積もってコアが成長していくことになる．このとき重力エネルギーは運動エネルギーを経て散逸により内部エネルギーに転化し，力学的な平衡状態になっていくのである．最初にコアが形成される時点での中心部の温度は 10^3 K を超えるほどであるが，コアの成長とともに温度が上昇し 2×10^3 K 以上になると水素分子が解離し，コアはさらに密度の集中度を高める．コアの形成の時間スケールは中心密度で決まる力学的時間で 10 年程度である．

力学的時間スケールでの重力収縮で解放したエネルギーを即時に輻射として放出できる限り重力収縮は継続するが，これが不可能になったときに解放されたエネルギーは内部エネルギーとして溜め込まれ，コアが形成されるとみなされる．中心から測った光学的厚さが 1 となるような半径 R_ph と質量 M_ph は密度の増加とともに減少していく．この領域からの光度 L_ph は温度を T_ph として

$$L_\mathrm{ph} \approx 4\pi R_\mathrm{ph}^2 \sigma_\mathrm{SB} T_\mathrm{ph}^4 \tag{3.6}$$

である．この領域での重力エネルギーの解放率は，密度を ρ_ph として

$$\frac{GM_\mathrm{c}^2}{R_\mathrm{c}}\sqrt{4\pi G \rho_\mathrm{c}} \approx \frac{3^{1/2} G^{3/2} M_\mathrm{c}^{5/2}}{R_\mathrm{c}^{5/2}} \tag{3.7}$$

と評価される．この領域はほぼ力学平衡にあるとみなせるので

$$\frac{GM_\mathrm{ph}}{R_\mathrm{ph}} \approx \frac{kT_\mathrm{ph}}{m_\mathrm{H}} \tag{3.8}$$

が成立する．したがって重力収縮が継続する条件は

$$M_\mathrm{ph} > \frac{3^{1/4} k^{9/4} T_\mathrm{ph}^{1/4}}{(4\pi)^{1/2} G^{3/2} m_\mathrm{H}^{9/4} \sigma_\mathrm{SB}^{1/2}} \approx 0.006 T_\mathrm{ph}^{1/4} M_\odot \tag{3.9}$$

と評価される．すなわち最初に形成されるコアの質量は $0.01\,M_\odot$ 程度となる．コアの半径は 3×10^{13} cm 程度の大きさとなる．

最初のコアが形成された後にはコアは周囲のガスの降着によって成長するがコアの光学的厚さは 1 よりも大きくなって，コアはほぼ断熱的に密度と温度を上昇させていく．周囲のガスはほぼ等温であり，降着は重力と圧力勾配とが一定の比率になるように自己相似的に進む．すなわち，$4\pi Gr^2\rho \approx kT/m_\mathrm{H}$ の関係が成立している．このと

き，ガスの降着速度は音速程度，密度は r^{-2} に比例するので，コアの成長率は

$$4\pi r^2 \rho \sqrt{\frac{kT}{m_H}} \approx \frac{1}{G}\left(\frac{kT}{m_H}\right)^{3/2} \approx 10^{-5}\, M_\odot\, \mathrm{yr}^{-1} \tag{3.10}$$

となる．したがって 10^5 年程度で原始星が誕生することになる．

　原始星の誕生とともに星は内部エネルギーを放出して明るく輝く．これをフレアアップと呼ぶ．フレアアップの時期の原始星は，中心星からの輻射がまわりのガスやダストで吸収され赤外線で再放出されるため，明るい赤外線源として観測される．最近の観測によると，原始星はまわりにガス円盤をもち，回転軸方向には双極分子流と呼ばれるジェットが吹き出ていることが示されている．これらの観測は，球対称を仮定した上の描像は原始星の中心部でのみ成立し，外層部では回転の影響が大きいことを示している．ガス円盤は角運動量を失って中心星に降着していくとともに，解放した重力エネルギーのかなりの部分を輻射とともに，双極分子流の運動エネルギーの形で放出しているのである．観測的にも，原始星は 10^5 年程度の時間をかけて，外層部のガスを降着しながら進化していくとみなされており，原始星の光度は最初は小さいが，フレアアップの時期に $10\, L_\odot$ 程度まで上昇する．フレアアップの時期と前後して，周りの物質が中心星に降り積もったり吹き飛ばされたりして少なくなると中心星が直接観測されるようになる．これ以降が T–Tauri 星と呼ばれる段階になる．T–Tauri 星も周りにガス円盤をもっており，ガスを降着したり，散逸したりして進化する．観測的には，10^7 年程度たつとガス円盤は散逸してしまうことが示唆されている．T–Tauri

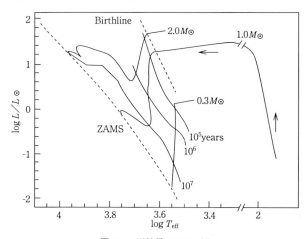

図 3.1 　原始星の H–R 図

質量が，0.3，1.0，2.0 $M_\odot$ の場合の進化の径路が書かれている．フレアアップの後，表面温度一定の軌跡を描くがこれが林ラインである．林ラインに沿って光度があるところまで下がると，中心に輻射平衡の領域ができて進化の径路は主系列星に向かっていく（R. Neuhäuser: *Science*, vol. 276, 1997）．

星のガス円盤は惑星系形成の舞台となるところであり，惑星系形成の理論と天文学的観測との対比がようやく具体的な課題となってきたのである．

原始星の中心部の温度は熱核反応を起こすよりははるかに低いので，エネルギー源は重力であり，星は引き続き力学平衡を保ちながら準静的に収縮して，密度と温度を上昇させ，やがて中心部で水素の熱核融合反応が始まると主系列星となる．フレアアップから主系列に至る間，星はほとんどの時期を星のすべての領域で対流不安定になるような構造をとって進化する．これを林フェイズという．すぐ後に説明するように，このとき表面温度はほぼ一定に保たれるので，半径の減少とともに，光度も減少する．この時期の長さは，重力エネルギーを放出する時間で決定され太陽ではほぼ数百万年である．時間の大部分は光度の低い時期にあるので，この時期の星は H–R 図で主系列星よりやや低温度，高光度の領域に多く存在し，観測的には T–Tauri 星で代表される．図 3.1 に原始星の H–R 図の模式図を示しておく．

3.1.2 林フェイズ

重力収縮している原始星の内部では，星の全領域で対流によってエネルギーが運ばれている．これは低温のガス中では輻射の吸収係数が大きいので，輻射で運べる光度が小さくなるからである．実際の星の構造は水素原子の電離領域を含み，また星の表面ではエネルギー輸送は輻射が担っているので，かなり複雑になるが，ここではこのような星のとりうる表面温度と光度の関係を定性的に導いておこう．2.3 節で述べたように，対流によりエネルギーが運ばれているときには，実現される温度分布はほとんど断熱的なものになる．対流領域の大きさは星のほとんどの部分を占めるので，単原子ガスの状態方程式を用いると星は $N = 1.5$ のポリトロープで記述されることになる．ここまでの範囲では光度は決められないことに注意しておこう．光度を決めるためには，別の考察が必要になる．以下にみるように，光度は表面の輻射領域によって決定されるのである．

$N = 1.5$ のポリトロープにたいしては，

$$p = K\rho^{5/3} = \frac{\rho k T}{\mu m_\mathrm{H}} \tag{3.11}$$

$$K = \frac{p_c}{\rho_c^{5/3}} = \frac{(4\pi)^{2/3}}{2.5^{1/2}\varphi_{1.5}^{1/3}\xi_{1.5}} G M^{1/3} R \tag{3.12}$$

となる（2.1 節参照）．光球面までこの構造が成立しているとすると，光球面での温度を T_eff，圧力を p_s として

$$p_\mathrm{s} \propto \frac{T_\mathrm{eff}^{5/2}}{K^{3/2}} \propto T_\mathrm{eff}^{5/2} R^{-3/2} M^{-1/2} \tag{3.13}$$

という比例関係が得られる．

一方，星の光球面が表面からの光学的厚さが 2/3 になる深さに対応するとみなし，吸収係数を κ，幾何学的な深さを Δr，光球面での密度を ρ_s とすると

$$\kappa \rho_\mathrm{s} \Delta r = 2/3 \tag{3.14}$$

の関係が成立する．これと力学平衡の式から

$$p_\mathrm{s} = \frac{GM}{R^2}\frac{2}{3\kappa} \tag{3.15}$$

を得る．星の表面付近での輻射の吸収係数が

$$\kappa = \kappa_0 p^a T^b \tag{3.16}$$

の形で近似されるとすると，これから

$$p_\mathrm{s} \propto M^{\frac{1}{a+1}} R^{-\frac{2}{a+1}} T_\mathrm{eff}^{-\frac{b}{a+1}} \tag{3.17}$$

の比例関係が得られる．

式 (3.13) と (3.17) および $L = 4\pi\sigma_\mathrm{SB} R^2 T_\mathrm{eff}^4$ の関係を使って，

$$T_\mathrm{eff} \propto L^A M^B \tag{3.18}$$

$$A = \frac{0.75a - 0.25}{b + 5.5a + 1.5} \tag{3.19}$$

$$B = \frac{0.5a + 1.5}{b + 5.5a + 1.5} \tag{3.20}$$

の関係が得られる．低温の星の表面の吸収係数には，電離ポテンシャルの小さい金属原子から電離された電子が，中性水素に付着して生成される H^- イオンの連続吸収がおもな寄与をなし，$a = 1$，$b = 3$ と近似できるので，$A = 0.05$，$B = 0.2$ となる．A が非常に小さいことは，光度が大きく変化しても表面温度はほとんど変化しないことを意味する．太陽質量では，この温度は約 4000 K である．したがって，一定の質量の星は H–R 図上ではほとんど垂直の径路をたどることになる．これが林ラインと呼ばれるものである．

林ラインは T–Tauri 星の進化の道筋であり，星全体が対流平衡にある星の H–R 図上での軌跡であるというだけでなく，もっと物理的に深い意味ももっている．H–R 図上でこの線より右側すなわち低温側には力学平衡にある星は存在しえないのである．これを「林の禁止領域」という．この線より左側は内部に輻射領域をもった星の構造に対応する．また，林ラインは原始星だけではなく赤色巨星など低温の対流平衡にある外層をもつ星一般に適用されるものである．

林の禁止領域の存在は定性的に以下のように理解される．星全体が対流平衡にあり，

$N = 1.5$ のポリトロープで記述される場合は，質量と光度を与えると上のようにして表面温度が定まり，H–R 図上で林ライン上の 1 点が定まる．林ラインの近くで，星の質量と光度を固定して，表面温度がわずかに異なる星の構造を考えてみよう．このような星は $N = 1.5$ のポリトロープからずれた構造をとる．実際に実現される構造は星の中心部に輻射平衡の領域をもつ場合にのみ可能であり，そこではエントロピーは動径座標とともに増加していなければならない．したがって，この領域をポリトロープで近似したときには，ポリトロープ指数は $N > 1.5$ となっている．このとき，以下で示すように H–R 図上では表面温度が増加するように変化するのである．逆に H–R 図上で表面温度が減少する場合には，星の内部に $N < 1.5$ の領域，すなわちエントロピーが動径座標とともに減少する対流不安定な領域を含まねばならないことがわかる．このような構造は実際には実現されえないので，林の禁止領域が現れるのである．

さて，表面温度の変化によって星が全体としてどちらの方向に変化するかだけをみるために，星全体をポリトロープで近似してみよう．まず，星の表面の境界条件からは，$a = 1$, $b = 3$ ととり，光度一定の条件を使うと，$L = 4\pi\sigma_{\rm SB} R^2 T_{\rm eff}^4$ に注意して，式（3.17）から

$$p_{\rm s} = C_1 M^{1/2} L^{-1/2} T_{\rm eff}^{1/2} \qquad (3.21)$$

を得る．C_1 は N にはよらない定数である．一方，ポリトロープ N の星の構造からは

$$\begin{aligned}
p_{\rm s} &= p_{\rm c} \left(\frac{T_{\rm eff}}{T_{\rm c}}\right)^{1+N} \\
&= T_{\rm eff}^{7-N} \left(\frac{k}{\mu m_{\rm H}}\right)^{N+1} \left(\frac{1}{4\pi}\right)^{(N-1)/2} \left(\frac{1}{G}\right)^N \left(\frac{\varphi_N}{M}\right)^{N-1} \left(\frac{\sqrt{L}}{\xi_N \sqrt{\sigma_{\rm SB}(N+1)}}\right)^{N-3}
\end{aligned}$$
(3.22)

を得る．これから，N の変化にたいする $T_{\rm eff}$ の変化は

$$\left(\frac{13}{2} - N\right) d\ln T_{\rm eff} = \ln\left(\frac{\mu m_{\rm H}}{k}\frac{GMT_{\rm eff}}{\sqrt{L}}\frac{\xi_N\sqrt{4\pi(N+1)\sigma_{SB}}}{\varphi_N}\right) dN \quad (3.23)$$

となる．今問題にしている光度や温度にたいして右辺の対数項は正になるので，N の増加とともに，$T_{\rm eff}$ は増加することになるのである．

3.2 主系列星

重力収縮がさらに進み，中心部の温度が 10^7 K を超えると水素の核燃焼が始まり，核エネルギー源が利用できるようになるので，重力収縮は止まり主系列の星となる．太陽の化学組成にたいしては，質量が $1.5\, M_\odot$ 以上の星は，中心温度が 2×10^7 K 以

上になりおもに CNO サイクルが働く．質量がそれ以下の星では p–p 連鎖がおもな寄与をする．質量が $0.08\,M_\odot$ 以下の星は，中心温度が水素核燃焼が起こるほど十分高くならないうちに電子の縮退の効果が効いて収縮が止まる[1]．このような星は褐色矮星と呼ばれる．褐色矮星のエネルギー源は初期にもっている熱エネルギーであり，光度が小さいため比較的長い時間にわたって輝きつづける．なお，原始星の化学組成としては重水素が含まれているので，主系列星となる以前の段階で重水素の融合反応は起こる．重水素燃焼の起こる限界質量はおよそ $0.01\,M_\odot$ なので，褐色矮星は $0.01 \sim 0.08\,M_\odot$ の範囲の質量の星として定義されるのが通例である．前節で述べたように $0.01\,M_\odot$ 程度以下の星は球対称重力収縮では形成されないが，星周円盤中など異なった環境のもとで形成される $0.01\,M_\odot$ 以下の質量の星を惑星と呼んでいる．

p–p 連鎖による水素燃焼では核反応によるエネルギー発生率の温度依存性がそれほど大きくないので，中心部での水素の燃焼は比較的広がった領域で起こる．また，中心部は輻射でエネルギー輸送が行われている．進化が進むと中心部にヘリウムが溜まってくるが，ヘリウムの分布は一様ではなく，勾配をもったなだらかな分布になる．星の質量の10%程度がヘリウムに転化すると，中心部で水素核燃料がなくなるので次の段階へ移行することになる．

CNO サイクルでは，エネルギー発生率の温度依存性が大きいので核反応は中心部に集中して起こる．そのため，中心部では輻射でエネルギーを運ぶことができず，$2\,M_\odot$ 以上の星では，対流中心核が発生する．対流中心核が発生した場合には，その中で組成が一様になるのでヘリウムの溜まり方も一様になる．そして対流中心核と水素燃焼を受けていない外層との間には組成が変化する領域が存在する．その性質が準対流の有無などに影響されることは以前に述べた．やはり中心部で水素がなくなると次の段階に移行する．

主系列星の光度はその質量によって決まっている．これを次元解析で近似的に示しておこう．質量保存と力学平衡の式から

$$M \sim \rho R^3 \tag{3.24}$$

$$\frac{p}{R} \sim \frac{GM\rho}{R^2} \tag{3.25}$$

と近似する．エネルギー輸送は，星の大部分では輻射平衡なので

$$L \sim \frac{acT^4 R}{\kappa \rho} \tag{3.26}$$

となる．エネルギー保存の式は，温度が水素燃焼を起こす程度になることから

---

[1] 縮退の効果については 3.4 節の白色矮星のところを参照のこと．

3.2 主系列星

$$T \sim 10^7 \,\text{K} \tag{3.27}$$

の関係を与える.

圧力としてガス圧が優勢な場合には

$$p \sim \frac{\rho k T}{m_\text{H}} \tag{3.28}$$

なので, 式 (3.25) より

$$\frac{kT}{m_\text{H}} \sim \frac{GM}{R} \tag{3.29}$$

という関係が得られる. T はほぼ一定であるから, 星の半径は質量に比例する. したがって, 密度と圧力は質量の 2 乗に反比例することになる. すなわち,

$$R \propto M \tag{3.30}$$

$$\rho \propto M^{-2} \tag{3.31}$$

$$p \propto M^{-2} \tag{3.32}$$

という比例関係が得られる. すなわち, 質量が大きな星ほど半径は大きいが, 密度や圧力は逆に小さくなるのである.

主系列星の光度と質量の関係を求めるには吸収係数が必要となる. 質量の小さな星では密度が大きいので, 吸収係数としては散乱よりも自由・自由遷移などの吸収が優勢になる. このとき

$$\kappa \propto \rho T^{-3.5} \tag{3.33}$$

なので,

$$L \propto M^5 \tag{3.34}$$

となる. したがって表面温度は

$$T_\text{eff} \propto M^{3/4} \tag{3.35}$$

となる.

星の質量が大きいと密度が小さくなり, 電子散乱が優勢になる. このときは吸収係数は一定とみなせるので

$$L \propto M^3 \tag{3.36}$$

$$T_\text{eff} \propto M^{1/4} \tag{3.37}$$

と近似される. 以上の取り扱いは大雑把であるが, 正確な数値計算の結果の近似式として, $0.5 < M/M_\odot < 20$ の範囲で

$$L \propto M^{3.5} \tag{3.38}$$

がよく使われる．質量が大きいほど，光度や表面温度も大きくなるのである．

さらに大きな質量の主系列星にたいしては圧力として輻射圧が優勢になる．この場合，温度だけでなく圧力も質量によらなくなるので，半径が質量の平方根に比例，密度は質量の平方根に反比例することになる．

$$R \propto M^{1/2} \tag{3.39}$$

$$\rho \propto M^{-1/2} \tag{3.40}$$

吸収係数には電子散乱が効くので

$$L \propto M \tag{3.41}$$

$$T_{\text{eff}} = \text{const.} \tag{3.42}$$

となる．この場合の光度はエディントン光度と呼ばれるもので，力学平衡と輻射輸送の式から

$$L_{\text{Edd}} = \frac{4\pi cGM}{\kappa_{\text{es}}} \tag{3.43}$$

で与えられることがわかる．これは与えられた質量にたいして許される最大光度である．実際には大質量星でもガス圧の効果があり，実際の光度はエディントン光度よりやや低い．

$100\,M_\odot$ を超える質量の星は観測されていないが，理論的に許される最大質量ははっきりしてはいない．輻射圧があまりに大きくなると，星は脈動不安定を起こしやすく質量放出をして，$100\,M_\odot$ 以下に落ちつくものと考えられる．実際 O 型星やウルフ–ライエ星などの大質量星は大きな質量放出をしていることが観測されている．

主系列星の寿命は，q を水素燃焼を起こす質量の割合，水素原子 1 個あたりのエネルギー生成効率を $\epsilon \approx 7 \times 10^{-3}$ として

$$\tau = \frac{\epsilon q M c^2}{L} \tag{3.44}$$

で与えられる．エディントン光度で輝く大質量星の寿命は 10^7 年とほぼ一定になる．それより軽い星にたいしては

$$\tau = 10^{10} \left(\frac{M}{M_\odot}\right)^{-2.5} \text{yr} \tag{3.45}$$

程度である．したがって約 $0.8\,M_\odot$ より軽い星は宇宙年齢（約 138 億年）の間に主系列から次の段階へ進化することはない．図 3.2 には数値計算の結果得られる主系列星の寿命を示しておく．水素燃焼は核エネルギー源の 8～9 割を占める上に，光度が比

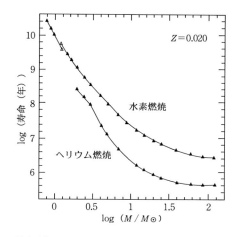

図 3.2 主系列星（水素燃焼段階）と
ヘリウム燃焼段階の星の寿命
(G. Schaller et al: *Astronomy and Astrophysics Supplement Series*, vol. 96, 1992 を改変).

較的低いので，星はその一生の大部分の時間を主系列ですごすことになる．

このように主系列星の性質は基本的には星の質量によって決定されている．質量の大きい星はH–R図上で光度が大きく表面温度が高い位置に存在し，低質量の星は光度が小さく，表面温度も低い位置に存在する．このようにして主系列星は中心部で水素が燃焼している星として理解される．図3.3には計算された主系列星のH–R図を示す．これはさまざまな質量の星のH–R図上での進化の軌跡を表したものである．次節で述べるように，中心部で水素が燃え尽きた星は赤色巨星へと進化し主系列を離れる．主系列を離れる時間は大質量星ほど早いので，ほぼ同時期に生まれた星の集まりである星団のH–R図上の主系列の形はその年齢によって異なる．そして，主系列の明るいほうの端（転回点）に位置する星の年齢が星団の年齢を表すことになる．図3.4にはさまざまな銀河星団のH–R図を示す．この図は，さまざまな質量の星が一定の年齢のときにとるH–R図上の位置をつないで得られる等時曲線を示したものである．銀河星団は円盤部にある若い星団であるが，ごく最近に生まれたものから，100億年程度前に生まれたものまで，さまざまの年齢の星団があることがわかる．球状星団は最も古い世代の星団であり，主系列転回点の星の質量はほぼ $0.8 \sim 0.9 M_\odot$，その年齢はおよそ $1.2 \sim 1.7 \times 10^{10}$ 年とされている．この値は宇宙年齢の下限となる重要な値である．この年齢の不定性は，化学組成による進化の違い，対流の取り扱いについての不定性，星団までの距離の観測的不定性などによるものである．たとえば，ヘリウム量が異なれば当然燃料として使える水素の量も異なってくるので，進化も異なってくる．重元素量が異なれば，輻射の吸収係数も異なり，同じ光度でも表面温度が異なってくる．また星団までの距離の推定も大きな問題になるなど天文学的観測の不定性もあり，厳密な評価はなかなか困難なのである．むしろ，最近の宇宙論的観測による宇

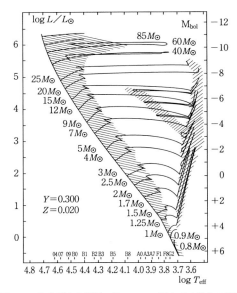

図 3.3 さまざまな質量の星の H–R 図上での進化の径路

斜線で覆われた部分は進化の速さが遅いため多くの星が観測される領域である．左上から右下に伸びている対角線領域が主系列星，右側の低温の領域が赤色巨星の分枝，5〜10 $M_\odot$ の星が図の中央領域に占めている分枝は中心でヘリウム燃焼が起こっている段階の星である（G. Schaller et al: *Astronomy and Astrophysics Supplement Series*, vol. 96, 1992 を改変）．

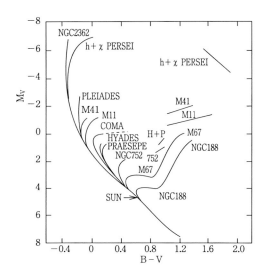

図 3.4 銀河星団の H–R 図

主系列星の転回点の位置により，星団の年齢が決められる（A. Sandage: *Astrophysical Journal*, vol. 125, 1957）．

宙年齢を上限として，このような星の進化論の不確定要素に制限を与えることになっている．

3.3 主系列以降の進化

コアでの水素燃焼が終わると，星は主系列を離れる．その後の進化は星の質量によってかなり異なるが，赤色巨星などの段階を経由して，最終的には核燃料を消費しつくした後には，白色矮星，中性子星あるいはブラックホールを残して一生を終える．ここではその道筋を簡単に追っておくことにする．

3.3.1 赤色巨星

水素燃焼が終わった星は，中心部にヘリウムからなるコアをもち，外層部は水素を主体とした組成をもっているので，化学組成の不連続が存在する．不連続面では水素の燃焼によってエネルギーを発生させ，外層を支えている．これを水素殻燃焼という．ヘリウムのコアは水素殻燃焼が進むにつれ大きくなっていく．このような非一様な組成をもつ星の構造は主系列星とは大きく異なる．そして，具体的な進化の様子は星の質量によってかなり異なる．

まず，ヘリウムコアで電子が縮退しているか否かでその性質が分かれる．星の質量が $2\,M_\odot$ よりも小さい場合には，ヘリウムコアでは電子が縮退しており，電子の縮退圧（次節を参照）が優勢で重力と釣り合っている．コアはほぼ等温になっていて光度は 0 と近似され，水素殻燃焼とともにその質量を増加させていく．星の質量が $2\,M_\odot$ より大きい星では，ヘリウムコアで電子は縮退していないので，熱的な圧力で支えることになる．このとき，ほぼ等温であっても圧力勾配によってコアを支えることができればエネルギー源を必要としないが，等温では十分な圧力を与えられない場合には，温度勾配が存在しなければならない．このときには，同時にエネルギー輸送があるので，コアは重力収縮によって光度を生み出すことになる．等温コアの存在条件は以下のシェーンベルグ–チャンドラセカール限界で与えられ，水素殻燃焼の開始時には $M < 5\,M_\odot$ の星は等温コアをもち，それ以上の質量の星はコアは重力収縮をしていることになっている．$2 < M/M_\odot < 5$ の星では，水素殻燃焼開始時には等温コアであるが，ヘリウムコアが成長してシェーンベルグ–チャンドラセカール限界を超えるとコアの重力収縮が始まることになる．

シェーンベルグ–チャンドラセカール限界は以下のように理解される．ヘリウムコアのみを取り出して，これを質量 M_c，半径 R_c の自己重力系とみなそう．ヘリウムコアでの平均分子量を μ_c とする．外層の影響は境界で一定の温度 T であり，外圧 p_e がかかっているとして取り入れる．外圧を考慮したときのビリアル定理は

$$4\pi R_{\rm c}^3 p_{\rm e} - 3(\gamma-1)U = \Omega \tag{3.46}$$

であるが，等温のとき内部エネルギーは

$$U = \frac{3M_{\rm c}kT}{2\mu_{\rm c}m_{\rm H}} \tag{3.47}$$

重力エネルギーは C を数因子として

$$\Omega = -C\frac{GM_{\rm c}^2}{R_{\rm c}} \tag{3.48}$$

と書ける．したがって，$\gamma = 5/3$ として

$$p_{\rm e} = \frac{3M_{\rm c}kT}{4\pi\mu_{\rm c}m_{\rm H}R_{\rm c}^3} - C\frac{GM_{\rm c}^2}{4\pi R_{\rm c}^4} \tag{3.49}$$

の関係が得られる．

式 (3.49) はコアの質量 $M_{\rm c}$ が与えられたときの，外圧 $p_{\rm e}$ とコアの半径 $R_{\rm c}$ との関係を与えている．$M_{\rm c}$ を一定にして $R_{\rm c}$ を変化させると，$p_{\rm e}$ は

$$R_{\rm cm} = \frac{4CG\mu_{\rm c}m_{\rm H}M_{\rm c}}{9kT} \tag{3.50}$$

で最大値

$$p_{\rm em} = \frac{1}{12\pi}\frac{1}{C^3G^3M_{\rm c}^2}\left(\frac{9kT}{4\mu_{\rm c}m_{\rm H}}\right)^4 \tag{3.51}$$

をとることがわかる．$p_{\rm em}$ は $M_{\rm c}$ の減少関数になっている．したがって，与えられた外圧にたいし，支えられるコアの質量には上限値が存在することになる．一方，水素燃焼殻の温度や密度は星全体の構造とも関係づけられ，外層の平均分子量を $\mu_{\rm e}$，星の全質量と半径を M と R として，$T \propto MR^{-1}\mu_{\rm e}$, $p_{\rm e} \propto M^2R^{-4}$ のように変化すると近似される [1]．したがって

$$p_{\rm e} \propto T^4 M^{-2} \mu_{\rm e}^{-4} \tag{3.52}$$

の関係がある．この圧力にたいする等温コアの上限質量がシェーンベルグ–チャンドラセカール限界となるのである．これをコアの質量と全質量の比 $q_{\rm c} \equiv M_{\rm c}/M$ で表すと数値的に

$$q_{\rm c} \leq 0.37\left(\frac{\mu_{\rm e}}{\mu_{\rm c}}\right)^2 \tag{3.53}$$

という条件が得られる．

水素の殻燃焼はほぼ一定の温度で起こるが，これはほぼ一定の半径 $r_{\rm H}$ の半径に対応すると考えてよい．したがって，殻燃焼開始時にコアの質量がシェーンベルグ–チャ

---

[1] これは星の外層部を仮想的な単一の星と近似した場合に得られる中心温度と中心圧力にたいする関係である．したがって，これを殻の温度と圧力とみなすことは粗い近似であることに注意しておこう．

ンドラセカール限界を超える $5\,M_\odot$ 以上の星では，コアは水素燃焼殻の半径をほぼ一定に保ちながら重力収縮する．すなわち，中心核での密度勾配が大きくなり水素燃焼殻での密度および圧力が減少していくことになる．殻では圧力は連続なので，外層部の密度も減少する，すなわち外層部は膨張することになるので，星は膨れて巨星に向かって進化していく．$2 < M/M_\odot < 5$ の星の進化も，コアの重力収縮が途中から始まることを除いては上の例とまったく同じである．巨星への進化に伴って表面温度が下降し，表面対流層が著しく発達する．原始星の場合と同様にとりうる表面温度には下限があり，ある表面温度に達すると林ラインに沿って光度を上昇させていく．これが赤色巨星の分枝となる．赤色巨星にある時間は基本的にコアの重力収縮の時間で決まるので，$10^6 \sim 10^7$ 年程度とかなり短くなる．

$M < 2\,M_\odot$ の星ではヘリウムコアでは電子の縮退圧によって力学平衡が保たれるので進化の様子は異なってくる．殻での密度の変化は水素殻燃焼によるヘリウムコアの質量の増大で決まり，質量の増大につれコアの中心密度は増大する．一方，水素燃焼殻の半径はやや増加していくので，そこでの密度は減少する．このようにして，やはり星は赤色巨星に進化する．その進化の時間は殻燃焼の時間で決まるので，10^8 年程度とかなり長くなる．図 3.3 の H–R 図上では赤色巨星は右端の低温領域の星に対応している．

赤色巨星の段階の星は表面対流層が発達し，水素燃焼殻まで達すると，CNO 反応で生成されたヘリウムや相対的な存在比が宇宙組成から変化した炭素，窒素，酸素などを表面に運ぶ．星の表面での重力ポテンシャルは主系列に比べかなり浅くなっており，星からかなりの質量放出が起こっていることが知られている．星の内部で合成された元素がこうして，質量放出によって星間空間に供給されるのである．

3.3.2 ヘリウム燃焼段階の星

$M < 2\,M_\odot$ の星では，コアが成長するにつれ，中心部の温度が上昇するが，温度が十分高くなるとヘリウム燃焼が始まる．力学的にはコアは電子縮退で支えられているので，核燃焼で発生したエネルギーは温度上昇に使われ，膨張を起こさない．すなわち，殻燃焼は不安定に進む．これをヘリウムフラッシュという．ヘリウムコアの電子縮退のエネルギーはそれほど大きくないので，ある程度核燃焼が進むと縮退が弱くなり，コアは膨張し，安定な燃焼になっていく．したがって，ヘリウムフラッシュは星全体へはほとんど影響を及ぼさない程度のものである．なお $0.5\,M_\odot$ 以下の質量の星では，中心温度がヘリウム燃焼を起こすのに十分なほど上昇せず，水素殻燃焼が消えた後にヘリウムの白色矮星となる．現実には $0.5\,M_\odot$ 以下の質量の星は主系列の寿命

が宇宙年齢よりはるかに長いので，このような白色矮星は存在しないはずである[1]．

質量が $2M_\odot$ より小さい星でヘリウム燃焼が起こるのはヘリウムコアの質量がある臨界 ($0.46\,M_\odot$) に達したときであり，これは星の全質量にはほとんど依存しない．コアのみを取り出せばヘリウムの主系列星と考えてよい．光度はコアの質量によって決まるので，これもほぼ一定とみなせる．この段階では水素の殻燃焼も同時に起こっているが，コアの膨張の結果，殻の密度は上昇し外層部は逆に収縮することになる．星の光度は両者の和になるが，一般に水素の殻燃焼の部分は小さいので，星の光度もほぼ一定になり，H–R 図上では図 3.5 に示される水平分枝の星となる．観測される水平分枝の星の表面温度を理論計算と比較すると水平分枝の星の全質量はおよそ $0.6\,M_\odot$ 程度であることがわかる．すなわち，赤色巨星の段階で外層部からかなりの質量放出があったことになる．

質量が $2M_\odot$ より大きい場合には，ヘリウム燃焼が赤色巨星の段階で起こると，少し半径が減少して表面温度が上昇する．質量がかなり大きい場合には，ヘリウム燃焼がどこで起こるかという問題はまだ一致した結論は得られていない．中心部での準対流の効果とともに，外層部の化学組成によっても結果が異なるようである．H–R 図上では質量の大きな星のヘリウム燃焼段階は図 3.5 のヘリウムの主系列星に対応している．

3.3.3 その後の進化

ヘリウムコアでの核燃焼が終了し，炭素と酸素を主としたコアが形成されると，星はヘリウムの殻燃焼段階に入る．このときには水素の殻燃焼も同時に起こったり，消えたりを繰り返すのが通例である．水素殻燃焼の段階の場合と同様にして，星の半径は増大し，低表面温度のラインに沿って進化することになる．この二重殻燃焼の時期は漸近分枝の星と呼ばれ，赤色巨星の分枝よりも少し明るいところに位置している．表面対流層の存在や，殻燃焼生成物の表面への輸送，質量放出などは赤色巨星の場合と同様に起こる．

初期の質量が約 $8M_\odot$ よりも小さい星ではヘリウム燃焼の結果できた C+O のコアでは電子が縮退している．ここで炭素の核燃焼が起こるかどうかが問題になる．もしここで核反応が生じると不安定であり，しかも縮退の度合が大きいので，ヘリウムフラッシュの場合と異なり，星全体を吹き飛ばすだけの暴走的な核反応が起こることになる．これはある種の超新星爆発に対応している可能性もあるが，多くの研究の結果では，このような星では炭素の暴走的な核反応は起こらないとされている．最大の理由

---

[1] これは単独星に場合で，互いに質量を交換するような連星系での星の進化を考えると，ヘリウムの白色矮星が形成される径路もありうる．

3.3 主系列以降の進化

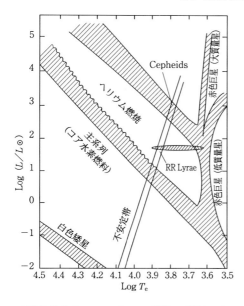

図 3.5 H-R 図上の星の分布
図 3.3 に示されたものに加えて，水平分枝と白色矮星が示されている．不安定帯は理論的に変光星が現れると期待される領域で，水平分枝では R-R Lyrae 型変光星，ヘリウム主系列では Cepheid 型変光星として観測されている (Icko Iben Jr.: *Astrophysical Journal Supplement*, vol. 76, 1991).

は質量放出とニュートリノ損失の効果によって C+O コアの温度が臨界値まで上昇しないことにある．この範囲の星は，赤色巨星および漸近分枝の段階での質量放出の結果，結局 $1.4\,M_\odot$ 以下，大部分はその半分以下の質量しか残らず，最後は白色矮星となる．白色矮星になった直後では，表面温度が非常に高く，質量放出された星周物質が，中心星からの紫外線で電離され，輝線を出す星雲となっている．これを惑星状星雲という．

質量が約 $8\,M_\odot$ より大きな星はヘリウム燃焼の結果できた C+O コアは縮退しておらず，収縮して温度が上がると炭素燃焼が起こる．さらに酸素やネオンの燃焼，ケイ素の燃焼を通じて最後には鉄のコアが形成される．鉄は最も束縛エネルギーの大きな元素なので，これ以上の核エネルギーは発生しない．収縮が進み，温度が上昇すると鉄は光分解によってヘリウムや陽子，中性子となるがこの反応は吸熱反応なので，圧力が減少し，中心核は急激に崩壊する．これが超新星爆発となるがこれについては後に述べる．このときには中性子星が残されると考えられている．

なお質量が $8\sim12\,M_\odot$ の星については，O-Ne-Mg コアができた段階で，電子捕獲反応によって急速に圧力が減少し，コアが崩壊して超新星爆発を起こす可能性が大きい．また，質量がおよそ $30\,M_\odot$ より大きな星では，鉄のコアの質量が大きすぎて中性子星になることができず，ブラックホールになるとされている．これらの限界質量は対流，質量放出，ニュートリノ損失など，赤色巨星以降で重要になる星の進化の素過程の取り扱いに強く依存しており，まだかなりの不定性があるのが実状である．

表 3.1 星の進化

初期質量 ($M_\odot$ 単位)	水素燃焼	ヘリウム燃焼	炭素燃焼	最終段階
$M < 0.08$	×	×	×	褐色矮星
$0.08 < M < 0.5$	○	×	×	He 白色矮星
$0.5 < M < 8$	○	○	×	C+O 白色矮星
$8 < M <\sim 30$	○	○	○	中性子星
$\sim 30 < M$	○	○	○	ブラックホール

以上に述べたように星の進化は基本的には星の初期質量によって決まっている．これを表 3.1 にまとめておこう．

それぞれの段階の熱核反応が起こるかどうかは基本的には中心温度で規定されており，星の中心が実際にその温度まで到達できるかどうかは電子縮退の効き方で支配されている．星の圧力が熱的なものである限り，星の中心密度と中心圧力は増大していくが，電子の縮退圧が熱的圧力を凌駕するようになると星はエネルギー源なしに力学平衡を保てるので，それ以上収縮をしなくなるのである．その後星は内部エネルギーを放出して温度が降下し，白色矮星へと進化していくことになる．星の質量が大きいほど同じ中心温度にたいし，中心密度が低いので電子縮退の効果が効きにくく，より高い核燃焼まで進むことになる．図 3.6 はこのことを図示したもので，中心密度と中心温度の面上での星の進化の軌跡を示している．上で述べたように，星の進化は質量放出によって影響を受けるが，これは質量放出の結果として中心温度と中心密度が変化するからである．赤色巨星以降の段階では質量放出によって失われる質量は星の初

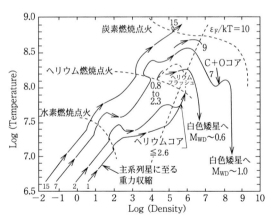

図 3.6 星の中心密度と中心温度の進化

質量が 1, 2, 7, 15 $M_\odot$ の場合の径路が描かれている．波線は水素燃焼，ヘリウム燃焼，炭素燃焼を開始する温度密度を示している．点線の右側の高密度領域では電子の縮退圧が支配的になっている（Icko Iben Jr.: *Astrophysical Journal Supplement*, vol. 76, 1991）．

期質量の大部分を占める場合が多い．特に，近接連星系をなしている場合には質量放出は強められるが，主星から放出された物質の一部は伴星に降着して質量を増加させることにもなる．これによって連星系では単独星とは異なるさまざまの興味ある現象が起こることになる．

　この節で述べた星の進化の理論は観測と対比され，その検証が行われる．観測との対比はまず星団のH–R図との比較である．球状星団は年齢が古く，重元素量も少ない．その年齢を決定することは宇宙の年齢の下限値を与える上で重要である．また，RR Lyr 星など水平分枝の星を使って星団までの距離を決定する試みもある．銀河星団はより若いがその年齢の決定やさまざまの性質との関係を調べることで，銀河の進化を調べることができる．若い銀河星団はセファイド型変光星を含むが，これは光度と周期との関係を使って距離の決定に威力を発揮する．若い星団のH–R図からたとえば主系列にある星の数と赤色巨星の数を比較することにより，その進化を探ることは，理論的には困難な大質量星の進化に観測的に制限をつける上で重要である．このように現在では，星の進化の計算と星団の観測との詳細な比較を通じて星の物理の検証が行われているが，質量放出の程度，対流の効果などをめぐってはいまだ最終的な結論は得られてはいない．

　星の進化の理論はもう1つ元素の進化という観点で観測と対比される．本節でも述べたように，星は質量放出によって内部で合成されたヘリウムや重元素を外部に放出する．さらに，星の進化の最終段階の超新星爆発によってより重い元素を放出する．このような過程を通じて宇宙の物質の化学組成が変化していく．これを銀河の化学進化と呼び，第5章でふれることにする．

3.4　白　色　矮　星

　星の進化の結果，初期の質量が$8 M_\odot$よりも小さい星は最後に白色矮星を残す．理論的には初期の質量が$0.5 M_\odot$よりも小さい星はヘリウムからなる白色矮星を残すが，このような星の主系列の寿命は宇宙年齢よりはるかに長いので，現実には存在しないはずである．したがって大部分の白色矮星はC+Oからなるものであるが，初期質量の大きい星の一部はO+Ne+Mgからなる白色矮星を残すと考えられている．また，連星系中では単独星の場合よりもはるかに大きな質量放出が起こりうるので，初期質量の大きな星からヘリウムの白色矮星が形成される可能性もある．

　白色矮星は電子の縮退圧で支えられた星であり，温度が0でも安定に存在できる．実際に存在する白色矮星は有限の温度をもっており，初期には10万度を超えるほどの表面温度を示すためこの名前で呼ばれる．白色矮星の冷却にはかなりの時間を要するので，宇宙年齢程度経過しても太陽近傍のものは観測可能である．そのため白色矮

星の温度光度分布は銀河の星形成史や銀河円盤の年齢にたいし貴重な情報を提供する．また，連星系中の白色矮星は相手の星から質量降着を受け，さまざまな活動性を示すがこれらは激変星と総称される．白色矮星表面での暴走的核反応による新星，質量降着の時間変動による矮新星，磁化白色矮星への質量降着に伴う X 線放射などがある．また，超新星爆発のうち Ia 型と呼ばれるものは伴星からの質量降着，あるいは白色矮星同士の合体の結果，白色矮星の内部で炭素の暴走的核燃焼が生じたものであり，爆発のエネルギーや光度曲線などの性質がほぼ一定であると期待されるため，宇宙論における距離決定のための標準光源として重要な役割を果たしている．実際にこれによって，宇宙の加速膨張が確認されたのである．このように白色矮星は星の進化の単なる残骸というわけではなく，宇宙物理学の先端の話題に深くかかわっている天体なのである．本節では白色矮星の基本的性質について述べるが，最も重要なことは，白色矮星にはチャンドラセカール質量と呼ばれる上限質量が存在することである．

化学組成が一様で温度が 0 の白色矮星の構造を調べよう．統計力学で知られているように電子の位相空間密度は，フェルミ運動量を p_F として，

$$f = \begin{cases} 1 & \text{for } p < p_\mathrm{F} \\ 0 & \text{for } p > p_\mathrm{F} \end{cases} \tag{3.54}$$

となるので，スピンの自由度 2 をかけて，数密度は

$$n_\mathrm{e} = \frac{2}{h^3} \int_0^{p_F} 4\pi p^2 dp = \frac{1}{3\pi^2} \lambda_\mathrm{C}^{-3} x^3 \tag{3.55}$$

となる．ここで

$$\lambda_\mathrm{C} = \frac{\hbar}{m_\mathrm{e} c} \tag{3.56}$$

は電子のコンプトン波長，x は

$$x = \frac{p_\mathrm{F}}{m_\mathrm{e} c} \tag{3.57}$$

と規格化したフェルミ運動量である．逆に解くと

$$p_\mathrm{F} = (3\pi^2)^{1/3} \hbar n_\mathrm{e}^{1/3} \tag{3.58}$$

と表され，フェルミ運動量は数密度のみによって決まることがわかる．また，コンプトン波長で決まる体積内に 1 個以上の電子が詰め込まれると電子のエネルギーは相対論的になることがわかる．

圧力は

$$P = \frac{2}{3h^3} \int_0^{p_F} 4\pi p^3 v dp = K f(x) \tag{3.59}$$

$$K = \frac{m_\mathrm{e} c^2}{24\pi^2 \lambda_\mathrm{C}^3} \tag{3.60}$$

3.4 白色矮星

$$f(x) = x(2x^2 - 3)(x^2 + 1)^{1/2} + 3\sinh^{-1} x \tag{3.61}$$

となる．エネルギー密度は

$$E = \frac{2}{h^3} \int_0^{p_F} 4\pi p^2 \epsilon dp = Kg(x) \tag{3.62}$$

$$g(x) = 8x^3[(x^2+1)^{1/2} - 1] - f(x) \tag{3.63}$$

となる．

非相対論的な極限 ($x \ll 1$) では

$$f(x) = \frac{8}{5}x^5 \tag{3.64}$$

$$g(x) = \frac{12}{5}x^5 \tag{3.65}$$

となるので，

$$P = \frac{2}{3}E = \frac{1}{5}(3\pi^2)^{2/3} \frac{\hbar^2}{m_e} n_e^{5/3} \tag{3.66}$$

を得る．超相対論的な場合 ($x \gg 1$) には

$$f(x) = 2x^4 \tag{3.67}$$

$$g(x) = 6x^4 \tag{3.68}$$

となるので，

$$P = \frac{1}{3}E = \frac{1}{4}(3\pi^2)^{1/3} \hbar c n_e^{4/3} \tag{3.69}$$

を得る．

両者を分ける境界の密度を $x = 1$ とみなすと，対応する密度は

$$\rho_{cr} = \mu_e n_e m_p = \frac{m_p}{3\pi^2 \lambda_C^3} = 0.97 \times 10^6 \mu_e \, \text{g cm}^{-3} \tag{3.70}$$

となる．式 (3.66) からわかるように，$\rho < \rho_{cr}$ の非相対論的な場合には白色矮星はポリトロープ $N = 3/2$ の構造をとることがわかる．数値を代入して

$$M = 2.73 \mu_e^{-2} \left(\frac{\rho_c}{\rho_{cr}}\right)^{1/2} M_\odot \tag{3.71}$$

$$R = 2.6 \times 10^9 \mu_e^{-1} \left(\frac{\rho_c}{\rho_{cr}}\right)^{-1/6} \text{cm} \tag{3.72}$$

を得る．質量が増加すると，中心密度は増大するが半径は逆に減少することがわかる．また，ヘリウムや炭素，酸素など典型的な白色矮星の組成では $\mu_e = 2$ であることにも注意しておこう．

密度が臨界密度を超えると相対論的になる．この場合は，式 (3.69) からわかるように白色矮星の構造は $N=3$ のポリトロープに対応する．数値を代入すると

$$M = 5.83\mu_e^{-2} M_\odot \tag{3.73}$$

$$R = 5.3 \times 10^9 \mu_e^{-1} \left(\frac{\rho_c}{\rho_{cr}}\right)^{-1/3} \text{cm} \tag{3.74}$$

となって，星の質量は中心密度によらず一定になる．これをチャンドラセカール質量と呼ぶ．$\mu_e = 2$ にたいしては $1.46 M_\odot$ となる．式 (3.73) では中心密度が無限大になると，星の半径は0になるが，実際には密度の上昇とともに電子捕獲により陽子が中性子に転化していくので電子の数密度の上昇が押さえられ物質は次第に中性子優勢になっていく．中性子を主成分とする星は中性子星と呼ばれるがこれについては章を改めて述べる．現実に存在する白色矮星は $0.6 M_\odot$ 程度のものが多いが，チャンドラセカール質量に近いものも存在している．チャンドラセカール質量を超えるような星は電子の縮退圧では重力に抗して星を支えることができないので，重力崩壊を起こし，中性子星やブラックホールを形成することになる．

白色矮星は多数存在しており，観測的にもさまざまの形で姿を見せる．実際の白色矮星は温度が0ではなく，生まれたばかりのときには表面温度が10万度を超える程度に高温である．中心温度はさらに高い．時間がたつとともに冷却していくが，その冷却時間はかなり長く宇宙年齢程度たっても太陽光度の 10^{-4} 程度の光度を有している．そのため，白色矮星の光度関数は過去の星形成の歴史を直接に反映しており，われわれの銀河の進化を探る上で重要なものになる．

多くの星が連星系をなしているように，白色矮星の多くも連星系中に存在している．特に近接連星では，伴星から放出されたガスが白色矮星に降着することによってさまざまの活動現象が起こる．それらを総称して激変星と呼んでいる．白色矮星の表面の重力ポテンシャルはおよそ $10^{17} \text{erg g}^{-1}$ にも達するが，これは水素原子1個あたり 100keV に相当する．白色矮星の一部は 10^6G を超えるような強い磁場をもっているものもあり，この場合，降着プラズマは白色矮星の磁極付近に導かれ，衝撃波を介して加熱されX線を放出することになる．白色矮星の磁場が弱い場合には，白色矮星のまわりに降着円盤が形成されるが，降着円盤は光学的に厚くなり，より低温の黒体放射を放出する．これは観測的には矮新星と呼ばれる現象に対応し，降着円盤の不安定性に起因して，降着は定常ではなく間欠的に起こることになる．降着率の範囲は $10^{-10} M_\odot \text{yr}^{-1}$ から $10^{-8} M_\odot \text{yr}^{-1}$ 程度のものが多い．

降着率が $10^{-8} M_\odot \text{yr}^{-1}$ 程度になると，降着物質層内部の熱輸送が遅くなるため，降り積もった水素の層の底の温度が十分高くなり，核反応によるエネルギー生成も起こる．利用できるエネルギーは水素原子1個あたり 7MeV あり，重力エネルギー解

放よりはるかに大きい．多くの場合，核反応は定常的には起きず，温度がある臨界値を超えた場合に暴走的に起こる．これは表面付近の構造が平面的であり，圧力が物質層の厚みのみによって決まっているからである．このような爆発的核反応は新星に対応している．新星爆発では，それまでに降り積もった質量が吹き飛ばされるために白色矮星の質量は降着があっても増加の仕方はずっと遅くなる．

核反応が起こらない場合，あるいは核反応が起こっても表層が吹き飛ばされない場合には降着とともに白色矮星の質量は次第に増加していくことになる．質量がチャンドラセカール質量を超えると，白色矮星は重力崩壊を起こすことになる．C+O 白色矮星の場合には，崩壊が始まると炭素の爆発的核燃焼が起こって星全体を吹き飛ばす超新星爆発になると考えられている．白色矮星同士の近接連星系では，重力波放射によって次第に公転半径が減少し，ついには 2 つの星が合体するという現象が起こる可能性がある．これも超新星爆発の 1 つの機構として考えられている．一方，O+Ne+Mg の白色矮星の場合には，崩壊により中性子星が形成される可能性が論じられている．このように白色矮星に質量降着がある場合の現象は多岐にわたるが，詳細についてはまだわかっていないことが多い．

3.5 超新星爆発

初期の質量が $8 M_\odot$ よりも大きい星は，コアで電子が縮退することなく進化する．核反応が進み最終的に鉄からなるコアが形成されると，核エネルギー源が枯渇し重力崩壊を起こすことになる．その結果中性子星やブラックホールが形成されるが，中性子星を残す場合には，その束縛エネルギーをエネルギー源として超新星爆発を起こす．これをコア崩壊型の超新星という．解放されたエネルギーの大部分はニュートリノとして放出され，1%程度が爆発のエネルギーに使われる．超新星は，観測的に水素の輝線を示さない I 型と水素の輝線を示す II 型とに大別され，スペクトルや光度曲線のふるまいによってさらに Ia, Ib, Ic, IIP, IIL などに分類される．上述のコア崩壊型の超新星は Ia 型以外の超新星に対応するものと考えられている．これにたいし，Ia 型の超新星は連星中の C+O 白色矮星への物質降着，あるいは連星白色矮星の合体により，質量がチャンドラセカール限界を超え，縮退圧で星を支えきれなくなるため，収縮して中心温度が上昇し，炭素の暴走的核反応を起こした結果起こるものとされる．超新星の細かい分類は，重力崩壊時に外層がどの程度残っているかによって見え方が異なることによると考えられる．連星系中の星の進化では，星の外層が剥ぎ取られることが多い．たとえば，水素の外層をほとんどなくした星がコア崩壊型の超新星爆発を起こせば Ib 型の超新星になると考えられている．

宇宙で最大の爆発現象であるガンマ線バーストも大質量星の進化の最終段階である

超新星爆発を伴っていると考えられている．しかし，ガンマ線バーストの頻度は一般の超新星爆発よりは何桁も小さいので，特別の条件が必要であると考えられている．具体的な条件はまだ特定はされていないが，星の初期質量，化学組成，大きな回転，強い磁場などが考えられている．また，ガンマ線バーストのうち，継続時間の短いものは連星中性子星の合体によると考えられている．

3.6節で述べるように，超新星爆発の際にはr過程などの興味ある元素合成過程が起こると考えられている．また，星の進化の各段階で合成された元素が外部に放出されるので，超新星爆発は銀河の化学進化の観点からも重要な現象である．さらに超新星爆発の結果生じる中性子星やブラックホールは第4章でふれるように，高エネルギー宇宙物理学の中心的対象となっている．また，超新星爆発では強い衝撃波が周囲の物質中を伝搬して，宇宙線の加速を起こすとともに，超新星残骸という明るい電波源をつくり出す．そして，最終的には星間物質の最も重要な加熱源となる．宇宙論的距離で起こった超新星爆発は遠方銀河までの距離の決定などの観測的宇宙論にとっても重要である．このように，超新星爆発は宇宙物理学のあらゆるテーマにかかわっている．しかし，以下で述べるように，その爆発機構についての理論的理解はいまだに未解決の点が多いのである．

3.5.1　コア崩壊型超新星

初期質量が $8\,M_\odot$ よりも大きな星では，進化の最終段階では中心部に $1.5\,M_\odot$ 程度の鉄のコアが形成される．その半径は 10^9 cm 程度，中心密度は $10^{10}\,\mathrm{g\,cm^{-3}}$ 程度，中心温度は 10^{10} K 程度である．鉄は1核子あたりの束縛エネルギーが最も大きい原子核なので，鉄コアは核反応によってエネルギーを生み出すことができない．したがって，コアのエネルギー源は重力収縮によってまかなわれることになる．鉄コアは初期には圧力として電子の縮退圧が卓越しており，鉄の白色矮星ともみなされるが，チャンドラセカール質量と同程度なので最終的には縮退圧では支えきれない構造となっている．核子1個あたりの電子数を Y_e と記すが，純粋な鉄では $Y_e = 0.46$ だが，密度の上昇とともに原子核による電子捕獲が進むため Y_e は次第に減少していく．すると縮退圧も密度の増加に見合うだけの十分な圧力の上昇をもたらすことができない．同時に原子核も光分解による吸熱反応を起こすので熱的な圧力もそれほど増加しない．ついには鉄コアはほぼ自由落下するようになるが，これがコアの重力崩壊と呼ばれる現象である．重力崩壊の時間スケールは $10\sim100$ msec という短いものになる．この過程で電子捕獲によって発生したニュートリノは重力崩壊の初期の段階では光学的厚さが薄く自由に外部に逃げていくが，ある程度密度が大きくなった段階ではコアに閉じ込められる．電子ニュートリノが閉じ込められた後は，原子核，電子，電子ニュートリノの間の弱い相互作用にたいする化学平衡状態が実現されることになる．ニュー

トリノと物質との相互作用はどのような原子核が存在するのかに強く依存するが，原子核は完全に分解されるわけではなく，電子とニュートリノの存在量にも依存して変化する．この段階で核子1個あたりの電子と電子ニュートリノの数 Y_L は 0.30〜0.40 程度とされる．

重力崩壊が進むと原子核はほぼ陽子と中性子に分解され，コアの中心部の密度が原子核の密度（10^{14} g cm^{-3}）程度になると，強い核力の効果によって崩壊が止められ（これをバウンスと呼ぶ），衝撃波を発生する．中心部には，質量にして初期の鉄コアの半分程度（約 $0.7 M_\odot$），半径にして 3×10^7 cm 程度の原始中性子星が誕生する．このとき発生した衝撃波のエネルギーは 3×10^{51} erg 程度であるが，原始中性子星の周囲の外部にある鉄コア外層部を伝播する際に，コア外層部に残っている鉄を分解することによってエネルギーを消費し，鉄コアの外部までは伝播しない．あるいは伝播するにしても非常に弱められており，十分なエネルギーを星の外層に伝えることはできないのである．

実際にどのようにして超新星爆発が起こるのかについては，その後の進化を考える必要がある．最初の衝撃波が発生伝播した後に，原始中性子星には衝撃波を通過して高温となった鉄コアの物質が降り積もっていく．原始中性子星は初期の鉄コアの大部分が降り積もり，温度も 3×10^{11} K と非常に高くなっている．このため，光子や電子陽電子対とともに大量の熱的ニュートリノが存在する熱い状態にある．また，Y_L も 0.3〜0.4 程度あるので，核子も中性子だけでなく陽子も数多く存在する．熱的なニュートリノは電子ニュートリノだけではなく，μ ニュートリノや τ ニュートリノおよびそれらの反ニュートリノも含んでいる．原始中性子星からのエネルギー損失はニュートリノが担うことになる．その損失の時間スケールは約 10 s であり，ニュートリノ冷却により，質量 $1.4 M_s$，半径 10^6 cm 程度の中性子星が誕生することになる．このときニュートリノの全エネルギーは中性子星の重力的束縛エネルギー 10^{53} erg と等しくなる．これが大マジェラン雲で起こった超新星 1987A から観測されたものである．この観測はコア崩壊型超新星の基本的考え方が正しいことを見事に検証したのである．一方，超新星爆発の衝撃波にいくエネルギーはその 1% の 10^{51} erg である．したがって，ニュートリノのエネルギーの 1% が衝撃波のエネルギーの再活性化に使われることが可能かどうかが問題となっているのである．

重力崩壊から超新星爆発に至る過程には，これまで述べた以外にもさまざまな物理過程が関与する．まず，中性子星の束縛エネルギーは静止質量の 10% 程度になるので力学は一般相対論的に取り扱わねばならない．バウンスの起こり方はもちろん核物質の状態方程式にも強く依存する．ニュートリノと物質の相互作用はエネルギー依存性が非常に強いので，その分布関数と輸送過程を正確に解く必要がある．また，回転や磁場の効果，さらには対流や流体不安定が重要となる可能性も提案されている．この

ような複雑な過程は数値実験により調べられているが，現在のところ一致した結論は得られていない．むしろほとんどの数値実験では十分な強さの衝撃波が得られず，超新星爆発を再現することはできていないといったほうがよいであろう．

コア崩壊型超新星は通常の超新星爆発だけでなく，ガンマ線バーストのモデルとも関係しているとみなされている．ガンマ線バーストの対応する鉄コアは質量が大きく，重力崩壊の結果，中性子星ではなくブラックホールとなる．また，回転も大きくて，生成されたブラックホールへ星の物質が降り積もることにより，超新星爆発よりも大きなエネルギーが非等方に解放されることが原因だとされる．ガンマ線バーストに付随した超新星爆発が観測されることもあるので，超新星爆発が必ず中性子星形成を伴うわけではなく，ブラックホール形成でも超新星爆発は起こることになる．

3.5.2 炭素爆燃型超新星

Ia 型の超新星はスペクトルに水素の特徴を含まないこと，光度曲線が数十日で指数関数的に減衰するという共通性があることなどから，コア崩壊型ではなく，炭素爆燃または爆轟型の超新星であると考えられる．また，現在星形成が起こっていない楕円銀河でも観測されることから年齢の古い星，具体的には C+O 白色矮星で生じるものと考えられる．電子が縮退した C+O コアで核反応が起こると，発生したエネルギーにより温度が上昇するが，圧力は縮退圧が圧倒的に大きいのでほとんど変わらない．すなわち密度など構造の変化はしばらく起こらず，温度のみが急速に上昇する．縮退が解けるまで温度が上昇すると，一気に膨張が始まるので，衝撃波が発生し衝撃波通過後の温度の上昇によって核反応領域も広がって，星全体が吹き飛ぶ．このように核燃焼が超音速で伝搬する機構を爆轟という．実際に爆轟が生じるかどうかはニュートリノによる冷却や対流などに大きく依存しており，現在でもよくはわかっていない．観測との比較ではむしろ，爆轟が起こると，星全体がほぼ ^{56}Ni となってしまい，宇宙における鉄の存在量が観測値を超えてしまうという問題が起きる（^{56}Ni は 2 回の β^+ 崩壊で結局 ^{56}Fe となる）．鉄の過剰生産を避けるためには，中心部の温度上昇の結果対流によって熱がまわりに伝播し，その結果核反応が外側に広がっていく効果のほうが有効であると考えられている．燃焼面が亜音速で伝搬する機構を爆燃と呼ぶ．

Ia 型超新星では，核反応がエネルギー源であり，1 核子あたり 1 MeV としてやはり 10^{51} erg 程度の運動エネルギーが発生する．光度曲線のふるまいは

$$^{28}\text{Si} + ^{28}\text{Si} \rightarrow ^{56}\text{Ni} \rightarrow ^{56}\text{Co} \rightarrow ^{56}\text{Fe} \tag{3.75}$$

の反応で生成される $0.6\,M_\odot$ 程度の ^{56}Ni の崩壊でよく説明される．Ni は 5.6 日で，Co は 72 日で崩壊して Fe になるが，この崩壊過程で発生した熱で超新星の光度曲線をよく説明できるのである．

爆燃や爆轟は C+O 白色矮星が連星系をなしており，質量降着の結果質量を次第に増加させ，チャンドラセカール質量を超えた時点で力学的に不安定になって生じるものと考えられる．質量降着以外にも白色矮星同士の近接連星系が重力波放出によって合体するという考えもある．しかしながら，実際に質量降着による白色矮星の進化の結果，Ia 型の超新星爆発が起きるかどうかはいまだに論争中である．むしろ，多くの計算例では典型的な Ia 型の超新星爆発にはなっていないのが現状である．また，光度曲線は Ni の崩壊で説明できるとはいえ，観測例が増加するにつれ，Ia 型超新星の光度や光度曲線にも多様なものがあることが認識されてきている．白色矮星の質量分布と Ia 型超新星の頻度からみても，チャンドラセカール質量以下での爆発機構の可能性も含め，さまざまな可能性が検討されている．

3.6 元素の起源

星の進化とともに，星のコアに重元素が形成されていくなど，熱核反応によって星の内部の化学組成は変化していく．それらは，恒星風による質量放出や超新星爆発の結果外部に放出され，星間物質と混合され，宇宙の物質組成を変えていくことになる．通常の星の進化の結果，合成される元素は，He, C, N, O, Ne, Mg, Si, Fe などであるが，図 3.7 に示すように，宇宙にはそれ以外の元素も微量ながら多種存在している．これらのすべての元素は宇宙が生まれてから現在までの間にどこかで合成されたのである．これが元素の起源と呼ばれる問題である．現代的な元素の起源の包括的な研究は 1957 年に，バービッジ，バービッジ，ファウラー，ホイルによってその基礎が築かれた．水素からウランに至る元素はいくつかの異なった過程によって生成されるが，その概要をまとめておこう．

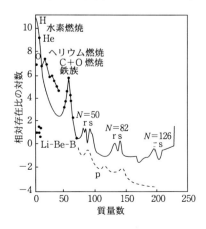

図 3.7 宇宙における元素の存在度
これらはいくつかの異なった合成過程でつくられる．中性子数 50，82，126 はいわゆる原子核の魔法数で特に結合エネルギーの大きな原子核である (C. Rolfs, H. P. Trautvetter & W. S. Rodney: *Report on Progress in Physics*, vol. 50, 1987)．

3.6.1 宇宙初期の軽元素合成

通常の水素は宇宙初期から存在し，他の元素に転換したもの以外はそのまま残っている．太陽の水素存在量は重量比で表して $X = 0.70$ である．元素合成の1つの過程は宇宙初期に起こる軽元素合成である（第6章を参照）．宇宙初期の高温高密度の状態で起こる核反応では，ヘリウムとともに重水素やリチウムがつくられる．水素には安定な同位体として通常の水素と重水素がある．現在の太陽近傍では，重水素と通常の水素の数の存在比は 1.6×10^{-5} である．重水素の束縛エネルギーは $2.22\,\mathrm{MeV}$ と小さいので，いったん星の中に取り込まれると，そのかなりの部分は

$$^2\mathrm{H} + {}^1\mathrm{H} \to {}^3\mathrm{He} + \gamma \tag{3.76}$$

の反応でヘリウムの同位体 ^{3}He に転換される．したがって重水素は宇宙初期の元素合成で形成されたものと考えられる．

太陽のヘリウム量は重量比で表して $Y = 0.28$ とされている．^{4}He は星の内部でもつくられるので，この値は宇宙初期で合成される量よりも大きい．重元素量が少なく，若い星が盛んにつくられているような近傍の銀河の観測から，宇宙初期につくられた ^{4}He の量は $Y_\mathrm{p} = 0.23 \sim 0.25$ 程度であることがわかる．残りの部分 $\Delta Y \approx 0.03 \sim 0.05$ が星の中で合成されたものになる．星の進化の理論からは星の内部で合成されるヘリウムの量は重元素のせいぜい2〜3倍であり，大量のヘリウムが存在していることは宇宙初期の高温状態で元素合成が起こったことの強い証拠であり，ビッグバン宇宙論の観測的基礎の1つとなっている．現在の宇宙での ^{3}He と ^{4}He の数の存在比はおよそ 2×10^{-4} 程度である．^{3}He は宇宙初期に合成されるものと，星の進化の過程で重水素が転換したものの和となる．リチウムには同位体として ^{6}Li と ^{7}Li があるが，存在量は水素に対する数の比で表して後者は 10^{-9} から 10^{-10} 程度であり，前者はその8%程度である．宇宙初期に合成される ^{7}Li の量もほぼこの程度であるが，銀河系内の古い星の表面の存在量がほぼ一定で 10^{-10} の程度であることから，この量が宇宙初期に合成された量であると考えられている．

宇宙初期の元素合成では ^{1}H, ^{2}H, ^{3}He, ^{4}He および ^{7}Li の5つ以外はほとんどつくられない．その合成量は宇宙のバリオン密度に依存しているので，観測と理論とを比較することにより，宇宙のバリオン密度を決めることができる．

3.6.2 宇宙線破砕反応による軽元素合成

原子番号が3, 4, 5の安定な元素 ^{6}Li, ^{7}Li, ^{9}Be, ^{10}B, ^{11}B の存在量はヘリウムや炭素，窒素，酸素に比べ4桁以上も少ない．質量数5の安定な原子核が存在しないため，これらの元素は宇宙初期や星の中ではほとんどつくられない．ただし，^{7}Li は宇宙初期および星の内部での

$$^3\text{He} + {}^4\text{He} \to {}^7\text{Be} + \gamma, \quad {}^7\text{Be} + e^- \to {}^7\text{Li} + \nu_e \tag{3.77}$$

などの反応でもある程度つくられる．そのほかの元素の大部分は宇宙線と星間物質（炭素，窒素，酸素）との間の破砕反応で生成されたものとして理解されている．

3.6.3　恒星中の熱核反応生成物の質量放出

　恒星中の熱核反応は水素燃焼，ヘリウム燃焼，炭素燃焼，酸素燃焼，ケイ素燃焼と進み，星が赤色巨星や超巨星と進化し最後に白色矮星や中性子星となる段階で，生成された元素のかなりの部分が質量放出や超新星爆発によって星間空間に放出される．おもな熱核反応の反応過程についてはすでに星の進化の項で述べたので繰り返さない．これらの多くは ^{4}He, ^{12}C, ^{16}O, ^{20}Ne, ^{24}Mg, ^{28}Si, ^{32}S といったいわゆる α 核元素である．α 核元素以外のものの多くも通常の熱核反応で生成される．たとえば，水素燃焼の CNO サイクルでは，^{13}C, ^{14}N, ^{15}N が ^{12}C から転換されて存在している．赤色超巨星などで水素の殻燃焼生成物が表面対流の効果などで表面に運ばれ，外部へ放出されるのがこれらの元素のおもな起源となる．赤色巨星や超巨星での表面で水素あるいはヘリウム殻燃焼で生成された核種の定量的観測は星の中で核合成が行われていることの直接的証拠を示すとともに，星の外層の構造や星の内部での対流や混合の過程にたいする貴重な情報を与えている．

　原子番号が 9 から 13 の元素 ^{19}F, ^{21}Ne, ^{22}Ne, ^{23}Na, ^{25}Mg, ^{26}Mg, ^{27}Al の起源についてはまだ不確定なことも多い．CNO サイクルより高温の領域での水素燃焼として，CNO サイクルと同様に陽子捕獲と β 崩壊を通じて起こる Ne–Na サイクルや Mg–Al サイクルがあり，Ne, Na, Mg, Al がつくられる．ここで最近興味を集めているのが不安定同位体の ^{26}Al である．^{26}Al の基底状態は半減期が 7.2×10^5 年と長いので，星の中で合成され星間空間へ放出された後にもかなりの期間存在している．星間空間に放出された ^{26}Al は ^{26}Mg の励起状態に崩壊して 1.809 MeV のガンマ線を放出するので，このガンマ線の検出は ^{26}Al の合成の場所の情報をもたらすことになる．実際に銀河面から検出されたこのガンマ線の強度分布から，超新星での元素合成過程などの推定が試みられている．

　初期質量が $8\,M_\odot$ よりも重い星では，星のコアの炭素燃焼からケイ素燃焼に至る過程で，α 核元素だけでなく，Ne より重い元素が一連の反応で合成されていく．ケイ素より重い核の合成は光子吸収反応で放出された α 粒子（^{4}He 原子核）を吸収して，より重い元素をつくっていくという径路が重要になるので，α 過程と呼ばれている．このような星のコアは最終的には原子核の間の化学平衡に近づいていくが，このときには 1 核子あたりの束縛エネルギーの最も大きい ^{56}Fe を中心とする鉄族元素が合成されていく．このような元素合成過程を e 過程と呼ぶ．実際の状況では弱い相互作用に

たいする平衡は完全ではないので，星の中では ^{56}Ni を中心とした分布になる．超新星爆発の項で述べたように，合成された ^{56}Ni は爆発直後にベータ崩壊により ^{56}Fe に転換する．^{56}Ni の崩壊時に放出されるガンマ線も検出されており，超新星爆発などでどの程度合成されているのかが直接検証できるようになってきている．α過程や e 過程で合成された元素は超新星爆発によって星間空間に放出されるが，e 過程で合成されたものの大部分は中性子星に閉じ込められることになる．また，超新星爆発の際には衝撃波で加熱された物質中で起こる爆発的な元素合成や後に述べる r 過程も重要になる．この場合には合成される核種の分布も準静的な場合と異なってくる．

3.6.4 中性子捕獲過程（s 過程）

鉄族よりも重い元素はこれまでに述べたような星の内部の熱核反応は合成できない．原子番号 29 の Cu から 82 の Pb までは安定な元素で，原子番号 90 の Th，92 の U は宇宙年齢に匹敵する長寿命の同位体があり，かなりの程度存在している．Cu や Zn は一部 e 過程でも合成されるが，一般的にいって，鉄よりも重い元素の存在量は高温における原子核統計平衡で与えられるものよりも，はるかに大きな存在比をもっている．また，これらの原子核はクーロンエネルギーが過大にならないように陽子数に比べ中性子数がかなり大きいという特徴をもっている．したがってこれらの原子核を合成するためには中性子を捕獲する反応が有効である．中性子捕獲反応にはクーロン障壁が存在しないので，さまざまの進化の段階で中性子を放出する反応が起これば，既存の鉄族原子核を種にして，

$$(Z, A) + n \to (Z, A+1) + \gamma \tag{3.78}$$

の中性子捕獲反応を繰り返し，図 3.8 のような径路をたどって，より重い原子核をつくっていくことになる．中性子数が多くなって β 崩壊にたいして不安定な原子核ができると，β 崩壊

$$(Z, A+1) \to (Z+1, A+1) + e^- + \bar{\nu}_e \tag{3.79}$$

が起こる．通常の進化の過程での中性子源はそれほど強くないので，中性子捕獲反応よりも β 崩壊が速く進み，安定な原子核を経て質量数の大きな原子核が合成されていく．この過程を s 過程（slow process）という．

中性子源の候補としては次のようなものがある．漸近分枝の段階で，ヘリウム殻燃焼と水素殻燃焼とは燃焼したり消えたりというサイクルを繰り返すとともに，ヘリウム層は対流を起こしたり，輻射輸送優勢になったりという複雑なふるまいを示す．CNO サイクルの際につくられた ^{13}C が，ヘリウム層内で起こす

$$^{13}\text{C} + {}^4\text{He} \to {}^{16}\text{O} + n \tag{3.80}$$

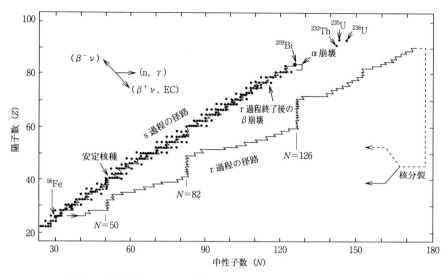

図 3.8 存在が知られている核種とその中性子捕獲による合成過程の径路
s過程では中性子捕獲と β 崩壊を繰り返して，ほぼ存在する核種の領域をたどって ^{209}Bi までがつくられる．r 過程では β 崩壊が起こるよりも早く次の中性子捕獲が起こり，中性子過剰な核種がつくられる．中性子魔法数のところでは，中性子捕獲断面積が減少するため，β 崩壊が有効になり，いったん停滞している．r 過程で合成された核種は著しく中性子過剰であり，β 崩壊を繰り返して最終的には存在が知られている核種の領域に達する（C. Rolfs, H. P. Trautvetter & W. S. Rodney: *Report on Progress in Physics*, vol. 50, 1987）．

などの反応，またヘリウム燃焼殻で起きる

$$^{22}\text{Ne} + {}^{4}\text{He} \to {}^{25}\text{Mg} + \text{n} \tag{3.81}$$

などの反応が候補として考えられている．

s 過程は十分長い間中性子に照射されて一連の反応が進むので，s 過程で合成される原子核の存在比は定常状態に達していると近似することができる．すなわち，中性子吸収の断面積を σ，中性子の速度を v，原子核の存在量を $n(A)$ とすると

$$\langle \sigma v \rangle n(A) = \text{const.} \tag{3.82}$$

が成立する．すなわち，中性子吸収断面積の小さな原子核が多く存在するようになる．特に中性子魔法核である N = 50 (^{88}Sr, ^{89}Y, ^{90}Zr)，N = 82 (^{138}Ba, ^{139}La, ^{140}Ce, ^{141}Pr)，N = 126 (^{208}Pb, ^{209}Bi) の存在比が大きくなる．これは宇宙組成の観測と一致している．s 過程でつくられる最も重い核種は ^{209}Bi である．^{209}Bi は中性子捕獲の結果 ^{210}Bi をつくるが，この同位体は β 崩壊によって ^{210}Po となり，さらに α 崩壊によって ^{206}Pb となるので，それ以上重い元素をつくることができないのである．

3.6.5 中性子捕獲過程（r過程）

s過程では中性子が過剰な原子核や，Biよりも原子番号の大きい元素をつくることができない．これらの元素をつくるためには β 崩壊が起きる前に，さらに中性子捕獲が進む必要があり，大きな中性子流束が必要となる．このような過程をr過程（rapid process）と呼ぶ．実際に存在する核種からみて β 崩壊の寿命が 10^{-6} sec 程度の核を経由して中性子捕獲が起こっていることがわかるので，r過程は 10^{-6} sec のうちに中性子捕獲が進むよう，中性子密度が 10^{23} cm^{-3} 以上のような場所で起こっていることになる．星の進化のどの時点で，このような大きな中性子流束が実現されるかは正確にはわかっていないが，最も有力な候補は超新星爆発であると考えられる．特に原始中性子星のまわりが強いニュートリノによって照射されることによる原子核からの中性子放出が有力とされてきた．β 崩壊の効果が無視できる極限では一定の原子番号に対し許される最大の中性子数の原子核が実現されるが，あまりに中性子数が増えると β 崩壊が無視できなくなるので，原子番号も増えていく．いずれにせよr過程ではs過程に比べ，より中性子過剰の原子核が形成される．r過程が $A \approx 250$, $Z = 94$ まで進むと原子核は核分裂によってより小さい核に分裂するので，r過程は終了することになる．r過程の径路も図3.8に示しておく．この径路は合成の径路であり，r過程でできた原子核は，β 崩壊にたいし不安定なので，r過程の終了後，観測されるまでに結局は安定線に近い原子核になる．

超新星爆発以外では，連星中性子星が合体する際には大きな中性子流束が期待されるので，r過程のもう1つの有力な候補となっている．近年，重元素量の少ない古い星の化学組成の研究が進むとともに，r過程元素の存在量の様子が，星により異なることが発見され，r過程が必ずしも単一の過程ではない可能性も示唆されている．

このようにしてs過程とr過程とで鉄より重たい元素が合成される．実際には純粋なs過程核種，r過程核種は意外と少ない．s過程が8割程度を占めるのはs過程の項で述べた中性子魔法核の元素のみである．それ以外の核ではr過程が50%以上を占めるものが多いが，安定な元素の中ではEuが100%近くr過程によるとされている．宇宙の年齢測定などで重要な役割を果たす長寿命の放射性同位体，たとえば ^{235}U, ^{238}U, ^{232}Th はすべてr過程による．

核種の中にはMoのような陽子過剰（陽子過剰といっても陽子数が中性子数より多いわけではない．質量数を一定にした核種の中で相対的に陽子数が多く，中性子捕獲ではつくりえない核種を指す）の原子核も存在している．これらの元素の起源もやはり超新星爆発などの爆発的元素合成の過程で，高エネルギーの光子による原子核の光分解でできた陽子の捕獲や，ニュートリノの関与する過程で生成するのではないかと考えられている．

3.7 太陽ニュートリノ問題と太陽の内部構造

　星の構造と進化の理論は星の H–R 図の再現，元素の起源の説明などの成功により，よく検証されているといえる．しかし，そこで使われている輻射吸収係数，対流，状態方程式，核反応率などの物理過程は理論的にも不確定な要素を含んでいるし，実験室での検証は困難である．したがって星の内部を直接みることができれば，個々の物理過程についてもより直接的な検証ができる．このような研究は太陽にたいして可能であり，さまざまな手段で行われている．太陽は質量，半径，光度が直接観測されていることに加え，隕石の年代決定を通じて年齢がわかっていること，太陽中心部での核反応に伴うニュートリノが検出されていること，太陽表面の振動の詳細な観測から太陽内部の音速の分布が得られること（これを地震学にならって日震学という），太陽表面の詳細なスペクトル観測から個々の重元素の存在量が導かれることなど，他の恒星とは質的に異なった観測的知見が存在している．ここでは太陽ニュートリノを中心に太陽の内部構造についての知見をまとめておく．

　恒星の中心部で起こっている核反応に伴うニュートリノの観測は星の構造とエネルギー源の理論の核心となるものであり，われわれに最も近い恒星である太陽について 1960 年代半ばからその検出がなされている．2.4 節で述べたように，太陽の中心では p–p 連鎖反応を主体にして核反応が起こっており，そのときにニュートリノが発生する．これを地球上で直接観測するのである．発生するニュートリノの数は太陽光度から正確に予言されるが，観測の結果は観測値が理論的期待値の半分から 3 分の 1 というもので，太陽ニュートリノ問題と呼ばれる大きな謎であった．これは，標準的な太陽モデルあるいは標準的な素粒子物理学のいずれかに修正がなされなければならないことを意味するが，現在ではニュートリノ振動という素粒子物理学の側の問題であることが明らかにされている．一方でやはり 1960 年代から太陽表面の振動の観測が行われ，太陽の振動現象は表面に限られるのではなく，大局的な固有モードがあることが明らかにされた．今日ではこれらの固有モードの詳細な解析により太陽の内部構造が高精度で求められるようになった．その進展は目覚ましく，音速や密度だけでなく太陽内部の回転運動の様子まで求められている．日震学から導かれる太陽の内部構造は以下で述べる標準太陽モデルと 1%程度の精度でよく一致しており，星の構造と進化の理論の見事な検証となったのである．

　他方，太陽表面のスペクトル観測を理論的に再現することはそれほど簡単ではない．21 世紀になって，詳細なスペクトル線構造の説明のために 3 次元的な対流運動の効果や原子物理学データに基づいた非局所熱平衡分布を考慮したスペクトル線形成のモデルが研究され，酸素，炭素，窒素，鉄など主要な重元素が以前知られていたよりも数

十％程度小さいのではないかという報告もある．これは太陽ニュートリノや日震学の
データを再現する標準太陽モデルの値 $Z = 0.18 \sim 0.20$ よりかなり小さく，輻射吸収
係数が小さくなりすぎて標準モデルの内部構造とは矛盾してしまうという新たな問題
が出てきている．この問題は太陽組成問題とも呼ばれている．

太陽光度の観測値から太陽内部で起こっている核反応の頻度は決まっているので
ニュートリノの発生個数も決まっている．正確には p–pI，p–pII，p–pIII の分岐の
割合が問題になるが，これは太陽中心部の温度密度分布によっている．太陽の内部構
造は，以下の 3 つのもっともらしい仮定の上に理論的に決定され，標準太陽モデル
と呼ばれている．(1) 太陽の質量は 2×10^{33} g であり，進化の過程で質量放出は無
視できる．(2) 太陽の年齢は 45.5 億年であり，現在の半径は 6.9×10^{10} cm，光度は
3.8×10^{33} erg s^{-1} である．(3) 外層の対流層以外に巨視的な運動はなく，組成の混合
は起こっていない．

太陽の構造と進化を決めるためには星の構造と進化の章で述べた 4 つの基礎方程式
を解くことになるが，上の仮定の下でパラメータとして残るものは対流平衡領域での
混合距離パラメータと初期化学組成（ヘリウム量および重元素量）の 2 つである．詳
細な計算の結果は，太陽の生まれたときの組成は $X = 0.70$，$Y = 0.28$，$Z = 0.02$ で
あり，重元素の組成比は現在の太陽表面の組成に等しいときに現在の太陽半径と光度
とを再現することがわかっている．核反応率や輻射の吸収係数，対流については混合
距離パラメータとして $\alpha = 1.8$ がよいとされている．ただし，ヘリウムの拡散はある
程度起こっていて，現在の太陽表面のヘリウム量は $Y = 0.25$ 程度になっているほう
が日震学のデータにもよりよく合う．

そのようにして計算されたニュートリノのスペクトルを図 3.9 に示す．p + p →
d + e$^+$ + ν_e で発生するニュートリノは平均 0.26 MeV，最高 0.42 MeV の低エネ
ルギーであるが，その流束は圧倒的に大きい．約 15% の反応径路は p–pII の径路を
通っており，^{7}Be + e$^-$ → ^{7}Li + ν_e の反応でニュートリノを放出する．そのうち
90% は 0.86 MeV，10% は 0.38 MeV の単色ニュートリノを放出する．p–pIII の径
路となる ^{7}Be + p → ^{8}B + γ の反応は電子捕獲の約 1000 分の 1 の頻度で起こり，
^{8}B → ^{8}Be + e$^+$ + ν_e で最大エネルギー 14 MeV，平均エネルギー 7.3 MeV の高エネ
ルギーニュートリノを放出する．そのほか，わずかな寄与として p + p + e$^-$ → d + ν_e,
^{3}He + p → ^{4}He + e$^+$ + ν_e の反応や CNO サイクルによるニュートリノの発生がある．

ニュートリノは反応断面積が著しく低く，観測方法によって，異なるエネルギー領
域を観測することになる．最も早くから行われたデイヴィスらの実験は

$$^{37}\text{Cl} + \nu_e \rightarrow {}^{37}\text{Ar} + e^- \tag{3.83}$$

を使うもので，閾値は 0.81 MeV であり，おもに ^{7}Be の崩壊による単色ニュートリノ

3.7 太陽ニュートリノ問題と太陽の内部構造

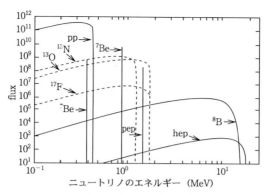

図 3.9 太陽ニュートリノ流束の理論的予言値

単位は連続スペクトルにたいし $cm^{-2}\,s^{-1}\,MeV^{-1}$,線スペクトルにたいし $cm^{-2}\,s^{-1}$ である（J. N. Bahcall & R. K. Ulrich: *Review of Modern Physics*, vol. 60, 1988 を改変).

と ^8B の崩壊によるニュートリノを観測する．標準モデルによる予測値は $8\pm1\,SNU$ であるのにたいし観測値は $2.5\pm0.3\,SNU$ 程度である．ここで $1\,SNU$ は 1 秒 1 標的あたり 10^{-36} 反応を表している．

神岡鉱山における水チェレンコフ光観測は

$$\nu_e + e^- \to \nu_e + e^- \tag{3.84}$$

反応で散乱された電子が水中で放射するチェレンコフ光を観測するもので，閾値は 8～9 MeV と大きく，^8B からのニュートリノを観測する．しかし，散乱された電子の方向から，入射ニュートリノの方向を定めることができる．$5\times10^6\,cm^{-2}\,s^{-1}$ の予言値にたいし，観測値は $(2.8\pm0.5)\times10^6\,cm^{-2}\,s^{-1}$ と予言値の 55% である．この観測はニュートリノの方向が測定できるので，確かに太陽からニュートリノがきていることを確認していることになる．

p–p 反応による低エネルギーのニュートリノは

$$^{71}Ga + \nu_e \to\,^{71}Ge + e^- \tag{3.85}$$

の反応によって検出される．GALLEX と SAGE の 2 つの観測所によって観測が行われている．上の反応では p–p 反応だけではなく，^7Be や ^8B からの寄与もある．理論的予言値は $127\pm4\,SNU$ であるが，観測値は $66\pm3\,SNU$ 程度である．

いずれの観測も予言値に比べ，観測値が少ない．その違いの程度はニュートリノのエネルギーに依存しているようである．この不一致の原因をめぐってさまざまな可能性が検討されたが，現在では，この不一致の原因はニュートリノの性質，ニュートリノがわずかな質量をもつ場合に起こるニュートリノ振動に原因があることが確立して

いる．ニュートリノ振動は3種類のニュートリノのエネルギー固有状態が，相互作用で定義されるフレーバー固有状態の混合状態であることにより生じる量子力学的現象である．太陽中心部で発生するニュートリノは電子ニュートリノであるが，これはエネルギーの固有状態ではなく，2つのエネルギー準位の重ね合わせの状態にあるので伝播途上で2つのエネルギー準位の間を振動するのである．エネルギー固有状態は電子ニュートリノとμニュートリノの状態が混合しているので，地球で観測するときには一部はμニュートリノになっているのである．実際にこれは重水を使ったチェレンコフ光の観測（サドベリー観測所）で確認された．電子散乱以外に起こる反応として

$$\nu_e + d \to p + p + e^- \tag{3.86}$$

$$\nu_x + d \to \nu_x + p + n \tag{3.87}$$

がある．最初の反応は電子ニュートリノのみにたいし起こるが，第2の反応は他種のニュートリノに対しても同様に起こる．第2の反応の観測された率が見事に理論的予言値と一致したのである．

また，ニュートリノ振動現象は宇宙線が大気中で発生させるμニュートリノがやはり予言値より小さく，その天頂角依存性などからμニュートリノとτニュートリノの間に振動が起こっていることが示されたことによって最終的に確認されたのである．このようにして，太陽ニュートリノ問題は現在ではニュートリノ振動によって解決されたが，太陽を星の構造と進化の理論の基準として使うという課題からみると，表面の元素組成が十分な精度で決定されていないという問題が残されたことになっているのである．

演習問題

3.1 式(3.18)～(3.20)を導け．
3.2 質量Mのヘリウムからなる星がヘリウムの熱核反応で輝いているとする．このようなヘリウムの主系列星の中心密度，中心圧力，半径，寿命などを水素の主系列星と比較せよ．
3.3 外圧p_eがかかっている場合のビリアル定理，式(3.46)を導け．
3.4 電子の縮退圧と熱的な圧力を比較してみる．非相対論的な場合には縮退圧は，有限温度の効果を無視すれば，式(3.66)のように

$$P_{\text{deg}} = \frac{1}{5}(3\pi^2)^{2/3}\frac{\hbar^2}{m_e}\left(\frac{\rho}{\mu_e m_H}\right)^{5/3}$$

と与えられる．熱的な圧力は縮退の効果を無視すれば

$$P_{\text{th}} = \frac{\rho k T}{\mu m_H}$$

である．両者が等しくなる温度を密度の関数として求めよ．

演習問題

3.5 問題 3.4 で $T = 10^7$ K, $T = 10^8$ K, $T = 6 \times 10^8$ K のときの密度を計算し，圧力を評価せよ．これらの値が $N = 3$ のポリトロープの星の中心密度，中心圧力に対応するとして，星の質量を評価せよ．

3.6 大質量星の進化の結果できる鉄からなるコアの質量は $1.5\,M_\odot$，中心密度は $3 \times 10^9\,\mathrm{g\,cm^{-3}}$，中心温度は 3×10^9 K 程度である．このとき，電子の縮退圧と熱的な圧力を計算し，コアが鉄の白色矮星の状態にあることを示せ．また，それにもかかわらず，コアの最終状態が白色矮星にならないのはなぜか．

3.7 超新星爆発の結果できる中性子星の束縛エネルギーの 99% がニュートリノに転化するのはなぜか．原始中性子星の質量を $1.5\,M_\odot$，半径を 3×10^6 cm として，平均密度，重力エネルギーを評価せよ．重力エネルギーの絶対値の半分のエネルギーが黒体放射であるとして，温度 T を求めよ．ただし，光子，電子陽電子，すべての種類のニュートリノが相対論的な温度での熱平衡および化学ポテンシャルが 0 の化学平衡状態にあるとしてよい．

このようにして求めた電子光子成分とニュートリノ成分のエネルギー密度は同程度である．なぜ，放出されるエネルギーではニュートリノが大部分になるか考察せよ．ニュートリノは数秒で放出されるのにたいし，光子の放出ははるかに時間がかかることに注意せよ．また，放出されるニュートリノの有効温度はどの程度になるか評価せよ．

上で評価した温度はやや過大評価であろう．原始中性子星を支える圧力としては中性子の縮退圧の寄与が大きいからである．また，レプトン数とバリオン数の比が 0.3〜0.4 程度あるので，電子や電子ニュートリノの縮退の効果も無視できないからである．

3.8 $1\,M_\odot$ の鉄を陽子と中性子に分解するのに必要なエネルギーを計算せよ．

4 中性子星とブラックホール

　大質量星はその進化の結果，中性子星やブラックホールを残す．中性子星は中性子の縮退圧で支えられた高密度星であり，その存在は理論的には1930年代に予言されていたが，観測的な発見は1960年代にパルサーやX線星という思いもかけない形で行われた．ブラックホールは一般相対論から予言される天体であり，1960年代にはクェーサーという宇宙論的距離にある活動天体の実体として想定されてはいたが，当初はそれほど有力な解釈ではなかった．1972年にCyg X–1というX線星の質量が中性子星の上限質量を大きく超えていることがわかり，これがブラックホールとされたことが最初の発見となった．それ以降現在まで，銀河系内の数多くの天体が中性子星やブラックホールに同定されるとともに，クェーサーなどの活動銀河中心核の活動性も大質量ブラックホールへのガス降着によるものであることが広く受け入れられている．さらにはわれわれの銀河中心のように活動的ではない銀河の中心にも大質量ブラックホールが存在していることが明らかになっている．そして，これらの相対論的天体とその生み出す天体現象は宇宙物理学の最も中心的な研究対象の1つとなっているのである．

　中性子星の質量は太陽質量程度だが，半径は10 km程度なので，中性子星表面からの脱出速度は光速近くになっている．星の進化の結果残されるブラックホールの質量は太陽質量の10倍程度だが，銀河の中心部には太陽の10^6倍から10^9倍という大質量ブラックホールが存在している．ブラックホールは事象の地平面という面をもち，光すらもそこから出ることができない．このような強い重力場をもつ中性子星やブラックホールを議論するには一般相対論が必要になる．4.1節では，最も基本的な場合である球対称の一般相対論的な星の構造についてごく簡単に要点をまとめておくことにする．4.2節以下では具体的な中性子星の物理学とブラックホールへの降着現象について述べる．

4.1 相対論的な星の構造

　一般相対論の基礎方程式はアインシュタイン方程式

4.1 相対論的な星の構造

$$R_{\mu\nu} - \frac{1}{2}Rg_{\mu\nu} = \kappa T_{\mu\nu} \tag{4.1}$$

である．ここで $g_{\mu\nu}$ は計量テンソル，$R_{\mu\nu}$ はリッチテンソル，R はスカラー曲率を表し

$$\kappa = \frac{8\pi G}{c^4} \tag{4.2}$$

である．球対称な時空は

$$ds^2 = -\mathrm{e}^{\nu}c^2dt^2 + \mathrm{e}^{\lambda}dr^2 + r^2(d\theta^2 + \sin^2\theta d\varphi^2) \tag{4.3}$$

という計量で記述できる．物質は完全流体だとするとエネルギー運動量テンソルは

$$T_{\mu\nu} = (\rho c^2 + p)\frac{u_\mu u_\nu}{c^2} + pg_{\mu\nu} \tag{4.4}$$

で与えられる．$u^\mu \equiv dx^\mu/d\tau$ は 4 元速度（τ は固有時間を表す），ρc^2 はエネルギー密度，p は圧力である．力学平衡解では 4 元速度 u^μ は

$$u^\mu = (c\mathrm{e}^{-\nu/2}, 0, 0, 0) \tag{4.5}$$

ととれる．時間によらない力学平衡解を求めるので ν，λ，ρ，p を r のみの関数とすると，アインシュタイン方程式のうち独立なものは

$$\mathrm{e}^{-\lambda}\left(\frac{1}{r}\frac{d\lambda}{dr} - \frac{1}{r^2}\right) + \frac{1}{r^2} = \kappa\rho c^2 \tag{4.6}$$

$$\mathrm{e}^{-\lambda}\left(\frac{1}{r}\frac{d\nu}{dr} + \frac{1}{r^2}\right) - \frac{1}{r^2} = \kappa p \tag{4.7}$$

$$\frac{\mathrm{e}^{-\lambda}}{2}\left[\frac{d^2\nu}{dr^2} + \frac{1}{2}\left(\frac{d\nu}{dr}\right)^2 + \frac{1}{r}\left(\frac{d\phi}{dr} - \frac{d\lambda}{dr}\right) - \frac{1}{2}\frac{d\nu}{dr}\frac{d\lambda}{dr}\right] = \kappa p \tag{4.8}$$

の 3 つになる．

物質の運動方程式

$$T^{\mu\nu}{}_{;\nu} = 0 \tag{4.9}$$

はアインシュタイン方程式と独立ではないが，自明でない式は r 方向の式

$$\frac{dp}{dr} + \frac{\rho c^2 + p}{2}\frac{d\nu}{dr} = 0 \tag{4.10}$$

のみである．式 (4.6)，(4.7)，(4.8)，(4.10) のうち独立なものは 3 つであるが，変数は 4 つあるので ρ と p との間の関係を示す状態方程式を与えると解けることになる．

式 (4.6) を変形して，積分すると

$$\mathrm{e}^{-\lambda} = 1 - \frac{2GM(r)}{c^2 r} \tag{4.11}$$

$$M(r) = 4\pi \int_0^r \rho r^2 dr \tag{4.12}$$

を得る．式 (4.7) と式 (4.10) とから ν を消去すると，

$$\frac{dp}{dr} + \frac{\rho c^2 + p}{2}\left(\kappa p r e^\lambda + \frac{e^\lambda - 1}{r}\right) = 0 \tag{4.13}$$

を得る．これに，式 (4.11) を代入して

$$\frac{dp}{dr} + \frac{\rho c^2 + p}{c^2}\frac{G}{r^2}\left(M(r) + \frac{4\pi r^3 p}{c^2}\right)\frac{1}{1 - \frac{2GM(r)}{c^2 r}} = 0 \tag{4.14}$$

を得る．これをトールマン–オッペンハイマー–ボルコフ方程式，略して TOV 方程式と呼ぶ．式 (4.12) と式 (4.14) とを連立させて解けば星の構造が定まるのである．

ニュートン力学の極限では，ニュートン力学での質量密度を ρ_N と記すと，$\rho c^2 \approx \rho_N c^2 \gg p$，$GM \ll c^2 r$ なので，これらの式はよく知られたニュートン力学の方程式に帰着する．TOV 方程式の形から，一般相対論では圧力も重力の源になること，一般相対論的効果の程度は半径 r 以内の質量で決まる長さ $2GM(r)/c^2$ と r との比で決まることがわかる．

$p(r)$，$\rho(r)$ が求まれば，式 (4.10) から

$$\nu(r) = -\int \frac{2}{\rho c^2 + p}\frac{dp}{dr}dr = -\int_0^p \frac{2}{\rho c^2 + p}dp + \nu(R) \tag{4.15}$$

となって，$\nu(r)$ が求められる．ここで境界条件として，星の表面 $r = R$ で $p = 0$ ととっている．星の外部はシュワルツシルトの真空解

$$e^\nu = e^{-\lambda} = 1 - \frac{r_S}{r} \tag{4.16}$$

で記述されるので，$\nu(R) = -\lambda(R)$ となる．ここで $r_S = 2GM(R)/c^2$ はシュワルツシルト半径と呼ばれる星の質量で決まる長さである．したがって星の内部 $r \leq R$ にたいしては

$$e^\nu = \left(1 - \frac{r_S}{R}\right)\exp\left(-2\int_0^p \frac{dp}{\rho c^2 + p}\right) \tag{4.17}$$

となる．

具体的に TOV 方程式を解くには状態方程式を与えなければならない．簡単な場合には解析解も知られている．代表的なものが $\rho = $const. としたシュワルツシルトの内部解である．この解は

$$M(r) = \frac{4\pi \rho r^3}{3} \tag{4.18}$$

$$e^{-\lambda} = 1 - \frac{8\pi G \rho r^2}{3c^2} \equiv 1 - \frac{r^2}{a^2} \tag{4.19}$$

$$p = \rho c^2 \frac{\sqrt{1-\frac{r^2}{a^2}} - \sqrt{1-\frac{R^2}{a^2}}}{3\sqrt{1-\frac{R^2}{a^2}} - \sqrt{1-\frac{r^2}{a^2}}} \tag{4.20}$$

$$e^\nu = \frac{1}{4}\left(3\sqrt{1-\frac{R^2}{a^2}} - \sqrt{1-\frac{r^2}{a^2}}\right)^2 \tag{4.21}$$

で与えられる．a は

$$a^2 = \frac{3c^2}{8\pi G\rho} = \frac{c^2 R^3}{2GM(R)} \tag{4.22}$$

で定義される，物質のエネルギー密度で決まる長さであることに注意しておこう．

　エネルギー密度が小さく，a が十分大きければこの解は整合的な星の構造を表しているが，エネルギー密度が大きくなって a が $R > \frac{2\sqrt{2}a}{3}$ を満たすほど小さくなると，式（4.20），（4.21）からわかるように，星の内部で圧力が無限大になり，$e^\nu = 0$ となる点が現れるので，平衡解は存在しないことになる．この条件は，式（4.22）に注意すると

$$R < \frac{9GM(R)}{4c^2} = \frac{9}{8}r_\text{S} \tag{4.23}$$

とも書かれる．すなわち，与えられた質量にたいし，力学平衡にある星の半径には下限が存在することを意味する．（エネルギー密度には上限が存在する．）半径がこの限界半径よりも小さな星は平衡状態にはなく，中心に向かって収縮していることになる．これをブラックホールという．限界半径の存在はこの解に特有のことではなく，一般的に成立することが知られている．見方を逆にすると，与えられたエネルギー密度にたいして力学平衡にある星の半径および星の質量に上限が存在することになる．念のために注意しておくが，ブラックホールになるのは質量に無関係に密度が高くなるからではない．限界半径は質量に比例しているので，質量が大きければ密度は小さくてもブラックホールになるのである．星の進化の結果エネルギー源を使い果たして温度が 0 になった星は電子または中性子の縮退圧で支えられるため，質量に上限が存在するのである．3.4 節で述べたように白色矮星の上限質量はチャンドラセカール質量と呼ばれ 1.4 $M_\odot$ 程度である．次節でふれるが，中性子星の最大質量は 2 $M_\odot$ 程度である．1 $M_\odot$ にたいするシュワルツシルト半径は 3 km であり，中性子星の半径 10〜15 km はシュワルツシルト半径の 2〜3 倍程度となっている．

　上で出てきた $M_\text{G} \equiv M(R)$ は重力質量と呼ばれ，星の外部の重力場を決定する．重力質量には静止質量以外にも内部エネルギーや重力エネルギーが含まれている．固有体積要素は $4\pi e^{\lambda/2} r^2 dr$ なので，核子数密度を n，核子の質量を m_N とすると，核子数が決める質量は

$$M_\text{m} = \int_0^R n m_\text{N} \frac{4\pi r^2 dr}{\sqrt{1-\frac{2GM(r)}{c^2 r}}} \tag{4.24}$$

となる．これは星としての重力的束縛を解いて核子を自由に分布させたときの質量である．固有質量はエネルギー密度を積分したものであり

$$M_\mathrm{p} = \int_0^R \rho \frac{4\pi r^2 dr}{\sqrt{1 - \frac{2GM(r)}{c^2 r}}} \tag{4.25}$$

と定義される．これには核子の静止エネルギーに加え，核子の運動エネルギーや核子間の相互作用のエネルギーが含まれている．重力質量と固有質量の差が重力エネルギーに相当するので，重力エネルギー Ω は

$$\Omega = (M_\mathrm{G} - M_\mathrm{p})c^2 = \int_0^R \rho c^2 \left(1 - \frac{1}{\sqrt{1 - \frac{2GM(r)}{c^2 r}}}\right) 4\pi r^2 dr \tag{4.26}$$

で与えられる．ニュートン力学の極限では，これはたしかによく知られた重力エネルギーの表現

$$\Omega = -\int_0^R \rho \frac{GM(r)}{r} 4\pi r^2 dr$$

になっている．一方，固有質量と核子数が決める質量の差は

$$M_\mathrm{p} - M_\mathrm{m} = \int_0^R (\rho - nm_\mathrm{N}) \frac{4\pi r^2 dr}{\sqrt{1 - \frac{2GM(r)}{c^2 r}}} \tag{4.27}$$

であり，通常は正である．星が束縛されているという条件は，結合エネルギーが正，すなわち

$$M_\mathrm{m} - M_\mathrm{G} = M_\mathrm{m} - M_\mathrm{p} + M_\mathrm{p} - M_\mathrm{G} = M_\mathrm{m} - M_\mathrm{p} - \frac{\Omega}{c^2} > 0 \tag{4.28}$$

である．このような質量の相互関係は実際の中性子星の形成などを考えるときには無視できないものとなる．中性子星の場合，核子数で決まる質量に比べ，重力質量は10%程度小さくなっているのである．

4.2 中性子星の内部構造

相対論的な星のうち最も重要なものは中性子星である．中性子星は白色矮星とともに温度が 0 と近似できる星であり，熱的な圧力ではなく縮退圧で支えられている星である．白色矮星は電子の縮退圧で支えられた星であり，中心密度は $10^6 \mathrm{g\,cm}^{-3}$ 程度である．これにたいし，中性子星は中性子の縮退圧で支えられ，中心密度は $10^{15} \mathrm{g\,cm}^{-3}$ 程度にも達している．白色矮星から中性子星に至る縮退星の系列を考えよう．白色矮星から出発し，中心密度がさらに上昇すると，電子のフェルミエネルギーが相対論的にまで大きくなり，電子が陽子に吸収され中性子に転化したほうがエネルギー的に安

定になる．このようにして，中心密度の増加とともに白色矮星から中性子星に移行していくのである．実際には，中間の密度では核子は自由な存在ではなく原子核内にあるので，自由中性子の数は少ない．そのため，星を支えるだけの縮退圧をつくり出すことができず，星は不安定になっている．その結果，安定な縮退星は白色矮星と中性子星とに二分されるのである．物質の中性子化の様子を理解するために，まず原子核が存在せず，自由な陽子と中性子とからなる仮想的な場合を考察しておこう．

4.2.1 陽子・中性子・電子からなる系

仮想的に原子核の存在を無視した温度 0 の物質にたいし，弱い相互作用

$$p + e^- \leftrightarrow n + \nu_e \tag{4.29}$$

にたいする化学平衡を考えよう．発生したニュートリノは直ちに逃げ出すものとすると，ニュートリノの化学ポテンシャルは $\mu_\nu = 0$ となるので，系の化学平衡は

$$\mu_p + \mu_e = \mu_n \tag{4.30}$$

で決まる．化学ポテンシャル[1] は，フェルミエネルギー ϵ_F とフェルミ運動量 p_F を用いて，

$$\mu = \epsilon_F = \sqrt{p_F^2 c^2 + m^2 c^4} \tag{4.31}$$

で与えられる．数密度は

$$n = \frac{p_F^3}{3\pi^2 \hbar^3} \tag{4.32}$$

と与えられるので，電気的中性の条件

$$n_p = n_e \tag{4.33}$$

$p_{F,p}$ は $p_{F,p} = p_{F,e}$ を意味する．また

$$\frac{n_p}{n_n} = \frac{p_{F,p}^3}{p_{F,n}^3} \tag{4.34}$$

である．したがって化学平衡の条件は

$$\sqrt{p_{F,p}^2 c^2 + m_p^2 c^4} + \sqrt{p_{F,p}^2 c^2 + m_e^2 c^4} = \sqrt{p_{F,n}^2 c^2 + m_n^2 c^4} \tag{4.35}$$

となる．

中性子と陽子の質量差を

$$Q = (m_n - m_p)c^2 = 1.29 \text{ MeV} \tag{4.36}$$

---

[1] ここでは相対論的な場合を考えているので化学ポテンシャルも静止質量を含んで定義する．

と書き，化学平衡の式で，$m_\mathrm{n}, m_\mathrm{p} \gg m_\mathrm{e}, Q/c^2$ と近似して，$p_\mathrm{F,p}/p_\mathrm{F,n}$ を求めることができる．その結果，

$$\frac{n_\mathrm{p}}{n_\mathrm{n}} = \frac{1}{8}\left[\frac{x^4 + \frac{4Q}{m_\mathrm{n}c^2}x^2 + 4\frac{Q^2 - m_\mathrm{e}^2 c^4}{m_\mathrm{n}^2 c^4}}{x^2(x^2+1)}\right]^{3/2} \tag{4.37}$$

を得る．ここで

$$x \equiv \frac{p_\mathrm{F,n}}{m_\mathrm{n} c} \tag{4.38}$$

とおいた．中性子数密度が増加していくと，陽子中性子比は減少して

$$x = \left[\frac{4(Q^2 - m_\mathrm{e}^2 c^4)}{m_\mathrm{n}^2 c^4}\right]^{1/4} = 5.0 \times 10^{-2} \tag{4.39}$$

で最小値

$$\frac{n_\mathrm{p}}{n_\mathrm{n}} = \left[\frac{Q + \sqrt{Q^2 - m_\mathrm{e}^2 c^4}}{m_\mathrm{n} c^2}\right]^{3/2} = 1.35 \times 10^{-4} \tag{4.40}$$

をとる．これより中性子数密度が上昇すると，陽子中性子比は増加し，中性子が相対論的になった極限では 1/8 に近づいていく．

陽子中性子比が小さいときには，密度は

$$\rho \approx m_\mathrm{n} n_\mathrm{n} = m_\mathrm{n}\frac{p_\mathrm{F,n}^3}{3\pi^2\hbar^3} = \frac{m_\mathrm{n}^4 c^3}{3\pi^2\hbar^3}x^3 = 6.11 \times 10^{15} x^3 \,\mathrm{g\,cm^{-3}} \tag{4.41}$$

と近似される．陽子中性子比が最小値をとったときの密度は $7.7 \times 10^{11}\,\mathrm{g\,cm^{-3}}$ であり，核密度 $\rho_0 = 2.8 \times 10^{14}\,\mathrm{g\,cm^{-3}}$ よりはかなり小さい．また，この密度での電子のフェルミエネルギーは 2.5 MeV にすぎない．核密度に達したときは，$x = 0.36$，$n_\mathrm{p}/n_\mathrm{n} = 5.2 \times 10^{-3}$ であって，電子のフェルミエネルギーは約 60 MeV になっている．ここでの取り扱いは原子核の存在を無視した以外に，核子間の強い相互作用も無視したことにも注意しておく．密度が核密度程度以上になると，実際には強い相互作用の効果が重要になる．その詳しい研究は原子核物理学の最先端の課題の 1 つになっている．

4.2.2　原子核との化学平衡

核密度以下の状態では，実際には原子核が存在しているので，中性子化は中性子過剰核の数密度の上昇から始まる．陽子数 Z，中性子数 N，質量数 $A = Z + N$ の原子核を考えよう．$A \gg 1$ のとき，化学ポテンシャルへのフェルミ運動量の寄与は無視できるので，弱い相互作用

$$(Z, N) + \mathrm{e}^- \leftrightarrow (Z-1, N+1) + \nu_\mathrm{e} \tag{4.42}$$

にたいする化学平衡の条件は

$$\mu(Z,N) + \mu_e = \mu(Z-1, N+1) \tag{4.43}$$

$$\mu(Z,N) \approx m(Z,N)c^2 = Zm_pc^2 + Nm_nc^2 + E(Z,N) \tag{4.44}$$

となる．ここで $E(Z,N)$ は原子核の結合エネルギー（に負符号をつけたもの）である．この過程では質量数 A は変わっていないことにも注意しておこう．$Z \gg 1$, $N \gg 1$ では

$$\tilde{\mu}_p = \frac{\partial E(Z,N)}{\partial Z} = E(Z,N) - E(Z-1,N) \tag{4.45}$$

$$\tilde{\mu}_n = \frac{\partial E(Z,N)}{\partial N} = E(Z-1,N+1) - E(Z-1,N) \tag{4.46}$$

と近似すると，化学平衡の条件は

$$\mu_e = Q + \tilde{\mu}_n - \tilde{\mu}_p \tag{4.47}$$

と書かれる．電気的中性の条件は

$$n_e = \frac{Z}{A}\frac{\rho}{m_n} \tag{4.48}$$

である．

　密度 ρ と質量数 A が与えられたとき，化学平衡と電気的中性の条件から Z/A が求まることになる．実際には核反応も起こるので A も変わっていく．どんな質量数の原子核が存在するかは核反応の起こり方によって決まる．核反応も自由に起こると近似すると，存在する原子核は 1 核子あたりのエネルギー（電子の寄与も含む）が最小になるものに転換していく．電子の化学ポテンシャルが無視できるときには 1 核子あたりのエネルギーが最小になる原子核は ^{56}Fe であるが，今の場合，電子の化学ポテンシャルの寄与が重要になるので，より重い原子核が存在するようになる．実際に密度 ρ にたいして，A, Z/A を求めるためには広い範囲にわたる $E(Z,N)$ の知識が必要になる．このためには原子核の質量公式などが用いられるが，計算が繁雑になるので結果だけを示しておこう．

　Z/A は普通の原子核では 0.5 に近いが，密度が大きくなるにつれて中性子化が進み，A は大きく，Z/A は小さくなっていく．$\tilde{\mu}_n$ は密度が小さいときには負であり，中性子を付加していくことができるが，これも密度とともに次第に増加し，密度が 4.3×10^{11} g cm^{-3} に達したとき，$\tilde{\mu}_n = 0$ となる．この密度を超えると，$\tilde{\mu}_n > 0$ となって，むしろ原子核から中性子を取り出したほうがエネルギー的に安定になるので，自由中性子が存在するようになるのである．これを中性子ドリップと呼ぶ．このときに存在している原子核は $Z=40$, $A=120$ 程度であり，電子のフェルミエネルギー

は 27 MeV 程度になっている．このように原子核の存在を考慮すると，自由核子のみの場合に比べ中性子化は押さえられ，電子も多量に存在することになる．

さらに密度が上昇すると自由中性子の量が次第に増えていく．密度が核密度 $\rho_0 = 2.8 \times 10^{14}\,\mathrm{g\,cm^{-3}}$ に近づくと陽子の化学ポテンシャルも正になり，自由陽子も存在するようになる．すなわち，原子核は溶解を始めていく．核密度では原子核はすべてなくなり，中性子，陽子，電子の化学平衡状態が実現する．密度がさらに上昇したときのふるまいは，強い相互作用によって支配される．このような高密度核物質のふるまいは現在でもよく解かれてはいない．実際の中性子星の中心密度は核密度の 8 倍から 20 倍程度になっていると考えられている．

4.2.3　中性子星の質量と内部構造

高密度での状態方程式が与えられたとき，星の中心密度と中心圧力を与えれば星の半径と質量は一意的に決まる．図 4.1 に示すように，星の中心密度が白色矮星の中心密度から上昇していくとき，中心圧力はほとんど変わらないので，星の半径や質量は小さくなっていく．一定の質量の星を考えると，このことは星は中心密度が増えると不安定になっていくことを意味している．密度が中性子ドリップの密度を超え，自由中性子が多量に存在するようになると中性子のフェルミエネルギーが十分大きくなり，中性子の縮退圧で重力を支えることができるようになって星は再び安定になる．これが中性子星である．白色矮星の場合と同様に中性子星にも最大質量がある．自由中性子の縮退圧のみを考えると，ニュートン力学の範囲では最大質量は $5.8\,M_\odot$ となるが，当然一般相対論の効果は大きく，これを考慮すると $0.7\,M_\odot$ となる．実際には中性子は自由ではなく，強い相互作用をしており，その効果を無視できない．中性子星のような高密度の領域での状態方程式は不明の点が大きいが，核子間の平均距離が小さく，核力は斥力的になっているので中性子星の最大質量は $2\,M_\odot$ 程度になるものと考えられている．一方，核密度を超えるような領域で推測されるクォーク物質やさまざまな新たな物質相の存在は一般に軟らかい状態方程式をもたらすので，中性子星の最大質量は小さくなる．これまでに観測された中性子星の最大質量は $2.0\,M_\odot$ であり [1]，高密度核物質の状態方程式にたいする強い制限となっている．

中性子星の最小質量は原子核の溶解が起こる程度の密度に対応し，およそ $0.1\,M_\odot$ である．次節以下で述べるように観測されている中性子星の質量は $1.4\,M_\odot$ 程度に集中しているが，これは実際に存在する中性子星が大質量星の超新星爆発の結果生成されることを反映しており，より軽い中性子星をつくるような進化の道筋が存在しない

---

[1] 連星パルサーのパルス到着時間にたいするシャピロ遅延効果という一般相対論的効果を使ったもので不定性は小さい．

4.2 中性子星の内部構造

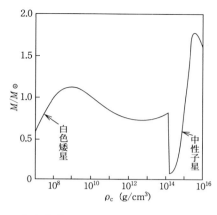

図 **4.1** 温度 0 の縮退星の質量と中心密度の関係

曲線の右下がりの部分は不安定な星である．右上がりの部分は安定な星で白色矮星と中性子星の 2 つの分枝がある．

ことを意味している．

現実の中性子星の内部構造を考えよう．図 4.2 にその構造を模式的に示す．中心密度は核密度を超えているが表面密度は低いので，半径とともに密度が減少し，前項で述べたような物質の状態が実現している．中心では高密度核物質の状態となっているが，やや外にいくと原子核と自由中性子との共存状態が続く．さらに外層では中性子過剰な原子核が存在し，原子核は格子を組んで固体となっている．外殻と呼ばれる表層領域では通常の原子核が存在するが，4.3 節に述べるように多くの中性子星は強い磁場をもっているので，原子構造は通常の原子から大きく変わることになる．自由中性子は核力のスピン依存性によって超流動状態になっていると考えられている．観測されるパルサーや X 線星の自転は星の外殻の回転を表しているが，星の外殻と磁場を介して結合しているのは荷電粒子の成分であり，超流動状態の中性子は独立にふるまうことになる．パルサーにはグリッチと呼ばれる自転周期が突然変化する現象が観測

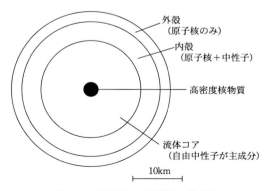

図 **4.2** 中性子星の内部構造の模式図

されている．通常は回転エネルギーの減少とともに自転周期はゆっくりと長くなっていくが，グリッチでは突然周期の減少が起こる．観測される周期は外殻と結合した成分の回転を表しており，周期の増大は表面と結合した成分で起こっており，超流動中性子成分の自転周期は変化しない．そのため，2成分間の回転角速度の間に差が生じる．グリッチは，この差がある限界を超えると何らかの原因で2成分の間で急速な角運動量輸送が起こり，外殻の回転角速度が大きくなる現象と解釈されている．

4.2.4 中性子星の観測的諸相

発見以来約50年を経て，中性子星の様相は著しく多様であることが認識されてきた．中性子星は超新星爆発の結果形成されるので，われわれの銀河には 3×10^8 個程度存在しているはずである．超新星は爆発エネルギーを周囲の星間物質に伝え，爆発後 10^5 年程度の間超新星残骸として電波で明るく輝く．われわれの銀河では 3×10^3 個程度が超新星残骸として存在していることになる．超新星の爆発には中性子星を残さないIa型のものもあるが，大部分はコア崩壊型なので，超新星残骸中には中性子星が存在しているはずである．実際，CrabやVelaという超新星残骸にはその中心部にパルサーが同定されている．しかし，多くの超新星残骸ではパルサーの存在は確認されていない．これは，パルサーは誕生時にキックと呼ばれる大きな速度を得て，10^4 年程度で超新星残骸から飛び出していることによると考えられている．キックの速度は $100 \sim 500 \,\mathrm{km\,s^{-1}}$ 程度と推定されている．中性子星がパルサーとして活動する年齢は 10^6 年程度と，超新星残骸の年齢よりも長いので，パルサーには超新星残骸が付随していなくても何の不思議もない．また，大きなキック速度によってパルサーは銀河円盤に閉じ込められずに，円盤面から $1 \sim 3 \,\mathrm{kpc}$ 程度の厚さまで広がっていると考えられる．パルサー活動を終了した中性子星はさらに広がったハロー領域に達していることになる．

興味あることに，ニュートリノの検出によりコア崩壊型超新星の機構を見事に確認した超新星1987Aでは，爆発後30年近く経過してもまだ中性子星の存在は確認されていない．爆発後350年程度経過している超新星残骸Cas Aでは，最近中性子星と同定されるX線点源が発見されたが，これはパルサーの性質を示していない．おそらく磁場が非常に弱いもので，形成時から残っている熱エネルギーを使ってかすかに輝いているものと考えられている．CrabやCas Aなど年齢のわかっている若い中性子星の表面輻射は中性子星の冷却過程にたいする情報を与える．表面輻射は温度が $100\,\mathrm{eV}$ 程度の熱的輻射と考えられるが，現在のところはっきりとした検出はまだなされておらず，光度や温度にたいする上限が得られているのみである．

年齢が不詳であっても，あるいはガス降着など別の原因であっても中性子星の表面が熱的な輻射をしていれば，その質量と半径が推定できる．表面輻射は温度 T の黒体

輻射だとし，観測される光度を L_{obs}，温度を T_{obs} とすると，重力的赤方偏移により

$$T_{\text{obs}} = \sqrt{1 - \frac{2GM}{c^2 R}} T \tag{4.49}$$

となる．また，時間の延びの効果により，遠方の球面を単位時間に通過する光子数は，中性子星表面を単位時間に通過する光子数の $\sqrt{1 - 2GM/c^2 R}$ 倍となる．したがって

$$L_{\text{obs}} = 4\pi R^2 \sigma_{\text{SB}} T^4 \left(1 - \frac{2GM}{c^2 R}\right) = 4\pi R_\infty^2 \sigma_{\text{SB}} T_{\text{obs}}^4 \tag{4.50}$$

と書くと

$$R_\infty = \frac{R}{\sqrt{1 - \frac{2GM}{c^2 R}}} \tag{4.51}$$

となる．観測される L_{obs} と T_{obs} から R_∞ が得られるので，これから R と M との関係が得られることになる．R_∞ は無限遠からみた中性子星の半径だが，重力レンズ効果で光子の軌道が曲げられるため，大きく見えるのである．

Crab や Cas A の中性子星は表面からの熱的放射はかなり小さく，表面温度は $0.1\,\text{keV}$ 程度と推定されるので，中性子星の冷却はかなり速いことを意味している．Crab では中性子星は強いパルサー活動が観測され，周囲に明るいパルサー星雲をつくっているのにたいし，Cas A では中性子星はパルサー活動の兆候を示していない．これは磁場が非常に弱いか，自転が非常にゆっくりとしているかのどちらか，おそらく両方であるためだと考えられる．このように中性子星の回転や磁場の性質はさまざまのものがある．極端な例として $10^{15}\,\text{G}$ という通常より 3 桁も大きな磁場をもつマグネターと呼ばれる中性子星も知られている．これには同定の方法により異常 X 線パルサーと呼ばれるものと軟ガンマ線リピーターと呼ばれるものに分類されている．前者は孤立した（連星系中にない）中性子星で自転周期が 10 秒程度の X 線パルサーであり，回転エネルギーは小さく，自転周期の変化率から推定される回転エネルギーの減少率よりも X 線光度が大きく，エネルギー源が回転ではなく $10^{15}\,\text{G}$ 程度の大きな磁場のエネルギーだとみなされているものである．後者は軟ガンマ線のバースト現象を示す，やはり自転周期の長い孤立中性子星である．この 2 つは共通の性質も多く，本質的には同種の天体だとみなされている．

ほとんどのパルサーやマグネターは単独で存在しているので孤立中性子星と呼ばれる．これにたいし近接連星系中に存在する中性子星は伴星からガスを降着して X 線で明るく輝く X 線星として観測される．X 線星は伴星が大質量星であるものと，小質量星であるものに大別され，前者は中性子星形成後の年齢が若く強い磁場をもっているが，後者は年齢が古く，磁場は弱く，低質量 X 線連星と呼ばれる．低質量 X 線連星で伴星からの降着が終了すると，降着で抑制されていた中性子星のパルサー活動が再開する．降着によって中性子星は角運動量を得ているので，このような低質量連星中のパル

サーは磁場は小さいが自転周期が短く，ミリ秒パルサーと呼ばれている．連星系中のパルサーは公転と自転の様子が精密に測定されるので中性子星の質量測定や一般相対論の検証のよい対象となる．伴星も中性子星である連星パルサー PSR B1913+16 の公転周期の変化の観測から重力波放出の証拠が得られている．パルサー同士の連星系である二重パルサーも発見されている．伴星が小質量星の場合，パルサー活動によって伴星の表層が剥ぎ取られていく食パルサーの存在も知られており，これらは black widow や redback などと呼ばれている．ミリ秒パルサーには連星系中に存在しないものもあるが，これらは連星系中で形成された後に，連星が周囲の摂動などで破壊されてできたものと考えられている．

近接連星系中のコンパクト星が白色矮星の場合は激変星と呼ばれる活動を示すものが多い．コンパクト星がブラックホールの場合はブラックホール X 線連星と呼ばれ，中性子星の場合と異なり星表面からの輻射成分が存在しないので，伴星からのガス降着で形成される降着円盤からの輻射を観測することになる．ブラックホール X 線連星のうち，いくつかは相対論的な速度のジェットを放出していることが知られており，それらはマイクロクェーサーとも呼ばれている．さらに，ガンマ線を放出する近接連星系もいくつか発見されているが，これがすべてパルサー活動によるものか，相対論的ジェットによるものがあるかどうかについては未解決である．このように中性子星やブラックホールについての研究は大きな展開をみせているのである．

4.3 パルサー

4.3.1 パルサーの基本的性質

1967 年に発見された電波パルサーは，非常に正確な周期の電波パルスを放出している天体である．これまでに 2000 個以上のパルサーが発見されているが，その周期は 1.4 ミリ秒から 8 秒程度にわたっている．その正確さと短かさから，周期は天体の回転によるものであることがわかる．回転する天体が安定に存在できるためには，遠心力が重力を超えてはならない．この条件から，質量を $1 M_\odot$ とすると，周期 1 秒にたいして半径は 1.5×10^8 cm 以下，周期が 1 ミリ秒だと半径は 1.5×10^6 cm 以下でなくてはならないことになる．理論的にこの条件を満たす天体としては中性子星以外にはない．パルサーの発見により，理論的に予見されていた天体，中性子星が実際に存在することが示されたのである．

パルサーの周期は長時間の間に増加していることが観測されている．これは，中性子星の回転エネルギーが減少していること，またパルサーのエネルギー源が中性子星の回転エネルギーであることを示している．ただし，観測される電波放射の光度は回転エネルギーの減少率のほんのわずかの部分（通常 10^{-6} 以下）を占めるにすぎない．

4.3 パルサー

　回転エネルギーの損失は中性子星のもつ強い磁場によって起こるものと考えられる．エネルギーの大部分はパルサーから吹き出されるパルサー風の運動エネルギーとして放出されていると考えられている．周囲の物質との相互作用により，パルサー風の運動エネルギーが散逸されれば，かに星雲（Crab Nebula）のようなパルサー星雲が生成される．パルサーの観測はパルサーのモデルのみならず，中性子星の内部構造と高密度核物質の物理，超新星爆発や星間物質の問題とも深い関係がある．パルサーを生み出す超新星爆発の頻度とパルサーの数との関係，パルサーの大きな空間速度の起源，パルサー観測から得られる星間物質中の電子密度や銀河磁場の情報などである．しかし，ここではもっぱらパルサーモデルそのものに議論を集中しよう．

　いくつかのパルサーについては，可視光，X線，ガンマ線でもパルスが観測されている（図4.3）．それらの光度は電波よりもはるかに大きいが，それでも回転エネルギーの減少率の10%を超える程度である．特にガンマ線は多くのパルサーで検出され，その光度はかなり大きい．パルスの形状はそれぞれの波長域で異なっていることが多い．これらのパルスは回転するパルサー磁気圏内で，磁力線に沿った電場が形成されうるギャップと呼ばれる領域が存在し，そこでの粒子加速でつくられる相対論的エネルギーの電子や陽電子が非熱的な輻射を放出することによると考えられる．これについては，いくつかのモデルが提案されており，一般的には電波はより中性子星の磁極に近いポーラーギャップと呼ばれる領域，X線やガンマ線は磁極からより遠いアウターギャップと呼ばれる領域に起因するというモデルが有力である．

　最も有名なパルサーである，かに（Crab）パルサーは超新星残骸中にあり，パルサー近傍には広がったシンクロトロン星雲が観測されている．この広がった成分は電波から超高エネルギーガンマ線までの全領域で輝いており，この成分の光度と星雲の膨張運動に与えられている仕事率を加えたものは，中心にあるパルサーの回転エネルギーの減少率とほぼ等しいことが知られている．すなわち，回転エネルギーの大部分は周囲の星雲に運ばれているのである．Crab以外のパルサー星雲の観測も，X線やTeVガンマ線で近年大きく進展し，パルサー風とパルサー星雲の理解は大きく進んできた．これらの観測は中性子星の回転エネルギーが相対論的なパルサー風として放出され，周囲の物質と衝突して運動エネルギーを散逸し，パルサー星雲を形成するという理論を検証するものとなっている．エネルギーのほとんどはパルサー星雲の内部エネルギーとして蓄えられており，一部が輻射として放出されると考えればよい．

　先に述べたように，回転する中性子星がパルサーとして観測されるためにはパルスを放出する場所が必要であり，これは中性子星が強い磁場をもっており，その磁極で電波パルスが形成されていると考えればよい．さらに，図4.4に示すように，磁極は回転軸上にはなく，回転に伴って，磁極から放出される電波ビームの方向も回転し，観測者がビーム内にいるときにのみパルスが観測されるとすればよい．これを灯台モ

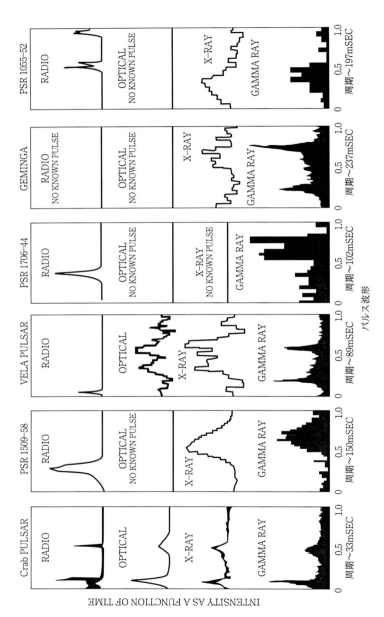

図 4.3 ガンマ線で検出されている 6 個のパルサーの電波,可視光,X 線,ガンマ線でのパルス波形 (D. H. Hartmann: *Astronomy & Astrophysics Review*, vol. 6, 1995).

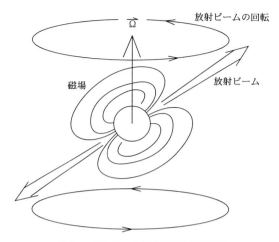

図 4.4 パルサーの灯台モデルの模式図

デルと呼ぶ．標準的なモデルでは磁場としては双極子型のものを考える．以下で評価するように大部分のパルサーについて磁場の強さは 10^{12} G 程度以上と考えられている．パルサーの年齢は周期と周期の減少率から推定されるが，ほとんどは 10^3 年から 10^7 年程度である．周期が非常に短いミリ秒パルサーの多くは年齢が 10^9 年程度になるものが多く，また磁場も 10^9 G 程度と弱い．さらに，質量の軽い星と連星系をなしていることが多く，前節で述べたようにその起源と進化は孤立したパルサーとは異なると考えられている．

以上の一般的描像をもとに，以下ではもう少し具体的な物理的モデルをいくつか考えてみよう．パルサーモデルは磁気双極子輻射と単極誘導の 2 つの機構を基本としているが，いずれもエネルギー収支のレベルにとどまっており，パルス成分の放射，相対論的パルサー風の生成などの具体的物理過程については現在研究が大きく発展している段階にある．

4.3.2　磁気双極子放射

パルサーからのエネルギー放出率を定量的に評価してみよう．パルサーの磁場が双極子で与えられ，まわりは真空であると仮定しよう．真空中におかれた回転する磁気双極子からの放射は古典電磁気学に基づいて正確に計算される．磁気モーメントを μ，角振動数を Ω とおくと，光円柱半径 $r_{\text{lc}} = c/\Omega$ より遠方では電磁場としては波動場が卓越し

$$\vec{B} = \frac{1}{c^2 r}(\ddot{\vec{\mu}} \times \vec{n}) \times \vec{n} \tag{4.52}$$

$$\vec{E} = \frac{1}{c^2 r}\vec{n} \times \ddot{\vec{\mu}} \tag{4.53}$$

となる．$\vec{n}$ は方向を示す単位ベクトルであり，˙は時間微分を表す．これから，磁気双極子放射の光度 L_{md} は

$$L_{\mathrm{md}} = \frac{2\ddot{\vec{\mu}}^2}{3c^3} = \frac{2\mu^2 \Omega^4 \sin^2\chi}{3c^3} \tag{4.54}$$

となる．ここで χ は回転軸と磁軸とのなす角である．

実際の中性子星の代表的な数値を使って，磁極での磁場を $B_* = B/10^{12}$ G，星の半径を $R_* = R/10^6$ cm と規格化する．回転周期を P s とし，$\mu \equiv \frac{1}{2}BR^3$，$P = 2\pi/\Omega$ の関係を使うと，$\chi = \pi/2$ にたいして

$$L_{\mathrm{md}} = 9.62 \times 10^{30} B_*^2 R_*^6 P^{-4} \,\mathrm{erg\,s^{-1}} \tag{4.55}$$

を得る．磁気双極子放射の振動数は星の回転周期の逆数であり，放出される電磁波の波長は $\lambda = c/\Omega$ であり，光円柱半径に等しい．これは著しく低振動数，長波長なので，星周物質の影響は無視できず，電磁波がそのまま放出されるわけではない．しかし，エネルギー放出率は光円柱半径付近での場の時間変動で決まっているので，後で説明するように実際の光度のよい評価になっていると考えられる．

この光度を星の回転エネルギーの減少率と等しいとおくと，星の慣性モーメントを $I = I_* \times 10^{45}$ g cm^2 として

$$I\Omega\dot{\Omega} = -\frac{4\pi^2 I\dot{P}}{P^3} = -L_{\mathrm{md}} \tag{4.56}$$

を得る．これから

$$\dot{P} = 2.44 \times 10^{-16} \frac{B_*^2 R_*^6}{PI_*} \tag{4.57}$$

を得る．この式はすぐに積分できて，初期値を $P(0)$ とすると

$$P(t) = \left(P(0)^2 + 4.88 \times 10^{-16} \frac{B_*^2 R_*^6}{I_*} t\right)^{1/2} \,\mathrm{s} \tag{4.58}$$

となる．現在の年齢は

$$t = \frac{P^2 - P(0)^2}{2P\dot{P}} \tag{4.59}$$

で与えられるが，$P(0) = 0$ と近似すると，

$$t = \frac{P}{2\dot{P}} \tag{4.60}$$

となる．この式はパルサーの年齢を推定するときによく使われる．また磁場の大きさは，式 (4.57) で P と $\dot{P}$ に観測値を使い，I と R を仮定して，

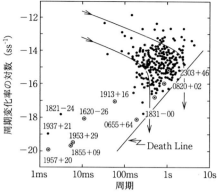

図 4.5 パルサーの周期と周期変化率の関係の観測

多くのパルサーは周期 1 秒程度のところに分布しているが,周期変化率がある程度小さくなったものは観測されていない.この線を死線と呼んでいる.丸で囲まれたものは連星パルサーを示す.ミリ秒パルサーは呼ばれる周期が 10 ミリ秒以下のものは周期変化率も小さく,普通のパルサーとは異なった成因をもっていると考えられる (G. Srinivasan: *Astronomy & Astrophysics Review*, vol. 1, 1989).

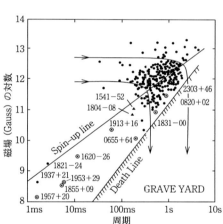

図 4.6 パルサーの周期と磁場の関係の観測

(G. Srinivasan: *Astronomy & Astrophysics Review*, vol. 1, 1989).

$$B = 1.14 \times 10^{13} \left(\frac{P\dot{P}}{10^{-6}\,\mathrm{s^2\,yr^{-1}}} \right)^{1/2} I_*^{1/2} R_*^{-3}\,\mathrm{G} \tag{4.61}$$

と推定される.観測されたパルサーの P–$\dot{P}$ 平面での分布を図 4.5 に,B–P 面上の分布を図 4.6 に示す.

　磁気双極子放射以外のエネルギー損失の可能性も含め,もう少し一般的に考えて,回転エネルギーの放出率が Ω^{n+1} に比例するとすると,制動指数 n は

$$n = \frac{\ddot{\Omega}\Omega}{\dot{\Omega}^2} \tag{4.62}$$

から決められる.磁気双極子放射なら $n = 3$ になるはずである.制動指数を決めるためには $\ddot{P}$ の観測が必要であるが,これまで $\ddot{P}$ の観測されているパルサーは数個しかない.かにパルサーでは $n = 2.5$ であり,その他のものも 3 からずれている.しかし,

これが何を意味しているのかはよくわかっていない．

理論的には磁気制動放射のエネルギー放出率の評価は磁気制動放射に特有のものではなく，かなり一般的なものである．次元解析的に考えると，光円柱付近の磁場の強さは

$$B_{\mathrm{lc}} \sim B \left(\frac{R}{r_{\mathrm{lc}}}\right)^3 \tag{4.63}$$

なので，ここから磁場のエネルギー密度が光速で放出されるとして

$$L \sim 4\pi r_{\mathrm{lc}}^2 \left(\frac{B_{\mathrm{lc}}^2}{8\pi}\right) c \sim L_{\mathrm{md}} \tag{4.64}$$

を得るからである．このように考えると，観測される制動指数の不一致にもかかわらず，磁気双極子放射のエネルギー放出率はエネルギー放出の評価としては，ほぼ正しいものとみてよいであろう．しかし，磁気双極子放射は極端に低い振動数の電磁波をすべての立体角にわたって放出しているが，これは直接に観測される電磁波ではない．磁極付近から放出される高振動数の電磁波の放射など，より現実的なモデルには荷電粒子の存在を考慮に入れた磁気圏の考察が必要になる．

光円柱付近では強い磁場の時間変化によって強い電場も誘起される．光円柱付近が真空ではなく物質が存在する場合，電子数密度を n_{e} と書くと，プラズマ振動数 $5.6 \times 10^4 n_{\mathrm{e}}^{1/2}\,\mathrm{s}^{-1}$ に比べ，通常星の回転角振動数ははるかに小さいので，電磁場の時間変動は電磁波としては伝播しない．ただし，場の大きさは波の1周期の間に荷電粒子が相対論的エネルギーまで加速されるほど強いので，強いレーザー光のプラズマへの入射と似た状況になると考えられる．さまざまな非線形現象が考えられるが，結局，光円柱付近の大きな電磁場のエネルギー流束がプラズマにエネルギーを与え，相対論的な速度のパルサー風が形成されると考えられる．問題は電磁場のエネルギー流束のどの程度が物質の運動エネルギーに転化するかであるが，これは後に述べるように未解決の難問となっている．

4.3.3 単極誘導

磁気双極子輻射はエネルギー損失率や角運動量損失率に関しては明快な描像を与えるが，パルスの形成機構に関しては具体的機構が不明である．電波パルスの詳細な観測からはパルスは光円柱半径内，おそらく中性子星の磁極付近で形成されるという見方が有力である．磁極付近の状態は定常的であり，これが回転によりパルスとして観測されることになる．したがって，磁極付近の物理は本質的には磁軸と回転軸の揃った軸対称定常な系でも実現されていると考えられる．この系でのエネルギー損失は，真空中を回転する磁石が表面に起電力をつくり出す単極誘導という機構によるものである．

これを具体的に考えよう．磁場は中性子星の中心におかれた強さ μ の磁気双極子で記述されるとする．球座標では

$$B_r = \frac{2\mu \cos\theta}{r^3} \tag{4.65}$$

$$B_\theta = \frac{\mu \sin\theta}{r^3} \tag{4.66}$$

となる．中性子星の物質は導体なので，物質の局所共動系では電場が消える．慣性系では，速度を $\vec{v}$ として

$$\vec{E} = -\frac{\vec{v}}{c} \times \vec{B} \tag{4.67}$$

となる．$\vec{v}$ に回転速度 $v_\varphi = r\Omega \sin\theta$ を代入して，

$$E_r = \frac{\Omega\mu}{c} \frac{\sin^2\theta}{r^2} \tag{4.68}$$

$$E_\theta = -\frac{\Omega\mu}{c} \frac{2\sin\theta\cos\theta}{r^2} \tag{4.69}$$

を得る．星の内部の静電ポテンシャルは C を定数として

$$\Phi_{\text{int}} = \frac{\Omega\mu \sin^2\theta}{cr} + C \tag{4.70}$$

となる．星の内部の電荷分布は

$$\rho_e = \frac{\text{div}\vec{E}}{4\pi} = -\frac{\Omega\mu}{2\pi cr^3}(3\cos^2\theta - 1) + \frac{2\Omega\mu}{3c}\delta(\vec{r}) \tag{4.71}$$

となる．最後のデルタ関数の項の存在はガウスの定理を使っても示されるし，$\vec{E}$ に階段関数 $\theta(r)$ をつけておいて，$d\theta(r)/dr = \delta(r)$ を使っても導かれる．このようにして，回転星の表面には静電ポテンシャルの分布が誘起される．これはファラデーの単極誘導という機構である．

星の外部は真空だとすると，そこでの電場は多重極場で記述されるが，静電ポテンシャルと電場の θ 成分の連続性から四重極場になることが示される．すなわち，

$$\Phi_{\text{ext}} = -\frac{\Omega\mu R^2}{3c} \frac{3\cos^2\theta - 1}{r^3} \tag{4.72}$$

$$E_r = -\frac{\Omega\mu R^2}{c} \frac{3\cos^2\theta - 1}{r^4} \tag{4.73}$$

$$E_\theta = -\frac{\Omega\mu R^2}{c} \frac{2\sin\theta\cos\theta}{r^4} \tag{4.74}$$

となる．式 (4.70) の定数 C は

$$C = -\frac{2\Omega\mu}{3cR} \tag{4.75}$$

となる．星の表面での E_r の飛びから表面電荷密度は

$$\sigma_{\mathrm{e}} = -\frac{\Omega\mu}{2\pi cR^2}\cos^2\theta \qquad (4.76)$$

となる．これを表面で積分するとちょうど中心電荷を打ち消すものになり，星は全体として電荷が 0 になっている．

このような電磁場のもとで荷電粒子がどのようなふるまいを示すか考えてみよう．求めた外部電場は磁場方向の成分

$$\frac{\vec{E}\cdot\vec{B}}{B} = -\frac{\Omega\mu R^2}{cr^4}\frac{4\cos^3\theta}{\sqrt{3\cos^2\theta+1}} \qquad (4.77)$$

をもっている．この電場の大きさは重力に比べはるかに大きいので，星の表面付近にある電荷は電場の影響で運動を始め，その結果，星の周囲には荷電粒子で満たされた磁気圏が形成される．電荷分布は局所共動系での電場を打ち消すように分布するので，磁気圏での電場や電荷分布は星の内部のものと同じ形をとるであろう．ただし，星の内部では正負の荷電粒子の数密度の微少な差が電荷密度を与えるのにたいし，磁気圏ではより荷電分離に近い状態が実現されると予想される．完全に荷電分離した状態での粒子密度をゴールドライヒ–ジュリアン密度と呼んでいる．すなわち，

$$en_{\mathrm{GJ}} = \rho_{\mathrm{e,GJ}} = -\frac{\Omega\mu}{2\pi cr^3}(3\cos^2\theta-1) \qquad (4.78)$$

である．磁軸と回転軸とが平行な場合は $\cos\theta > 1/\sqrt{3}$ の極側の領域には負の電荷が，$\cos\theta < 1/\sqrt{3}$ の赤道面側の領域には正の電荷が分布することになる．磁軸と回転軸とが反平行な場合にはその逆になる．

磁場のエネルギー密度は非常に大きいので，磁気圏の荷電粒子の集団は星とともに共回転しようとする．電場は磁場と垂直になり，磁力線は等ポテンシャル線となる．$\vec{E}\times\vec{B}$ ドリフトが共回転運動をもたらす．しかし，共回転する閉じた磁気圏はすべての磁力線で実現されるわけではない．光円柱を超えた領域では共回転速度が光速を超えるので，共回転は不可能である．このときには粒子は磁力線に沿った方向にも運動し，光円柱を超えて流出することになる．同時に，磁力線はトロイダル成分をもち，ポロイダル電流が流れる．これがパルサー風である．そして磁力線は無限遠に向かって開いた構造をとる．これにたいし，共回転する閉じた磁力線は共回転半径より小さい半径で赤道面を通過して，再び星に戻る．閉じた共回転磁気圏と開いた磁力線領域の境界の磁力線は，荷電粒子の集団の運動による双極子磁場の変形が無視できるとすると，星の表面を

$$\sin^2\theta_0 = \frac{\Omega R}{c} \qquad (4.79)$$

を満たす角度で通過する．右辺は一般に 1 に比べて小さいので

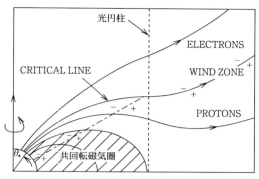

図 4.7 回転軸と磁軸とが揃っている場合の磁気圏の構造の模式図
(P. Goldreich & W. H. Julian: *Astrophysical Journal*, vol. 157, 1969).

$$\theta_0 = \sqrt{\frac{\Omega R}{c}} \qquad (4.80)$$

と近似される．この臨界磁力線で囲まれた星の表面付近が磁極領域とみなされる．図 4.7 にこのモデルの模式図を示しておく．

磁極領域から出た磁力線は閉じた共回転磁気圏を形成することができないので，光円柱の外部まで延びた開いた磁力線となる．開いた磁力線に沿っては荷電粒子が流出できるので，これにより中性子星の回転エネルギーが失われる．中性子星の回転エネルギーの損失率は起電力が電流になす仕事率として評価される．電流密度はゴールドライヒ–ジュリアン密度の荷電粒子が光速で流出するとして評価される．個々の粒子の得るエネルギーは，電荷 e と平均のポテンシャル差の積で与えられる．後者を，開いた磁気圏の磁力線の間のポテンシャルの差の最大値の半分とすると，個々の粒子のエネルギーは

$$e\frac{\Omega^2 \mu}{2c^2} = 3.29 \times 10^{12} \frac{B_* R_*^3}{P^2} \text{ eV} \qquad (4.81)$$

となる．これらを使って，エネルギー損失率は

$$L_{\text{ui}} = \frac{\mu^2 \Omega^4}{4c^3} \qquad (4.82)$$

となる．これは磁気双極子輻射の公式と数係数が異なるのみである．したがって，回転エネルギーの損失率としては，どちらの機構もほとんど同じものを与えるのである．式 (4.81) で与えられたエネルギーは TeV 以上の大きなエネルギーとなり，パルサーやパルサー星雲からの高エネルギー放射と密接な関係をもつことを示唆している．しかし，これは個々の粒子が実際にこのエネルギーまで加速されることを必ずしも意味しない．以下に述べるようにパルサー風中の数密度は電子陽電子対の生成により，ゴールドライヒ–ジュリアン密度よりはるかに大きくなっており，個々の粒子のエネルギー

はその分だけ小さくなるべきだからである．

　後に述べるように，磁場からパルサー風へのエネルギーの移行は光円柱半径以遠で起こっている．しかし，パルス成分の放射や電子陽電子対の生成を説明するためには，利用できる静電ポテンシャル差のうち，いくばくかの部分が光円柱以内で粒子になされる仕事に費やされていなければならない．すなわち，光円柱半径以内の磁気圏でも磁力線に沿った電場がある程度存在しており，そのため粒子の加速が起こり，何らかの機構で電子陽電子対の生成が起こっているのである．このような沿磁力線電場の存在は以下のように理解されるであろう．磁場はマックスウェルの方程式 $\text{div}\vec{B}=0$ を満たす．定常状態では電流密度も $\text{div}\vec{j}=0$ を満たす．磁極付近では電流は磁力線に沿って流れるとみなせるので，磁力線に沿って電流密度は磁場の強さに比例することになる．電流密度の大きさ自体は磁気圏の構造全体から決められるべき量である．荷電粒子の数密度がちょうどゴールドライヒ–ジュリアンの数密度になっていれば沿磁力線電場は 0 になるが，このとき一般には電流密度が一定にはならないのである．すなわち，一定の電流密度が流れているときには，実際の数密度とゴールドライヒ–ジュリアン数密度の間には差が生じ，その差により荷電粒子を加速する電場が生じるのである．

　このような沿磁力線電場が存在する領域としては磁極付近以外に，磁力線の向きが回転軸と垂直になり，$\rho_{\text{e,GJ}}=0$ となる領域が考えられている．ここでは電流が流れれば必ず沿磁力線電場が存在することになる．磁極付近に沿磁力線電場が存在し，そこにパルス成分の起源を求めるモデルをポーラーキャップモデルと呼ぶ．これにたいし，後者にその起源を求めるモデルをアウターギャップモデルと呼ぶ．どちらのモデルが現実に近いか，あるいはどちらにも電場が存在するのかについては論争があったが，最近のガンマ線観測によって，少なくともガンマ線についてはアウターギャップモデルのほうがよいことが確立してきた．これは，磁極付近で放出された高エネルギーガンマ線は強い磁場のもとで，電子陽電子対生成を起こして吸収されるため外部には出てこれないからである．観測はこのような吸収の兆候を示していないので，ガンマ線パルスはより磁場の弱いアウターギャップで生成されていると考えられる．多くのパルサーについて電波パルスとガンマ線パルスの位相は一致していないので，電波パルスはポーラーキャップで生成されるという考えが有力である．このようにパルサー磁気圏については以上のような定性的描像が描けるが，詳細については多くの点が不明のまま残されているのが現状である．

4.3.4　パルサー風

　さて，開いた磁力線に沿ってパルサーから流出する荷電粒子あるいはプラズマのふるまいについて少し具体的に考えてみよう．光円柱内部の領域では，荷電粒子のエネ

ルギー密度に比べ磁場のエネルギー密度がはるかに大きい．このようなときには慣性力はほとんど無視できるので，ローレンツ力が 0 という状態が実現されていることになる．すなわち荷電粒子は一定のエネルギーで子午面内では磁場に沿って運動するだけなのである．子午面内の運動が存在すると，方位角方向の運動は中性子星と共回転するのではなく，プラズマの角速度はそれよりも小さくなる．このようにしてプラズマはパルサーと共回転半径を通過して動径方向に流れ出すことになる．光円柱以遠の具体的なふるまいは，そこでの物質との相互作用に依存する．もし磁力線が閉じることなく無限遠まで開いているとすると，無限遠での静電ポテンシャルは 0 なので，星の表面との間にはどこかで磁力線に沿った電圧降下

$$\Phi = \frac{\Omega\mu\sin^2\theta}{cR} + C \tag{4.83}$$

が存在することになる．C は星の周囲に磁気圏があるので式（4.75）とは異なる値をとるが，いずれにせよ，荷電粒子が加速され開いた磁力線に沿って星から無限遠に向かって流出することになる．この粒子の流れは電流を伴っているが，中性子星が荷電中性を保つためには電流は閉じていなければならないので，開いた磁気圏の一部からは負の電流が，他の部分からは正の電流が流れることになる．しかし，このような描像は電圧降下を起こす具体的な物理過程が不明である点で不満足なものである．

むしろ，パルサーから出た磁力線は無限遠まで届かず，パルサー風中で閉じていると考えるほうが自然であろう．光円柱の外部では，子午面内電流に伴う方位角方向の磁場と子午面内電場によるドリフトにより子午面内磁場の向きへのプラズマの流れができている．赤道面対称性により，赤道面では方位角方向の磁場が 0 になる．したがって電流が 1 つの半球で閉じていることになる．すなわち，電流はどこかで磁力線を横切っていることになる．このとき $\vec{J}\times\vec{B}$ の電磁力によってプラズマが加速されることになる．何らかの機構で粒子が磁場を横切ってドリフトすることによって，静電ポテンシャルの異なる磁力線に移るときには，電場によって仕事をされ粒子のエネルギーが増加することができる．これをマクロにみれば，磁場が電流になす仕事になっているわけである．実際，かに星雲の観測などからはパルサー風ではプラズマの運動エネルギーが磁場のエネルギーを大きく上回っていることが示唆されており，この描像のほうが有力視されている．しかし，磁場のエネルギーが卓越している光円柱の領域から，運動エネルギーが卓越したパルサー風をつくり出す具体的な理論モデルはまだ確立していない．

パルサーは超新星爆発の結果生成されるものなので，パルサーの周囲には膨張する超新星残骸の物質が存在している．超新星残骸は $10^3 \sim 10^4 \, \mathrm{km\,s^{-1}}$ で膨張しているが，パルサー風はほぼ光速で噴出するので，超新星残骸の物質と衝突して運動エネルギーを散逸する．この散逸機構も衝撃波あるいは磁気再結合によると考えられているが，

いずれにせよ粒子加速が起こって明るく輝くことになる．これをパルサー星雲という．最も有名なものはかに星雲であるが，最近では数多くのパルサー星雲が X 線や TeV ガンマ線で同定されている．

簡単のためパルサー風の運動学的光度 L，周囲の圧力 p は一定値をとるとし，パルサー星雲の年齢を t，半径を R_n とすると

$$\frac{3Lt}{4\pi R_\mathrm{n}^3} \approx p \tag{4.84}$$

なので

$$R_\mathrm{n} \approx \left(\frac{3Lt}{4\pi p}\right)^{1/3} \tag{4.85}$$

のようにモデルの詳細によらず，パルサー星雲の半径 R_n が定まる．典型的には $R_\mathrm{n} \approx 1 \sim 10\,\mathrm{pc}$ 程度となる．一方パルサー風の動圧は

$$\frac{L}{4\pi r^2 c} \tag{4.86}$$

なので，パルサー風が散逸される半径 R_s は

$$R_\mathrm{s} \approx \left(\frac{L}{4\pi cp}\right)^{1/2} \tag{4.87}$$

と評価される．比をとると

$$\frac{R_\mathrm{s}}{R_\mathrm{n}} \approx \left(\frac{\dot{R}_\mathrm{n}}{c}\right)^{1/2} \tag{4.88}$$

という関係を得る．パルサー星雲の膨張速度は $10^3\,\mathrm{km\,s^{-1}}$ の程度なのでパルサー風の散逸半径はパルサー星雲の半径の 3～10% 程度となる．パルサー星雲は R_s より内側の小さな領域はあまり光らないが，星雲のほぼ全域が明るく輝くのである．しかも星雲内の圧力は相対論的なエネルギーの電子陽電子が担うので，シンクロトロン放射は電波だけでなく，可視光や X 線，場合によっては 100 MeV 領域のガンマ線まで放射できることになる．同時に周囲の低エネルギー光子の逆コンプトン散乱によって TeV 領域のガンマ線を放射する．シンクロトロン放射と逆コンプトン散乱の観測からパルサー星雲内の磁場のエネルギー密度と粒子のエネルギー密度の比がわかるが，近年の X 線やガンマ線観測の進展によって，この比が 0.01 程度とかなり小さいことがわかってきた．これは，散逸半径ではポインティング流束よりも運動エネルギー流束のほうが大きくなっていることを示唆する．年齢が 10^5 年程度以上になると，パルサー星雲の膨張速度も小さくなり，パルサーが誕生したときにもつキック速度の影響が無視できなくなる．したがって，年齢の大きなパルサー星雲ではパルサーは星雲の中心からずれた位置にあることになる．実際に，極端な場合にはパルサーが星雲の外にあるような例もいくつか発見されている．

単極誘導のモデルの示すところは，本質的にはパルサーの周囲は真空ではありえず，自発的に磁気圏が形成され，その結果開いた磁力線を通じて粒子とエネルギーの流れが生じるというものである．この考えは基本的には正しいものと考えられるが，上に述べた問題以外にもいくつかの解決されていない問題点がある．電荷の符号を固定するために回転軸と磁軸とが揃っているとする．まず，磁気圏で完全な荷電分離が実現されているとすると，正電沇が流れる磁力線についても，星の近傍ではゴールドライヒ–ジュリアン電荷密度は負なので，正電荷の源は実は存在しないことになる．すべての磁力線に沿って負電荷が沇出するとすると，星はすぐに帯電し流れを止めてしまうことになる．星の帯電を防ぐためには，負電荷が星に向かって流れ込むような磁力線が存在しないといけない．負電荷は極付近の磁力線に沿って流出し，どこかで磁力線を横切って，極から離れた磁力線に沿って星に流れ込むことになる．このような流れはいかにも不自然であり，現実的とは思われない．電波やガンマ線のパルスの観測は電子陽電子対の存在抜きには説明できないので，実際に起こっていることは何らかの原因によって生じた電子陽電子対が大量に存在し，陽電子が流出するか電子が流入する磁力線が存在しているものと考えられる．この問題を電流閉鎖の問題と呼ぶ．電流閉鎖の整合的なモデルはいまだ求められていない．

4.4　X　線　星

　中性子星の存在は，パルサーの発見とほぼ同時期に X 線星の発見によっても確認された．近接連星系中に存在する中性子星は伴星から放出されたガスを降着（降積あるいはアクリションともいう）し，重力エネルギーを解放して X 線で明るく輝くのである．また，X 線星のなかには質量が中性子星の上限質量を超えるような重いものもいくつか発見されており，これらはブラックホールであると考えられている．中性子星からなる X 線星は中性子星の自転による周期性がきれいに観測される X 線パルサーと，自転周期がほとんど観測されないものとに大別される．前者は伴星が大質量星であることが多いので高質量 X 線連星，後者は伴星が小質量星なので低質量 X 線連星と呼ばれることが多い．X 線パルサーは強い磁場をもっているため，降着が磁極に集中し，磁軸と回転軸とが揃っていないため自転周期が観測されるのにたいし，後者の X 線星は磁場が弱く，中性子星のほぼ全面で X 線を放出するため，自転周期が観測されにくいものと考えられている．X 線星のような天体にたいしては一般相対論的な効果も興味深いが，基本的なモデルはニュートン力学の範囲で理解でき，また10%程度の範囲では正確であるので，ここではニュートン力学で取り扱う．

4.4.1 中性子星への降着

中性子星の質量を M, 半径を R, 降着率を $\dot{M}$ としよう. 表面での重力ポテンシャルの深さは

$$\frac{GM}{R} = 1.33 \times 10^{20} \frac{M}{M_\odot} \left(\frac{R}{10\,\mathrm{km}}\right)^{-1} \mathrm{erg\,g^{-1}} \tag{4.89}$$

となる. この値は静止質量エネルギーの15%にもなっている. また, 利用できる核エネルギーの17倍もあるので, 中性子星への降着ではエネルギー源はおもに重力エネルギーとなる. その光度は

$$L = \frac{GM\dot{M}}{R} = 1.33 \times 10^{38} \frac{M}{M_\odot} \frac{10\,\mathrm{km}}{R} \frac{\dot{M}}{10^{18}\,\mathrm{g\,s^{-1}}} \mathrm{erg\,s^{-1}} \tag{4.90}$$

となり, $10^{-8}\,M_\odot\,\mathrm{yr}^{-1}$ 程度の降着率でエディントン光度に達する. ここでエディントン光度はトムソン散乱による輻射力と重力とが釣り合う光度で, 定常球対称の光源にたいする最大光度を与えている. 完全電離の水素ガスにたいしては

$$L_\mathrm{Edd} = \frac{4\pi cGMm_\mathrm{p}}{\sigma_\mathrm{T}} = 1.26 \times 10^{38} \frac{M}{M_\odot} \mathrm{erg\,s^{-1}} \tag{4.91}$$

となる.

降着が球対称に起こる場合には, 中性子星表面での密度は, 降着ガスが自由落下しているとすると

$$\rho = \frac{\dot{M}}{4\pi R^2 v} = 3.65 \times 10^{-6} \left(\frac{M}{M_\odot}\right)^{-3/2} \left(\frac{R}{10\,\mathrm{km}}\right)^{-1/2} \frac{L}{10^{38}\,\mathrm{erg\,s^{-1}}} \mathrm{g\,cm^{-3}} \tag{4.92}$$

となる. 中性子星表面に衝突してエネルギーを解放している部分の密度は, 自由落下よりゆっくりとした速度になるので, これより高密度になっている. この部分が光学的に薄い場合には, 解放された重力エネルギーは粒子の熱エネルギーに転化するが, 上にみたように, これは陽子1個あたり140 MeVにも達する. もし電子にも同じエネルギーが分配されるとすると平均エネルギーが70 MeVにもなり, 大部分のエネルギーはX線よりもガンマ線で放出されることになる. 光学的に十分厚い場合には, プラズマが完全に熱化され, 黒体放射を放出する. その温度は

$$T = 1.94 \times 10^7 \left(\frac{R}{10\,\mathrm{km}}\right)^{-1/2} \left(\frac{L}{10^{38}\,\mathrm{erg\,s^{-1}}}\right)^{1/4} \mathrm{K} \tag{4.93}$$

となり, ちょうどX線放射の領域にくる. 実際のX線星の表面付近の状態は光学的に厚いほうに近いが, 運動エネルギーの散逸の仕方は星の磁場の影響, 衝撃波形成など複雑な過程を経る. 輻射領域も非一様で, 遠方で観測されるスペクトルも場合に応じて多様なものとなる.

4.4.2 X線パルサー

中性子星の磁場が強い場合，図4.8に模式的に示すように，降着してきたガスはいったん中性子星の磁場で止められ，その後磁力線に沿って磁極に流れ込むことになる．双極子型の磁場を仮定し，磁極での磁場の強さを B_s とすると，アルフベン半径と呼ばれる降着ガスがいったん止められる半径 R_A は，降着流の動圧と磁気圧とが釣り合う半径で決められ

$$R_A = 1.49 \times 10^8 \left(\frac{R}{10^6 \text{ cm}}\right)^{10/7} \left(\frac{B_s}{10^{12} \text{G}}\right)^{4/7} \left(\frac{M}{M_\odot}\right)^{1/7} \left(\frac{L}{10^{38} \text{ erg s}^{-1}}\right)^{-2/7} \text{ cm} \tag{4.94}$$

と与えられる．この式は降着が球対称に起こる場合の式だが，降着ガスが角運動量をもっており降着円盤を形成する場合にも，同様な考察からアルフベン半径が計算できる．この場合でも，ほぼ因子2程度の範囲で球対称の場合と一致する．

降着プラズマが角運動量をもっており，アルフベン半径の付近では降着円盤を形成している場合を考えよう．降着ガスがアルフベン半径から磁極に流れ込むときには，ガスの角運動量は中性子星の磁場に与えられるので，結局，中性子星の角運動量になる．中性子星の自転周期を P，慣性モーメントを I とすると，その変化率は

$$\dot{P} = -\frac{P^2}{2\pi I} \dot{M} \sqrt{GMR_A}$$
$$= -1.68 \times 10^{-11} P^2 \left(\frac{I}{10^{45} \text{ g cm}^2}\right)^{-1} \left(\frac{R}{10^6 \text{ cm}}\right)^{12/7} \left(\frac{B_s}{10^{12} \text{ G}}\right)^{2/7} \left(\frac{M}{M_\odot}\right)^{-3/7}$$
$$\left(\frac{L}{10^{38} \text{ erg s}^{-1}}\right)^{6/7} \text{ s}^{-2} \tag{4.95}$$

となる．中性子星は降着とともに速く自転するようになることが予言される．この取り扱いでは，中性子星の自転角速度 $2\pi/P$ がアルフベン半径でのガスの回転角速度 $\sqrt{GM/R_A^3}$ に比べ十分小さいことを仮定している．中性子星の自転がこれより速い場合には，角運動量は中性子星から降着プラズマに輸送される傾向にあるので，中性子星の自転はむしろ減速されると予想される．両者が一致する場合の平衡自転周期は

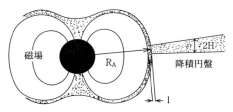

図 4.8　X線パルサーの模式図
(S. Ichimaru: *Astrophysical Journal*, vol. 224, 1978).

$$P_{\text{eq}} = 2\pi \sqrt{\frac{R_{\text{A}}^3}{GM}}$$
$$= 0.989 \left(\frac{R}{10^6\,\text{cm}}\right)^{15/7} \left(\frac{B_{\text{s}}}{10^{12}\,\text{G}}\right)^{6/7} \left(\frac{M}{M_\odot}\right)^{-2/7} \left(\frac{L}{10^{38}\,\text{erg s}^{-1}}\right)^{-3/7}\,\text{s}$$
(4.96)

となる．中性子星の自転がこれより速いと，角運動量は星からガスに与えられることになるので，アルフベン半径付近のガスは降着できずに吹き飛ばされてしまうであろう．平衡自転周期付近のふるまいは，降着円盤と磁気圏との相互作用の具体的な形によって大きく異なることが予想される．実際の観測事実は単純ではなく，図4.9に示すように，多くのX線パルサーでは自転周期が平衡自転周期より長くても，自転周期の減少だけではなく自転周期が増加する場合も観測されている．これは降着ガスの角運動量の向きが反転していることを意味しており，伴星からの流れが安定ではなく，時間的に変動しているためと考えられる．多くのX線パルサーの伴星は大質量星なので，強い恒星風によって質量放出をしており，中性子星は高速の恒星風を降着している．このときには降着ガスが降着円盤を形成しているわけではなく，むしろ中性子星の近傍に近づいたガスを直接降着していると考えるほうがよいと考えられる．

X線パルサーからのX線放射は磁極へ降着したプラズマが衝撃波によって加熱されて放出されるものである．磁極ではガス圧や輻射圧にたいし，磁気圧が圧倒的に大きいので，ガスは細い磁束管に囲まれた領域にのみ存在する．黒体放射の温度は面積が狭い分だけ大きくなり，10^8 Kを超えるものと予想される．そこでの輻射過程は強磁場の影響で複雑になる．10^{12} Gの磁場にたいしてはサイクロトロン振動数は11.5 keVになるので，硬X線スペクトル中にその特徴がみられることが予想される．実際，Her X–1

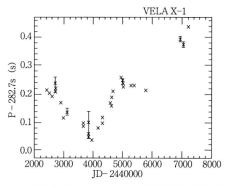

図 **4.9** X線パルサー Vela X–1 の自転周期の変動の観測
(F. Nagase: *Publ. Astron. Soc. Japan*, vol. 41, 1989).

などいくつかのX線パルサーにたいしてはサイクロトロン吸収線が同定されている．SMC X-1など数個のX線パルサーはエディントン光度を超えた光度を示している．これは磁力線に垂直な方向の力学平衡が重力ではなく磁気圧で支えられるため，原理的には限界光度がエディントン光度以上になりうることと関係していると思われるが，詳細については不明の点が多い．

4.4.3 低質量X線連星

X線パルサーは60個以上発見されているが，パルスの観測されないX線星は100個以上知られている．これらは伴星の質量が小さいため，低質量X線連星と総称されているが，X線パルサーのなかにも伴の質量が比較的小さいものもあるので注意を要する．低質量X線連星は，物理的には中性子星の磁場が弱いため，X線放射が磁極に集中せず，パルス成分が観測されないX線星になっているのである．これは，伴星が低質量の赤色巨星あるいは主系列星であって，中性子星の年齢も古く，磁場が減衰して弱くなっているためだと考えられる．典型的な磁場の強さは10^8 Gから10^9 G程度である．そのため低質量X線連星ではアルフベン半径が中性子星の半径近くまできていることになるので，降着円盤が中性子星のごく近くまで存在しており，X線放射は降着円盤からのものと中性子星表面にある境界層からのものの2成分からなると考えられる．降着円盤成分は軟X線が強く，境界層成分はより高エネルギーの成分が強い．

アルフベン半径が小さいことは平衡自転周期も数ミリ秒程度と短くなるので，低質量X線連星の中性子星は非常に速く回転していると考えられている．ミリ秒程度の周期が観測された数個の例を除けば，低質量X線連星では一般にパルスが検出されないことから自転周期を観測的に決めることには成功していないが，低質量X線連星は擬周期的振動と呼ばれる複雑なX線強度の変動を示す．この擬周期の起源については降着円盤の振動モードや星の自転と降着円盤の回転とのうなりなどのモデルがある．擬周期の振動数は数 Hzのものに加え，kHz程度のものも発見され，後者は中性子星が実際に数ミリ秒の周期で自転していることを意味するものと考えられている．

低質量X線連星はX線バーストと呼ばれる現象も示す．これは，数秒の間X線強度が増加する現象であり，中性子星表面に降着したガスがある限界量を超えたときに起こす不安定な核反応によるものである．バーストの強度と頻度から求めた時間平均した光度は定常的な光度の約1%であり，陽子1個あたり重力エネルギーは約140 MeVであることから，バーストはヘリウムの核反応によって起こると考えられている．降着した水素がヘリウムに転換する過程は安定で定常的に起こりバーストは起こさないとされている．なお，低質量X線連星で観測されるX線バーストはI型と呼ばれている．II型は2つの源しか知られていないが，こちらは降着流の何らかの不安定性に

よるものとされるが，詳しいことはわかっていない．

このように同じ近接連星系中の中性子星でありながら，X線パルサーと低質量X線連星では，伴星，年齢，磁場の違いによってX線でみた性質は大きく異なる．また4.6節で述べるように，連星系中の電波パルサーを代表とする数ミリ秒という短い周期をもったミリ秒パルサーと呼ばれる電波パルサーが存在しており，これらは通常のパルサーに比べ磁場も弱く年齢もかなり長い．これから低質量X線連星がミリ秒パルサーに進化すると考えられている．

4.4.4 ブラックホール連星

X線星のうち数十個近くのものは質量関数の解析からその質量が中性子星の上限質量を超えていることが発見され，ブラックホールであると考えられている．いくつかのものは定常的なX線源であるが，他のものはX線新星と呼ばれるように公転周期のある時期にのみ明るく輝く．天体がブラックホールである直接的証拠をどこに求めるかについては，さまざまな見解があり，慎重な立場をとる場合にはこのようなX線源はブラックホール候補星と呼ばれることもある．しかし，中性子星の上限質量の理論的結果を信じる限り，質量関数から中性子星の上限質量を超える質量が推定されたものはブラックホールであるとみなして差し支えないであろう．さらにブラックホール連星のX線放射の性質は，中性子星連星系とは明らかに異なるいくつかの特徴を示している．まず，パルス周期は観測されず，非周期的な激しい時間変動を示す．X線スペクトルは降着円盤からと考えられる軟X線の熱的成分と100 keV付近まで延びるべき型スペクトル成分とからなっている．そして，ある時期には軟X線放射の強度が強く光度の大きな状態，別の時期には軟X線強度が弱くべき型スペクトル成分が卓越する状態をとることが知られている．これらは次項に述べる降着円盤の異なる状態でよく理解される．スペクトルに低質量X線連星にみられる中性子星表面からの高温の熱的成分が観測されないことは特に重要である．さらにX線バーストは検出されない．これらの特徴はすべてブラックホールが硬い表面をもたずに，地平面を有していることを示している．すなわち，降着物質は地平面を通じて一方的にブラックホールに落下するだけであることと整合的なのである．

上に述べたべき型スペクトル成分は30 keV程度の高温で光学的に薄いプラズマ中の不飽和コンプトン化という機構によるものと考えられている．エネルギーの高い電子が低エネルギーの光子を散乱することにより，光子にエネルギーを与えることに基づいている．散乱回数が大きいほど光子数は指数関数的に少なくなるが，光子のエネルギーは指数関数的に高くなることにより，べき型のスペクトルが形成されるのである．ブラックホール連星からは電波ジェットが観測されることが多いなど，活動銀河核と共通の特徴も多々みられる．X線星の中で特にジェットの特徴が顕著なものはマ

イクロクェーサーと呼ばれている．

4.5 降着円盤

　天体は重力によって周囲の媒質を集めようとする．天体の質量を M，周囲の媒質の密度を ρ_∞，音速を c_∞ として，質量を集める率（降着率）$\dot{M}$ を評価してみよう．星の重力ポテンシャルが周囲の媒質を重力的に束縛できる半径は

$$r_\mathrm{B} \approx \frac{GM}{c_\infty^2} \tag{4.97}$$

程度である．媒質がこの半径を通過する速度を c_∞，密度も ρ_∞ とすると，降着率は

$$\dot{M}_\mathrm{B} \approx 4\pi r_\mathrm{B}^2 \rho_\infty c_\infty = 4\pi \rho_\infty \frac{(GM)^2}{c_\infty^3} \tag{4.98}$$

$$\approx 2\times 10^{11} \left(\frac{\rho_\infty}{10^{-24}\,\mathrm{g\,cm^{-3}}}\right) \left(\frac{M}{M_\odot}\right)^2 \left(\frac{10^6\,\mathrm{cm\,s^{-1}}}{c_\infty}\right)^3 \mathrm{g\,s^{-1}} \tag{4.99}$$

と評価できる．これをボンディ降着率という．周囲の媒質が大質量星の星風のように大きな速度で運動していたり，星自身が周囲の媒質中を運動している場合は，それらの速度を v_∞ として上の式で c_∞ を $\sqrt{c_\infty^2 + v_\infty^2}$ でおきかえればよい．X線連星や活動銀河核は質量降着によって重力エネルギーを解放することがエネルギー源となっている．たとえば，X線星では $v_\infty \approx 10^8\,\mathrm{cm\,s^{-1}}$ と大きいが，ρ_∞ も $10^{-13}\,\mathrm{g\,cm^{-3}}$ 程度と大きいので，X線星を説明するのに十分な降着が起こりうることがわかる．

　ボンディ降着率は外側からの質量供給率を与えるが，供給された物質がそのまま中心星に降着するわけではない．降着物質は一般に角運動量をもっているので，角運動量を保存して落下すれば，すぐに遠心力が重力より大きくなってそれ以上は中心星には近づけない．中心星に降着するためには角運動量を外部に捨てなければならない．こうして降着物質は円盤を形成して，粘性によって角運動量を輸送しながら中心星に落下していく．これが降着円盤である．当初，降着円盤はX線星や活動銀河核を対象に考えられたが，白色矮星への降着による矮新星や原始星にも適用され，大きな成功を収めている．そこで，降着円盤の基本的事項について説明しておこう．X線連星や活動銀河核を対象とした降着円盤にはいくつかのモデルがある．最初に標準モデルと呼ばれるモデルを解説し，引き続き移流項が重要となる移流優勢円盤モデルにふれることにする．

4.5.1　標準降着円盤

　基礎となる方程式は連続の式，運動方程式，エネルギー保存の式であり，円柱座標系を用い，軸対称を仮定すると

$$\frac{\partial \Sigma}{\partial t} + \frac{1}{r}\frac{\partial}{\partial r}[r\Sigma v_r] = 0 \tag{4.100}$$

$$\frac{\partial v_r}{\partial t} + v_r\frac{\partial v_r}{\partial r} - \frac{v_\varphi^2}{r} = -\frac{1}{\rho}\frac{\partial p}{\partial r} - \frac{GM}{r^2} \tag{4.101}$$

$$0 = -\frac{1}{\rho}\frac{\partial p}{\partial z} - \frac{GMz}{(r^2+z^2)^{3/2}} \tag{4.102}$$

$$\frac{\partial}{\partial t}[\Sigma r v_\varphi] + \frac{1}{r}\frac{\partial}{\partial r}[\Sigma r^2 v_r v_\varphi] = \frac{1}{r}\frac{\partial}{\partial r}[r^2 W_{r\varphi}] \tag{4.103}$$

$$\frac{\partial}{\partial t}\left[\Sigma\left(\frac{1}{2}v^2 + u\right)\right] + \frac{1}{r}\frac{\partial}{\partial r}\left[r\Sigma v_r\left(\frac{1}{2}v^2 + u + \frac{p}{\rho}\right) - rv_\varphi W_{r\varphi}\right] = -\Sigma v_r \frac{GM}{r^2} - 2Q_- \tag{4.104}$$

と書かれる．

記号の説明も含め，1つずつみていこう．最初の質量保存の式 (4.100) で Σ は面密度（円盤面に垂直方向に密度を積分したもの）で，定常状態では降着率

$$\dot{M} = -2\pi r\Sigma v_r = \text{const.} \tag{4.105}$$

を与える．標準モデルでは，動径方向の運動方程式 (4.101) で，圧力勾配や動径方向の速度が小さく，重力と遠心力とが釣り合うと近似する．すると，この式は円盤がケプラー回転していることを示す．すなわち

$$v_\varphi = r\Omega_{\rm K} = \sqrt{\frac{GM}{r}} \tag{4.106}$$

である．円盤面に垂直方向の力学平衡の式 (4.102) では，円盤の厚さが薄いという仮定から，z 方向の重力の大きさを GMz/r^3 と近似している．さらに z 微分を厚さ H での割り算におきかえると

$$\frac{p}{\rho H} = \frac{GMH}{r^3} = \Omega_{\rm K}^2 H \tag{4.107}$$

となる．

方位角方向の運動方程式 (4.103) は角運動量の輸送を記述するもので，降着円盤を理解する上で最も重要なものである．右辺の $W_{r\varphi}$ は粘性ストレステンソルの非対角成分を z 方向に積分したもので，動粘性係数 ν を使うと

$$W_{r\varphi} = \Sigma\nu\left[\frac{\partial v_\varphi}{\partial r} - \frac{v_\varphi}{r}\right] \tag{4.108}$$

とも表される．定常状態でケプラー回転を仮定すると，式 (4.103) は

$$-\dot{M}r^2\Omega_{\rm K} - 2\pi r^2 W_{r\varphi} = \text{const.} \tag{4.109}$$

となる．これは物質の移動に伴う角運動量の輸送率（外向きを正の向きととっている）と粘性による角運動量の輸送率からなる角運動量輸送率が一定であることを意味している．降着円盤の内縁の境界を $r_{\rm in}$ とし，そこでは粘性なしとすると

$$W_{r\varphi} = \Sigma\nu r \frac{d\Omega_{\rm K}}{dr} = -\frac{1}{2\pi}\dot{M}\Omega_{\rm K}\left[1 - \sqrt{\frac{r_{\rm in}}{r}}\right] \tag{4.110}$$

が得られる．これで面密度と動粘性係数の積が求められた．$r_{\rm in}$ を通じて中心星には

$$\dot{M}r_{\rm in}^2\Omega_{\rm K}(r_{\rm in}) = \dot{M}(r_{\rm in}GM)^{1/2} \tag{4.111}$$

だけの角運動量が持ち込まれ中心天体の角運動量を増加させることになる．

降着円盤の内縁の境界は中心天体によって異なる．中心天体がブラックホールの場合は $r_{\rm in}$ は一番内側の安定な円軌道（ISCO: innermost stable circular orbit）の半径と考えられ，シュワルツシルトブラックホールの場合は $r_{\rm in} = 3r_{\rm G} = 6GM/c^2$ である．回転するブラックホールの場合は $r_{\rm in}$ はもっと小さいが，このような場合を正確に取り扱うには一般相対論が必要となる．中心天体が中性子星でX線パルサーのように星の磁場が強い場合は降着円盤の内縁はアルフベン半径となる．低質量X線連星の中性子星のように磁場が弱い場合は，ISCOまたは星の表面との境界層が内縁となる．

最後にエネルギーの式（4.104）で，u は単位質量あたりの内部エネルギー，Q_- は円盤の片面あたりに放出される輻射のエネルギー流束密度である．回転速度に比べ落下速度や音速が無視できるとすると，この式は粘性で散逸したエネルギーが輻射で失われるという釣り合いの式

$$Q_- = \frac{1}{2}W_{r\varphi}r\frac{d\Omega_{\rm K}}{dr} = \frac{3}{8\pi}\dot{M}\Omega_{\rm K}^2\left[1 - \sqrt{\frac{r_{\rm in}}{r}}\right] \tag{4.112}$$

となる．降着円盤からの全光度は Q_- を積分して

$$L = \int_{r_{\rm in}}^{\infty} 4\pi Q_- r dr = \frac{1}{2}\dot{M}\frac{GM}{r_{\rm in}} \tag{4.113}$$

となる．これは $r_{\rm in}$ まで落ちたときに解放する重力エネルギーの半分である．残りの半分は内縁でのケプラー回転の運動エネルギーになっている．中心星がシュワルツシルトブラックホールであれば，$r_{\rm in} = 6GM/c^2$ として $L = \dot{M}c^2/12$ となり，静止エネルギーの10%程度が輻射として解放されることがわかる．円盤からの輻射の有効温度は

$$\begin{aligned}T_{\rm eff} &= \left(\frac{Q_-}{\sigma_{\rm SB}}\right)^{1/4} \\ &= 2.9 \times 10^7 \left(\frac{\dot{M}c^2}{12L_{\rm Edd}}\right)^{1/4}\left(\frac{M}{M_\odot}\right)^{-1/4}\left(\frac{rc^2}{6GM}\right)^{-3/4}\left[1 - \sqrt{\frac{r_{\rm in}}{r}}\right]^{1/4} {\rm K}\end{aligned} \tag{4.114}$$

となる.エディントン光度程度で輝く場合,太陽質量の 10 倍程度のブラックホールでは X 線領域になり,X 線連星をよく説明できる.$10^8 M_\odot$ 程度の活動銀河核にたいしては標準降着円盤の輻射スペクトルは紫外線領域にピークをもつことになる.これはセイファート銀河やクェーサーの観測と整合的である.

さて,これで降着円盤の構造が解けたというわけではない.密度や落下速度など物理量の分布は何も決まっていないのである.物理量の分布を求めるためには式 (4.110) と (4.112) の $W_{r\varphi}$ と Q_- を求めるべき物理量で表すことが必要である.Q_- は輻射輸送の式で

$$Q_- = -\frac{4acT^3}{3\kappa\rho}\frac{dT}{dz} \approx \frac{4acT^4}{3\kappa\rho H} \tag{4.115}$$

とすればよい.ここで κ は質量吸収係数である.問題は $W_{r\varphi}$ である.通常の分子粘性は非常に小さいので,有効ではない.シャクラとスニアエフのモデルでは,これが圧力と円盤の厚さの積に比例すると考え,1 程度以下の大きさをもつパラメータ α を導入して

$$W_{r\varphi} = -2\alpha p H \tag{4.116}$$

という形を仮定する.これを α 粘性とも呼ぶが,この段階ではその起源は特定していない.その起源は乱流あるいは磁場によると考えられて,さまざまな研究がなされてきたが,現在では磁気回転不安定性と呼ばれる不安定性により,乱れた磁場と速度が生成されて,角運動量輸送を担うという考えが有力になっている.

α 粘性を仮定すれば,標準モデルではすでに v_φ はケプラー回転としているので,3 つの式 (4.107),(4.115),(4.116) から p,H,Σ の 3 つが決められる.ここで ρ と T は面密度の定義

$$\Sigma = 2\rho H \tag{4.117}$$

と状態方程式

$$p = \frac{\rho k T}{\mu m_\mathrm{H}} + \frac{aT^4}{3} \tag{4.118}$$

を使って決めることとする.最後に式 (4.105) から落下速度 $-v_r$ が求められる.このようにして中心天体の質量 M,降着率 $\dot{M}$ および α を与えれば,r の関数として物理量が定まることになる.

これらの計算と結果は煩雑なので省略することにして,いくつかの重要な一般的性質のみ説明しておく.第 1 に,円盤はいくつかの領域に分けられる.最も外側の領域ではガス圧が輻射圧を凌駕し,吸収係数としては制動放射が最も大きな寄与をなす.中間の領域ではガス圧が輻射圧より大きく,吸収係数としては電子散乱が最も大きな寄与をなす.最も内側の領域では輻射圧がガス圧より大きく,吸収係数としては電子散乱が最も大きな寄与をなす.これらの領域の境界は中心天体の質量が大きいほど,

また降着率が大きいほど外側に移動する．最も興味のある降着率が大きい場合には，円盤からの放射のほとんどは輻射圧優勢の領域から放出されることになる．ここで吸収係数として電子散乱が卓越するとはいっても，円盤は吸収にたいしても光学的に厚く，輻射と物質とは熱平衡状態にあることには変わりがないことに注意しておこう．輻射圧優勢の円盤については，理論的にさまざまな不安定が起こることが知られており，実際に標準モデルのとおりに存在するかどうかを含めて多くの議論がある．一方ブラックホール連星の軟X線が卓越する状態やセイファート銀河の観測は，光学的に厚い標準円盤が実際に存在していることを示している．光学的に厚く輻射圧優勢の円盤の存在条件はまだ十分理解されているとはいえない状況にある．

4.5.2 移流優勢円盤

標準円盤は光学的に厚いという仮定のもとで得られた解である．降着円盤には密度がより小さく，光学的に薄い解も存在している．さらに光学的に薄い解にも2種の解があることが知られている．その1つはシャピロ，ライトマン，アードレーによって得られた2温度降着円盤と呼ばれるものである．これは標準円盤で輻射圧優勢になるような領域で，散逸されたエネルギーが光学的に薄い高温プラズマ中の不飽和コンプトン化により輻射として放出されるような解である．このとき散逸はまずイオンを加熱し，イオンから電子へのエネルギー輸送はクーロン衝突によって起こるとする．すると，円盤はイオン温度が10^{11}K程度，電子温度が10^9K程度の高温となり，電子散乱にたいする光学的厚さは1〜10程度の解が得られるのである．密度が薄いため，イオンと電子に間の熱平衡が達成されず，別の温度となるため2温度円盤と呼ばれている．観測的にもブラックホールX線連星や活動銀河核のX線スペクトルにはべき型の成分が普遍的にみられるが，これを説明するのに不飽和コンプトン化は広く受け入れられている機構である．したがって2温度降着円盤であるかどうかは別にしても，このような2温度状態のプラズマがブラックホールの近傍に存在していることは確かだと考えられる．

もう1つの光学的に薄い解は2温度円盤よりもさらに密度が薄い解で，散逸されたエネルギーのほとんどが物質の運動とともに運ばれるような解である．降着率が比較的低いときには実際にこのような状態が実現されると考えられている．移流項が優勢になるので移流優勢円盤（ADAF: advection dominated accretion flow）などと呼ばれる．ここではそのうち最も単純な自己相似解を紹介しておこう．標準モデルと異なるのは動径方向の釣り合いの式とエネルギー式である．音速や落下速度がケプラー速度に比べ無視できないのでこれらを考慮する必要があるからである．動径方向の釣り合いの式は

$$v_r \frac{\partial v_r}{\partial r} - \frac{v_\varphi^2}{r} = -\frac{1}{\rho}\frac{\partial p}{\partial r} - \frac{GM}{r^2} \qquad (4.119)$$

エネルギー式は，輻射損失を無視して $Q_- = 0$ とすると

$$\dot{M}\left[\frac{v_r^2}{2} + \frac{v_\varphi^2}{2} + \frac{\gamma p}{(\gamma-1)\rho} - \frac{GM}{r}\right] + 2\pi r v_\varphi W_{r\varphi} = \text{const.} \qquad (4.120)$$

となる．ここで γ は断熱指数である．また，角運動量輸送の式は

$$-\dot{M}rv_\varphi - 2\pi r^2 W_{r\varphi} = \text{const.} \qquad (4.121)$$

である．

この方程式系には自己相似解が存在する．自己相似なので式 (4.121) と式 (4.120) の定数を 0 とする．すると

$$v_r \propto \sqrt{\frac{GM}{r}} \qquad (4.122)$$

$$v_\varphi \propto \sqrt{\frac{GM}{r}} \qquad (4.123)$$

$$H \propto r \qquad (4.124)$$

$$\rho \propto \dot{M} r^{-3/2} \qquad (4.125)$$

$$p \propto \dot{M} r^{-5/2} \qquad (4.126)$$

という依存性をもつ解が求められる．これらの物理量の比例係数は α と γ に依存しているが，音速や落下速度が回転速度と同程度の大きさをもつという特徴がある．

移流優勢円盤は，降着があると考えられるのに暗い光度しか示さないわれわれの銀河中心のブラックホール Sgr A* や，他の活動的ではない銀河の中心核のモデルとして有力である．また，ブラックホール X 線連星でも，ほとんどの時期を暗い光度ですごし，ときおりフレアを起こすタイプのものの静穏期もこのような降着となっていると考えられている．移流優勢円盤は高温で円盤の厚さが大きい．またベルヌーイパラメータと呼ばれる量

$$Be \equiv \frac{v_r^2}{2} + \frac{v_\varphi^2}{2} + \frac{\gamma p}{(\gamma-1)\rho} - \frac{GM}{r} \qquad (4.127)$$

は正になっているので，実は物質は重力的に束縛されていないことになる．このため，円盤からの質量放出が起こるものと予想される．実際観測的にも質量放出の証拠は数多くあるので，降着の問題は質量放出の問題と切り離して考えられないことになる．

4.6 連星中性子星

　パルサーの節で述べたように，ミリ秒パルサーと呼ばれる，周期が数ミリ秒という短い周期のパルサーは，通常のパルサーとは異なる径路をたどってできたと考えられている．ミリ秒パルサーは周期の変化率が小さく，周期とその変化率から得られる年齢は 10^9 年を超えることが多い．これは，ミリ秒パルサーの磁場が 10^9 G 程度以下であることも意味している．また，ミリ秒パルサーのかなりのものは連星系をなしており，伴星は白色矮星であることが多いが，低質量星または中性子星である例も知られている．X 線星の節で述べたように，低質量 X 線連星は低質量星を伴星とする連星系中にあって，磁場が弱くかつ高速回転している中性子星である．このことから伴星の進化の結果，中性子星への質量降着が終了したときに中性子星はミリ秒パルサーとして観測されるようになると考えられている．最近になって，自転周期が数ミリ秒の低質量 X 連連星がいくつか発見されるとともに，そのうちの 1 つでは，X 線星の状態と電波パルサーの状態の間を遷移していることが発見された．これは低質量 X 線連星とミリ秒パルサーの関係を直接的に示しているものである．

　孤立したミリ秒パルサーももともとは連星系中にあったものが，伴星が軽くなった後に何らかの摂動を受けて連星の束縛を離れたものではないかと考えられている．多くのミリ秒パルサーが球状星団中に存在していることも，この考えを支持するように思われる．

　連星パルサーのなかでも公転周期が数時間以下の短いものは重力波放出による公転周期の変化など，一般相対論の検証手段を提供する．また，宇宙年齢の間に重力波放出によって合体を起こすので，その天体物理学的な帰結も興味深い．連星パルサーは約 40 個ほど発見されているが，その代表例として中性子星同士が連星系をなしている PSR B1913+16 がある．これは 1974 年に最初に発見されたものである．このパルサーはパルス周期が 59.03 msec であり，その周期が 0.323 日で規則的に変化している．後者は公転運動によるドップラー効果によるものとしてよく解釈される．長時間にわたるパルス到着時間を解析してこの系のさまざまな物理量が求められる．中性子星の質量や重力波放出など一般相対論的効果も精度よく観測されるのである．このため，連星パルサーは一般相対論の最もよい検証の手段となるのである．また，2004 年には二重パルサーと呼ばれるパルサー同士の連星系 PSR J0737–3039 が発見された．この場合は 2 つの中性子星の軌道がどちらも計測されるため，より精密な観測が可能となる．

　PSR B1913+16 を例にとって連星パルサーに関する物理量の求め方を簡単にまとめておこう．まずニュートン力学の範囲からみていく．パルス周期の公転による変化

の仕方から，公転速度を v_1，軌道傾斜角を i として $v_1 \sin i$ が求まる．公転周期もわかっているので，軌道長半径を a_1 として $a_1 \sin i$ もわかる．これから質量関数

$$f(m_1, m_2) = \frac{m_2^3 \sin^3 i}{(m_1 + m_2)^2} = \frac{4\pi^2 (a_1 \sin i)^3}{G P_{\rm orb}^2} \quad (4.128)$$

が求まる．ここで，$P_{\rm orb}$ は公転周期，m_1 と m_2 はパルサーおよび伴星の質量である．観測値を代入すると $f(m_1, m_2) = 0.13 M_\odot$ となるが，軌道傾斜角が不明のため個々の星の正確な質量の評価はできない．中性子星は円運動ではなく，楕円運動をしているので，v は一定ではなく公転の位相とともに変化する．この様子から離心率 e が 0.617 と求まっている．また，近星点の位置 ω も定まる．

　一般相対論的効果は通常，摂動展開により評価されるが，そのうち 1 次の効果はポストニュートン項と呼ばれる．最も有名なものは近星点移動であり，

$$\dot\omega = \frac{3}{c^2}\left(\frac{P_{\rm orb}}{2\pi}\right)^{-5/3} [G(m_1+m_2)]^{2/3}(1-e^2)^{-1} \quad (4.129)$$

と与えられる．観測値は 1 年あたりおよそ $4.2°$ という大きなものであり，これから 2 つの星の質量の和 $m_1 + m_2$ が決定される．ポストニュートン効果にはこれ以外に 3 つの観測可能量がある．1 つは中性子星が楕円軌道をしているため，軌道の位相によって重力ポテンシャルの深さが変わることにより，パルス周期の赤方偏移が公転周期中で変化する効果である．これは

$$\gamma = \frac{e}{c^2}\left(\frac{P_{\rm orb}}{2\pi}\right)^{1/3} G^{2/3} m_2 (m_1 + 2m_2)(m_1+m_2)^{-4/3} \quad (4.130)$$

で定義される量を測ることになる．以上の 2 つから m_1 と m_2 とが決められるので質量関数に代入して軌道傾斜角が求められる．結果は $m_1 \approx m_2 \approx 1.4 M_\odot$ であり，相手の星も中性子星であると考えられる．残りの 2 つは連星系中のパルスの伝搬にたいする重力場の効果によるもので，伝搬速度がみかけ上光速より遅くなるシャピロ遅延の観測である．これもパルサーの公転軌道上の位置によって変化するので，伴星の質量 m_2 と軌道傾斜角とが測定できることになる．

　このようにして，連星パルサーの観測により中性子星の質量を正確に決定することができるが，さらに重要なことは，連星は重力波を放出することによりその運動エネルギーを失うので軌道が変化し，次第に周期が短くなることである．この公転周期の変化率は

$$\dot P_{\rm orb} = -\frac{192\pi}{5c^5}\left(\frac{P_{\rm orb}}{2\pi}\right)^{-5/3}\left(1+\frac{73}{24}e^2+\frac{37}{96}e^4\right)(1-e^2)^{-7/2} G^{5/3} m_1 m_2 (m_1+m_2)^{-1/3} \quad (4.131)$$

と与えられる．実際，PSR B1913+16 についてはこのような公転周期の変化が観測

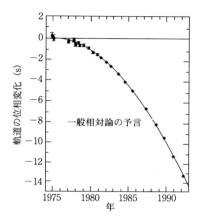

図 4.10 連星パルサー 1913+16 の近星点移動の観測

一般相対論に基づく予言値と非常によく一致している（J. H. Taylor: *Reviews of Modern Physics*, vol. 66, 1994）.

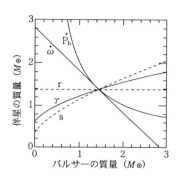

図 4.11 いくつかのポストニュートン効果による連星パルサー 1913+16 の質量の決定

すべてが 1 点で交わり, 質量が精度よく決定される. ただし, r と s とは理論的予言値である（J. H. Taylor: *Reviews of Modern Physics*, vol. 66, 1994）.

され，そのふるまいは図 4.10 に示されるように，この理論式の予言ときれいに一致している．このようにして連星パルサーは一般相対論の正しさを重力波の存在まで含めて検証している．図 4.11 にはすべてのポストニュートン効果を再現する m_1 と m_2 の値が精度よく決定されることを示している．

連星中性子星が重力波を放出して，軌道が小さくなっていくと，有限の時間内に 2 つの中性子星が合体する．PSR B1913+16 の場合にはこれから 3 億年後, PSR J0737−3039 の場合は 0.86 億年後に合体することになる．合体時には強い重力波を放出するものと期待される．このような連星中性子星の合体の起こる頻度は，われわれの銀河内に宇宙年齢内に合体する連星パルサーがすでに数個確認されていることなどから，銀河 1 個あたり 10^6 年から 10^7 年に 1 回程度と推定されている．100 Mpc 程度の距離まで観測可能になれば，1 年に 1 回程度の頻度が期待されるので，このような連星中性子星の合体は重力波の直接観測の最も有力な候補とみなされている．連星中性子星の合体では重力波放出だけでなく，電磁波でもさまざまな興味ある現象を起こすと予想される．その 1 つがガンマ線バーストである．

4.7　ガンマ線バースト

ガンマ線バーストは 1960 年代に大気圏核実験査察衛星によって偶然に発見された

現象で，数秒間 100 keV～1 MeV のエネルギー領域で強いガンマ線が観測される天体現象である．1 日に 1 回程度の頻度で起こっており，それほどまれな現象ではない．当初は他の波長域での対応天体が観測されないこと，銀河系外だとすると非常に大きなエネルギーを必要とすることなどから，銀河系内の中性子星で起こる現象だと考えられていた．しかし，1990 年にコンプトンガンマ線衛星の BATSE 観測装置による観測で，その天球上の分布が非常に一様であることが確立し，銀河系外起源である可能性が強まった．さらに 1997 年になって，バースト後数時間から数日後に X 線や可視光で残光と呼ばれる対応天体が検出され，その観測によりガンマ線バーストが遠方の銀河で起こる現象であることが確立したのである．

さて，ガンマ線バーストが宇宙論的距離にあるとするとそのガンマ線光度やエネルギーは莫大なものとなる．明るいバーストでは観測されるガンマ線のフラックスは典型的には $10^{-4}\,\mathrm{erg\,s^{-1}\,cm^{-2}}$ 程度なので，距離を 3 Gpc とすると源での光度は $10^{53}\,\mathrm{erg\,s^{-1}}$，全エネルギーは $10^{54}\,\mathrm{erg}$ にも達する．質量にすると $10^{33}\,\mathrm{g}$ に相当する．したがって，ガンマ線バーストは太陽質量程度の中性子星やブラックホールがエネルギー源となっていると考えるのが妥当であることになる．ガンマ線バーストの継続時間は 0.1 秒から 1000 秒程度とさまざまであるが，1 つのバースト中でもさらに細かな時間変動の構造を示すのが通例であり，源のサイズは 10^9 cm 以下と考えられることも，この考えを支持する．すると源でのガンマ線のエネルギー密度は $10^{26}\,\mathrm{erg\,cm^{-3}}$ を超える．このような高エネルギー密度では物質は熱平衡になり，温度は 10^{10} K 以上にもなる．光子のエネルギー分布はプランク分布となるはずだが観測的には折れ曲がりをもったべき型の分布をしており，光学的に薄いプラズマからのものと考えられる．この問題を避ける有力な方法は源が相対論的な速度で運動しているとすることである．そして，源は球対称ではなく，有限の角度に絞られたジェット状であれば，源からの輻射はジェットの運動方向に集中するので，全エネルギーはその分だけ小さくてもよいことになる．ジェットの角度は 1～10° 程度，ジェットのローレンツ因子は 100～1000 程度とすれば，ガンマ線バーストのさまざまの観測事実を整合的に説明できることが示されている．これからガンマ線バーストの全エネルギーは 10^{50}～10^{52} erg となる．

ガンマ線バーストはその継続時間によって 2 種類に分けられる．継続時間がおよそ 2 秒より長いものはロングガンマ線バースト，短いものはショートガンマ線バーストと呼ばれている．これらは継続時間の違いだけでなく，他の性質にもいくつかの違いがある．ロングは大質量星の生成領域に多く観測され，いくつかのものは Ic 型の超新星爆発が付随していることが観測されている．すなわち，ロングガンマ線バーストは特殊な超新星爆発に伴って起こると考えられる．統計的には Ic 型超新星爆発の 1％程度でガンマ線バーストが起こっていることになる．超新星爆発を起こす星のコアの質量

が大きくて，ブラックホールが形成されるような場合が想定され，超新星爆発と区別して極超新星などと呼ばれることもある．他方，ショートガンマ線バーストは星形成領域とは無関係に楕円銀河を含めて観測される．また，銀河の中心からの距離もかなり大きく，一見銀河とは付随していないようにみえる場合もある．これは，連星中性子星あるいはブラックホールと中性子星からなる連星系の合体に伴うものではないかと考えられている．年齢が古く，キックにより大きな速度を得ることができるからである．

　ロングでもショートでも，相対論的運動が必要なことに変わりはない．相対論的速度の運動の起源はまだ完全には解かれていない問題であるが，大まかにいって2つの考えがある．1つはファイアボールモデルであり，もう1つは磁場による加速という考えである．ファイアボールモデルでは初期に 10^7 cm 程度の領域に全エネルギーが集中し，輻射エネルギーが物質の静止エネルギーよりも2～3桁大きい状態が実現されると考える．このためには関与する物質の質量は $10^{-4}\,M_\odot$ 程度に小さくないといけない．これをファイアボールと呼ぶが，ファイアボールは相対論的な熱膨張をして初期の輻射エネルギーを物質の運動エネルギーに転化して，相対論的なジェットをつくる．ジェットに非一様性があれば，その相対運動のエネルギーを散逸して粒子の加速を起こし，これが観測されるガンマ線バーストを起こすと考える．平均運動のエネルギーはジェットが周囲の物質と衝突して散逸されるが，それが残光に対応することになる．超新星爆発や中性子星合体では関与する質量は $1\sim 10\,M_\odot$ 程度なので，そのごく一部に解放されたエネルギーを集中させる必要があるのである．これは生成されたブラックホールの回転軸付近に非常に密度の小さな領域ができ，そこに何らかの機構でエネルギーを注入するなどということが考えられている．他方，磁場モデルは初期のエネルギーが輻射ではなく，パルサーで考えたようなマクロな電磁場の形で与えられると考えるものである．パルサー風と類似の機構で相対論的ジェットをつくることができれば，ガンマ線放射の機構などはファイアボールモデルと共通することになる．ガンマ線バーストは1回限りの爆発現象であるという点で，X線連星や活動銀河核のような継続的な現象とは異なっているが，関与する物理過程はブラックホールへの物質降着，相対論的速度のジェットの形成，衝撃波形成と粒子加速など共通する点が多いのである．

　ショートガンマ線バーストが連星中性子星の合体であるならば，今後の重力波観測との対応が注目される．また，この場合，中性子星の物質の一部が星間空間に放出されることはr過程元素合成と関係して興味を引かれている．放出される物質は組成が中性子過剰なので，急速な膨張の過程でr過程元素の合成が起こる．これに伴う放射性崩壊によりキロ新星と呼ばれるような可視光赤外線の放射が現れることが予言されており，その候補となるガンマ線バーストの例も報告されている．

4.8 マグネター

X線星のほとんどは降着をエネルギー源としているが,少数ながら非常に強い磁場をエネルギー源としているマグネターと呼ばれる中性子星が存在することが知られている.マグネターは検出の経緯で2つの種類に分けられる.その1つは異常X線パルサー(AXP: anomalous X-ray pulsar)と呼ばれ,もう1つは軟ガンマ線リピーター(SGR: soft gamma-ray repeater)と呼ばれる.

異常X線パルサーはX線放射に数秒の周期が検出されるが,公転の兆候がみられない上に,周期が常に伸びているという性質をもつ.これは電波パルサーと共通の特徴である.しかし,周期の変化率から推定される年齢 $P/2\dot{P}$ は 10^4 年程度と比較的小さい.回転エネルギーの損失率は $10^{33}\,{\rm erg\,s^{-1}}$ 程度と小さい.この回転の変化をもたらす機構が磁場によるとすると,磁場の強さは 10^{15} G 程度の大きさとなり,通常の電波パルサーやX線パルサーより2～3桁大きいことが要求される.また,観測されるX線光度はこれより3桁程度大きいので,エネルギー源は回転ではないことになる.回転でも降着でもなければ,この異常に強い磁場そのものをエネルギー源としていると考えるのが最も妥当である.磁場のエネルギーは 10^{47} erg 程度と回転エネルギーよりも2桁は大きいので,何らかの機構で定常的に磁場のエネルギーを散逸していればエネルギー源は説明できることになる.

軟ガンマ線リピーターは,当初10秒程度の間のガンマ線のバーストとして検出されたので,ガンマ線バーストの一種と考えられていた.しかし,最初に発見された1979年3月5日のバーストの位置が大マジェラン雲の超新星残骸の位置にあること,その後発見された同種のバーストが天球上の同じ位置で繰り返し起こること,バーストのスペクトルが他のガンマ線バーストよりも低エネルギーにピークをもつこと,定常的なX線放射を伴っていて,周期が数秒と長く,周期変化率も大きいなど異常X線パルサーと共通する性質をもっていることから,やはり磁場が非常に大きい中性子星で起こる現象であると考えられるようになった.バーストのなかでも巨大なものは 10^{44} ～ 10^{46} erg ものエネルギーを一挙に解放していることが知られている.これを説明するにはやはり磁場をエネルギー源とする以外は困難なのである.さらに,異常X線パルサーでもバースト現象が発見され,異常X線パルサーと軟ガンマ線リピータは本質的に同種の天体であるとみなされている.

演習問題

4.1 式 (4.21) を導け.

演習問題

4.2 式 (4.37), (4.39), (4.40) を導け.

4.3 ガウスの定理を使って式 (4.71) の右辺の最後の項を導け.

4.4 中性子星内部が一様に磁化され, 磁気モーメント μ に相当する一様な磁場 B_0 がある場合, 星の外部の磁場と電荷密度, 星の内部および外部における静電ポテンシャルと電場, 星の表面電荷密度と表面電流密度を計算せよ. 星の外部は真空とする.

4.5 電子が磁力線に沿って運動するとき, 曲がった軌道を描くので, 電磁波を放出する. これを曲率放射と呼ぶ. 曲率放射の典型的エネルギーや放出率は, 通常のシンクロトロン放射の公式でジャイロ半径を磁力線の曲率半径でおきかえることで与えられるだろう. ローレンツ因子 γ の電子が磁極付近で放出する曲率放射の典型的エネルギーと放出率を評価せよ. また, 曲率放射によるエネルギー損失が無視できなくなるとき, 電子の最大エネルギーは式 (4.81) からどう変わるか.

4.6 磁場が存在すれば 1 個のガンマ線から, 電子陽電子対を発生させることが可能になる. 磁場に垂直方向の運動量を磁場が吸収するため, 光子と電子陽電子対の磁場に垂直方向の運動量は保存しなくなるからである. ガンマ線のエネルギーを E_γ, 磁場となす角度を θ とするとき, 電子および陽電子のエネルギー準位の量子化を考えていない場合, エネルギー保存則と磁場に平行方向の運動量の保存則から, この反応の閾値が $E_\gamma = 2m_{\rm e}c^2/\sin\theta$ となることを示せ.

一様磁場中の電子および陽電子のエネルギー準位は

$$E_n = \sqrt{m_{\rm e}^2 c^4 \left(1 + 2n\frac{B}{B_{\rm cr}}\right) + p_\parallel^2 c^2}$$

と量子化される. ここで n は非負の整数, $p_\parallel$ は磁場方向の運動量であり,

$$B_{\rm cr} \equiv \frac{m_{\rm e}^2 c^3}{e\hbar} = 4.4 \times 10^{13}\,{\rm G}$$

と定義されている. 電子陽電子とも基底状態 $n=0$ に生成される場合は, 閾値は上と同じになることを確かめよ.

このような 1 光子吸収の断面積は, 磁場の強さがこの臨界磁場の 10% 程度以上になると効いてくる. パルサーの磁極ではガンマ線の進行方向はほとんど磁場に沿っているので $\sin\theta \sim 10^{-3}$ 程度と考えると, 1 GeV より高いエネルギーで重要になり, 10 GeV 以上のエネルギーのガンマ線は磁極からは出てこないことになる.

4.7 アルフベン半径の式 (4.94) を導け. また, アルフベン半径が中性子星の半径 $R = 10\,{\rm km}$ に一致するときの磁場の強さを求めよ.

4.8 強磁場の中性子星に降着が起こるとき, 降着ガスは磁極付近の細い磁束管中にのみ降積していく. 磁束管の半径を $1\,{\rm km}$ としたとき, ガスが自由落下している場合の動圧, 完全に熱化して黒体放射を放出しているときの輻射圧を計算し, 磁気圧と比較せよ.

4.9 式 (4.112) を導け.

4.10 ガス圧優勢で, 吸収係数がトムソン散乱で与えられるときの標準降着円盤の解を求めよ.

4.11 輻射圧優勢で, 吸収係数がトムソン散乱で与えられるときの標準降着円盤の解を求めよ.

4.12 移流優勢円盤の自己相似解 (式 (4.122)〜(4.126)) を数係数まで含めて求めよ.

4.13 式 (4.128) を導け.

5 銀 河

5.1 銀河の基本的性質

5.1.1 銀河の分類

　銀河はおよそ 10^6 個から 10^{12} 個の恒星が自己重力系をなしている天体で，宇宙における物質分布の基本的な形態である．銀河は恒星だけでなく星間ガスを含んでおり，さらに電磁波による観測では直接検出できない暗黒物質が付随している．銀河の大きさや形態は多種多様であるが，可視光で観測される形態をもとにして，さまざまの方法で分類される．一般には図 5.1 のように楕円銀河，円盤銀河，不規則銀河の 3 つを中心として，これにいくつかの種類を付け加えたり，さらに細かい分類を行う．楕円銀河はみかけの形が楕円状であるが，実際の形状は一般に 3 軸不等な楕円体であると考えられている．円盤銀河は円盤形を基本としており，渦巻構造で特徴づけられ渦巻銀河と呼ばれることが多い．楕円銀河と円盤銀河の中間的な形態として S0 銀河がある．円盤銀河のうち中心に大きな棒構造をもつものを棒状銀河として区別する．不規則な形をもつものを不規則銀河と呼ぶ．大きさの面からは矮小銀河と巨大銀河という分類もなされる．また，これまで観測が困難であった表面輝度の小さな銀河を特に低表面輝度銀河と呼ぶこともある．恒星の場合と異なり，上のような銀河の分類はまだ経験的なものであり，その物理的根拠や進化論的な理解はこれからの研究の大きな課題となっている．本節では各種の銀河の基本的性質と銀河研究の諸側面についてごく簡単にまとめておく．

　われわれの銀河は典型的な渦巻銀河に分類されるが，個々の恒星や星間物質の詳しい観測が可能であることから，系外銀河に比して質的に異なる研究対象となる．以下ではわれわれの銀河の性質は一般の銀河と特に異なることはないとの立場にたって，いちいちこのことを断らない．銀河と銀河の間の空間は銀河間空間と呼ばれ，銀河間物質が存在しているものと考えられる．また，銀河は互いの重力で集団をつくる傾向にあり，数百個から数千個の銀河が自己重力系をなす銀河団も数多く知られている．銀河や銀河団の力学平衡の解析から，銀河や銀河団の質量の大部分は電磁波で検出さ

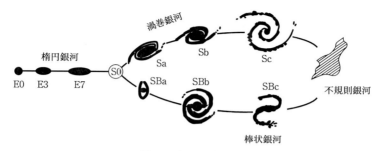

図 5.1 銀河の形態分類
(Hubble による).

れる恒星やガス以外の暗黒物質が担っていることが知られている．したがって，銀河や銀河団の重力的な構造は暗黒物質が支配しており，恒星やガスは暗黒物質のつくる重力場中を運動しているとみなされる．ただし，銀河については暗黒物質の重力が優勢になるのは銀河の外層部であり，可視光で明るい部分は恒星の重力が優勢となっていると考えられている．銀河間物質，銀河団，暗黒物質は観測的宇宙論の中心的テーマの1つとなっている．

銀河の中心に非熱的な活動性を示す銀河を活動銀河と呼ぶが，活動銀河は全銀河の数％を占める．活動性の低いものまで含めると全銀河の数十％を占めるものと考えられている．活動銀河のエネルギー源は $10^6 \sim 10^9\,M_\odot$ という大質量のブラックホールへのガスの降着によるものと考えられている．活動銀河の物理は高エネルギー宇宙物理学の中心的テーマであるとともに，観測的宇宙論にも深いかかわりをもっている．銀河の中心に大質量ブラックホールが存在することは活動銀河だけでなく，ほとんどすべての銀河に共通していることが知られており，大質量ブラックホールの起源は銀河の形成進化と深い関係があると考えられる．

観測的宇宙論や高エネルギー宇宙物理学の対象としての銀河の研究を別としても，銀河そのものの研究にもいくつかの側面がある．まず，銀河は恒星の集団であるから，銀河の輻射スペクトルは恒星の輻射スペクトルの重ね合わせで記述される．この側面では銀河のスペクトルや化学組成の進化は星形成と恒星物理学を基礎に展開されることになる．次に，銀河の構造や力学は重力相互作用する粒子集団の力学で記述され，1つの独立した分野を構成している．最後に，星間物質の物理はその加熱冷却過程，力学的熱的状態や星形成過程の研究を中心にして，星間磁場や宇宙線の起源を含む広範な分野に広がっている．以下の各節では，これらの中から渦巻構造の密度波理論を中心とした恒星系力学，銀河の化学進化の理論，星間物質の理論の基本的事項について述べる．

5.1.2 楕円銀河と円盤銀河

楕円銀河は 3 次元的な膨らみをもち，重力に抗して系を支えているのは主として恒星のランダムな運動による速度分散である．もし，楕円銀河が軸対称な回転楕円体であるとすると，その扁平度から楕円銀河のもつ角運動量と回転速度が推定される．ところが，観測された回転速度は扁平度から予想されるものよりもかなり小さい．このため，楕円銀河の形を再現するためには速度分散が非等方でなければならないことになる．非等方速度分散をどうやって実現するのかという問題はいわゆる第 3 積分の問題と関係して恒星系力学の興味ある問題の 1 つとなっている．また，楕円銀河の形自体も観測が進むにつれ，内部構造をもたない比較的単純な銀河という描像を超えて，3 軸不等性，扁平度の半径変化，場合によっては逆向きの角運動量をもった成分の存在等々の複雑なものが知られるようになってきている．楕円銀河と S0 銀河は一般に低温の星間ガスをほとんどもっていない．すなわち，星の形成は現在では起こっていない．またスペクトル観測からも楕円銀河を構成している星は太陽質量以下の質量の星であることがわかっている．このことから，楕円銀河は誕生の時期に星の形成を終えてしまった古い銀河であると考えられる．楕円銀河の個々の星の化学組成の直接観測は困難であるが，銀河全体のスペクトルからは重元素量は太陽組成程度であるとされている．巨大な楕円銀河の多くは X 線で輝く高温ガスを保持している．温度 T の高温ガスが球対称の重力場中で力学平衡状態にあるとすると，半径 r 内の全質量を $M(r)$，ガス密度を $\rho(r)$ として

$$\frac{kT}{\mu m_{\rm H}} \frac{d\ln \rho}{d\ln r} = -\frac{GM(r)}{r} \tag{5.1}$$

という方程式が得られる．左辺は観測から決まるので，これから $M(r)$ を求められ，星の総質量の数倍以上の質量の暗黒物質が存在していなければならないことがわかるのである．

一方，円盤銀河は中心付近にバルジと呼ばれる楕円銀河に類似した成分をもつが，円盤の厚さは薄く，円盤は回転により支えられている．円盤内の物質分布も正確には軸対称ではなく，渦巻構造をもつのが通例である．円盤銀河は星間ガスを含み，大質量の若い星も多く観測されており，現在でも星の形成が活発に起こっている．星間ガスは，可視光で明るく輝いている部分よりも外側まで分布しており，その回転速度を中性水素の 21 cm 放射を使って測定することができる．半径 r 以内にある質量を $M(r)$，回転速度を $v(r)$ とすると，力学平衡は

$$\frac{v(r)^2}{r} = \frac{GM(r)}{r^2} \tag{5.2}$$

で近似される．もし，観測されている星のみが $M(r)$ を決めているとすると，大きな r にたいしては $M(r) = {\rm const.}$ となるので，$v(r) \propto r^{-1/2}$ となるはずだが，一般に

$v(r)$ は r が大きくなってもほぼ一定の値を保っている．これから，$M(r)$ が r に比例して増加していくことになり，暗黒物質の存在が導かれるのである．星の化学組成については，ほぼ太陽組成程度であるが，われわれの銀河については，太陽近傍の個々の星の観測が可能である．円盤部に属する星は回転速度が大きく，重元素量も大きい．これらは種族 I の星と呼ばれる．これにたいし，回転速度に比べランダムな速度が大きく，重元素量が小さい星も存在しており，これらは球状星団とともに円盤部を球状に囲むハローに属する星で，種族 II の星と呼ばれる．これらの観測事実から，われわれの銀河の形成進化の筋書きとして，まず球状のハローとバルジから形成され，その後角運動量の大きいガスが円盤をつくったという描像が広く受け入れられている．

不規則銀河は形状が不規則で，星間ガスの分量も星と同程度以上存在しており，星形成がまだ進んでいない銀河と考えられる．一般に質量は小さく，化学組成も重元素が少なく，原始組成に近いと考えられている．しかし，不規則銀河の観測はまだ十分ではなく，これからの観測的進展によって大きく変わる可能性もある．各種の銀河で系統的に異なっているものはバルジの占める割合である．楕円銀河はバルジのみからなる銀河，円盤銀河はバルジの割合にさまざまなものがあり，バルジの割合と渦巻構造の顕著さの間に反相関がある．不規則銀河にはバルジがないと考えられている．このようにみるとバルジは銀河の性質を決める上で鍵となる構造である可能性がある．

5.1.3 銀河の統計

個々の銀河の大局的性質を表す物理量としては，全質量 M，全光度 L，半径 R，表面輝度 I，速度分散 σ^2 などがある．これらすべてが独立な量ではないので銀河の性質を決めている独立変数の数が問題となる．詳細な定義は別にして，表面輝度と光度および半径の間には

$$I \propto \frac{L}{R^2} \tag{5.3}$$

の関係があり，力学平衡の条件から

$$\sigma^2 \propto \frac{M}{R} \tag{5.4}$$

が成立していると考えられる．したがって質量光度比は

$$\frac{M}{L} \propto \frac{\sigma^2}{IR} \tag{5.5}$$

となる．もし，質量光度比がすべての銀河で一定ならば，観測で得られる $\sigma^2/(IR)$ という量も一定になり，銀河の大局的性質は 2 つの物理量（たとえば質量と半径）で決定されるはずである．観測的には楕円銀河については

$$\frac{M}{L} \propto M^x, \quad x \sim 0.2 \tag{5.6}$$

のような統計的関係が報告されており，大きな銀河ほど質量光度比が大きくなっている．しかし，このような関係が存在すれば，独立な量が2つであることには変わりがない．このとき，たとえば $\log \sigma^2$, $\log I$, $\log R$ の3つの量の適当な組み合わせを3つつくって，この3つを座標軸とする3次元空間内に銀河を分布させると，1つの平面内に分布することになる．これを基準平面と呼んでいる．その例を図5.2に示しておく．このような考え方が円盤銀河などを含めどこまで成立しているのか，どのような物理的意味をもっているのかなどの問題はこれからの研究課題となっている．

われわれの近傍の宇宙にどんな銀河がどれだけ存在しているかを表すものが銀河の光度関数である．これまでの観測をよく表す関数形として

$$\phi(L)dL = \phi_* \left(\frac{L}{L_*}\right)^\alpha \exp\left(-\frac{L}{L_*}\right) dL \tag{5.7}$$

の形のシェヒター型の分布関数がよく使われる．ここで L は光度，$\phi(L)$ は光度が L と $L+dL$ の間にある銀河の数密度である．L_* が典型的な光度を表すことになる．光度は観測するバンドによって異なるが，よく用いられるのは青色である．銀河までの距離は直接求めることはできず，スペクトル線の赤方偏移からハッブルの法則を使って求めることになる．そのため，観測される光度や数密度はハッブル定数に依存することに注意しておく．長年の間ハッブル定数の値には2倍程度の不定性があったので，ハッブル定数は $H_0 = 100h\,\mathrm{km^{-1}\,s^{-1}\,Mpc^{-1}}$ と規格化しておくのが通例であった．現在ではハッブル宇宙望遠鏡による系外銀河のセファイド変光星の観測などと宇宙背景放射の非等方性の観測を組み合わせることによって，数%の精度で $h \approx 0.70$ という値が得られている．

図5.3に光度関数の観測の一例を示しておくが，この例では光度関数は $\phi_* = $

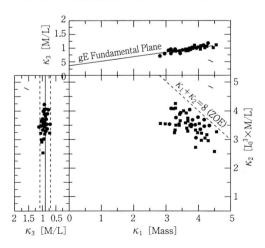

図 5.2 楕円銀河の基準平面

κ_1 は全質量の対数，κ_3 は質量光度比の対数，κ_2 は表面輝度の3乗と質量光度比の積の対数に対応した変数である．κ_1-κ_3 平面への投影が直線になり，楕円銀河はこの直線と κ_2 軸のつくる平面（基準平面）上に分布することがわかる．また質量光度比が質量とともにべき的に増加していることもわかる（D. Burnstein et al: *Astrophysical Journal*, vol. 114, 1997）．

5.1 銀河の基本的性質

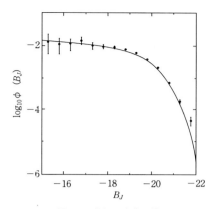

図 5.3 銀河の光度関数
(J. Loveday et al: *Astrophysical Journal*, vol. 390, 1992 を改変).

$1.4 \times 10^{-2} h^3$ Mpc^{-3}, $\alpha = -0.97$, L_* に対応する絶対等級は $M_{*bJ} = -19.50 + 5\log h$ となっている．この分布関数を積分すれば，単位体積あたりの光度がおよそ $1.4 \times 10^8 h L_\odot$ Mpc^{-3} と与えられる．質量光度比を $5h$ と仮定すれば，星という形態で存在している宇宙のバリオン密度として $7 \times 10^8 M_\odot h^2$ Mpc^{-3} を得る．この値と臨界密度 $\rho_c \equiv 3H_0^2/(8\pi G)$ との比は $\Omega_* = 2.5 \times 10^{-3}$ となる．銀河に付随する暗黒物質を考慮してもこの値はせいぜい 10 倍程度にしかならないので，宇宙を閉じさせるために必要な値 $\Omega = 1$ には不十分であることがわかる．本来光度関数は銀河のタイプ別に表すべきであるが，明るい楕円銀河や円盤銀河については基本的には上で述べたものと整合的である．不規則銀河や矮小銀河については，まだかなりの不定性がある．各タイプの銀河の存在比は，観測サンプルによってもかなり異なるが，楕円銀河と S0 銀河が約 30%，円盤銀河と不規則銀河が約 70%である．最近では赤方偏移の大きな遠方の銀河の観測が飛躍的に進んでいるが，われわれの銀河や近傍の銀河の観測も大きく進んでいる．遠方銀河と比較すべき近傍銀河の性質をよく知っておくことは宇宙論にとっても重要な課題なのである．

5.1.4 銀河の形成と進化

銀河は膨張宇宙における微小な密度ゆらぎの自己重力による成長によって形成される．膨張宇宙において周囲よりも密度の高い領域（正確には臨界密度よりも高い領域）は自己重力で引き合い，宇宙膨張から切り離されて孤立系となるのである．この過程を一様球の膨張と収縮のニュートン力学で近似しよう．膨張から収縮に移行する最大膨張時の密度を ρ_m とすると，その自由落下時間 $t_{\rm ff}$ は

$$t_{\text{ff}} = \sqrt{\frac{3\pi}{32G\rho_{\text{m}}}} \tag{5.8}$$

で与えられる（3.1.1項を参照）．球の質量を M，最大膨張時の半径を R_{m}，自由落下終了後にできた力学平衡にある一様球の半径を R_0，1次元速度分散を σ^2 とする．この球の重力エネルギーは $-3GM^2/5R_0$，運動エネルギーは $3M\sigma^2/2$ である．この球にビリアル定理（2.1.3項を参照，$\gamma = 5/3$ であることに注意）を適用すると

$$-\frac{3}{5}\frac{GM^2}{R_0} + 3M\sigma^2 = 0 \tag{5.9}$$

という関係が得られる．収縮の過程でエネルギーの散逸がなくエネルギー保存を満たすとすると

$$-\frac{3}{5}\frac{GM^2}{R_{\text{m}}} = -\frac{3}{5}\frac{GM^2}{R_0} + \frac{3M\sigma^2}{2} \tag{5.10}$$

が成立する．これから $R_0 = R_{\text{m}}/2$ となり，形成された自己重力系の平均密度は $\rho_0 = 8\rho_{\text{m}}$ となることがわかる．

また膨張に要する時間は収縮に要する時間と等しいので，平均密度 ρ_0 の天体を形成するのに要する時間は

$$t_{\text{GF}} = 2t_{\text{ff}} = \sqrt{\frac{3\pi}{G\rho_0}} \tag{5.11}$$

となる．われわれの銀河の平均密度は半径 $10\,\text{kpc}$ 以内で約 $2 \times 10^{-24}\,\text{g\,cm}^{-3}$，暗黒物質のハローを考慮すると半径 $50\,\text{kpc}$ 以内で約 $2 \times 10^{-25}\,\text{g\,cm}^{-3}$ なので銀河形成に要する時間は $1\,\text{Gyr} = 10^9$ 年程度となる．対応する赤方偏移は，宇宙モデルによって異なるが，2 から 5 程度に相当する．実際このような形成期の若い銀河の観測も最近進んでいる．

この描像では，赤方偏移の大きな銀河の形成時にまず暗黒物質の自己重力系が形成され，その重力場の中でバリオンが中心部に集まって星形成を起こしてバルジを形成し，その後に円盤が付加されていったと考えることになる．楕円銀河と円盤銀河のバルジは早く形成され，引き続いて円盤銀河の円盤部や不規則銀河がゆっくりとつくられる．最近の遠方銀河の観測はこの描像を支持しているようである．別の極端な考え方として，円盤部のほうが先にできて楕円銀河は円盤銀河の合体でできたという仮説も存在している．確かに一部の銀河の形態には銀河が衝突しているようにみえるものもあるが，銀河の化学的，測光的，力学的性質からみて，また遠方銀河の最近の観測事実からみて，合体仮説を大多数の銀河全体の形成機構を説明するものとして受け入れることは困難である．

5.2 恒星系力学

5.2.1 無衝突ボルツマン方程式

暗黒物質の存在をひとまずおいておけば，銀河や球状星団は多数の恒星からなる自己重力系とみなされる．星の内部構造の問題のようなガス系の力学と異なる点を中心にその力学をまとめておこう．ガスの系は構成粒子間の相互作用により常に局所的な熱平衡が成立しており，位置と時間の関数として密度，圧力，速度が定義されている．その基礎方程式は連続方程式と運動方程式とからなっている．これにたいし，恒星系では粒子間の衝突が頻繁でないので，局所的な熱平衡は一般には達成されない．求めるべき物理量は時間，位置および速度の関数としての分布関数である．密度，平均速度，速度分散などは分布関数に速度の適当な関数をかけて速度空間で積分することによって得られることになる．恒星系の力学の基礎方程式は，分布関数 $f(\vec{x}, \vec{v}, t)$ の変化を与えるボルツマン方程式

$$\frac{\partial f}{\partial t} + \vec{v}\frac{\partial f}{\partial \vec{x}} - \frac{\partial \Phi}{\partial \vec{x}}\frac{\partial f}{\partial \vec{v}} = \left.\frac{\delta f}{\delta t}\right|_{\text{coll}} \tag{5.12}$$

と，重力ポテンシャル $\Phi(\vec{x}, t)$ を定めるポアソン方程式

$$\Delta \Phi = 4\pi G \rho = 4\pi G m \int d\vec{v} f \tag{5.13}$$

である．ここで，簡単のため恒星の質量はすべて等しく m であるとした．ボルツマン方程式の右辺は恒星同士の相互作用による衝突の効果を表す項である．

重力相互作用が遠距離力であることにより，恒星系の力学の理論的基礎にはいくつかの問題がある．ボルツマン方程式はもともと気体分子運動論のように短距離力の場合に成立するもので，遠距離力の場合には左辺に現れる力と衝突項とを原理的にどう区別すべきかという問題がある．また，同じ遠距離力であっても，クーロン相互作用を行うプラズマの場合には正負の粒子があって常に準中性状態を保っているために，一様な無摂動状態を考えることができる．これにたいし，重力は引力のみであり，無摂動状態は本質的に構造をもっていなければならないことになる．このような原理的問題はあるが，十分多数の粒子からなる系ではなめらかな分布をとる密度と重力ポテンシャルが定義され，衝突項はそこからのずれを表すものとして取り扱って実用的には問題はないであろう．

まず，衝突項が無視できるときの恒星系の定常状態を考えよう．無衝突ボルツマン方程式の解として運動の積分があることはすぐにわかる．したがって運動の積分の任意関数は定常状態のボルツマン方程式を満たしている．逆に定常状態の分布関数は運動の積分の任意関数であるとも考えられよう．恒星系力学の分野では，これをジーン

ズの定理と呼んでいる．しかし，この定理は実際にすべての運動の積分が解析的な形で見出されないときには実用的ではない．さらに，最近のカオスの研究で広く認識されてきたように，必要な数の運動の積分が存在しない場合もあるのである．運動の積分の最大数は運動の自由度3のときには5個と考えてよい．そのうちの1つは単位質量あたりのエネルギー $E = \frac{1}{2}v^2 + \Phi(r)$ である．系が軸対称性をもつ場合には対称軸方向の角運動量 $J_z = \varpi v_\varphi$ も運動の積分になる．ここで円柱座標 (ϖ, φ, z) を使った．これ以外の運動の積分は第3積分と呼ばれるが，一般的な形では知られていないし，存在の有無も証明されていない．しかし，さまざまな場合に近似的な第3積分は存在しているものと考えられている．第3積分が存在するが，その形が不明の場合には分布関数の第3積分にたいする依存性も決められないので，ジーンズの定理は役にたたないことになる．

球対称の系では運動の積分として単位質量あたりのエネルギー E と角運動量の3つの成分があるので，合計4つである．しかし，球対称の場合は分布関数は角運動量の向きにはよらないので，意味のある積分は角運動量の大きさ $J = rv_t$ である．ここで，$v_t \equiv \sqrt{v_\theta^2 + v_\varphi^2}$ は速度の動径方向に垂直な成分の大きさを表す．したがって球対称系の定常状態は任意関数 $f(E, J)$ で記述される．このとき，f は未知関数 $\Phi(r)$ に依存しているので，ポアソン方程式は $\Phi(r)$ にたいする非線形方程式となる．これを解いて定常球対称恒星系の構造が求められることになる．このようにして可能な解は分布関数の数だけ無限にあることになる．分布関数が E のみによるときは速度分布は局所的に等方であるが，J 依存性があるときには動径方向の速度分散とそれに垂直方向の速度分散は異なることになることに注意しておこう．

実際の恒星系のモデルをつくるためにはさらに制限がある．まず，$E > 0$ の粒子は系に束縛されていないので除外する．さらに，系が有限の大きさ（半径 r_t）の範囲に閉じ込められているとすると，粒子のエネルギーは $E < \Phi(r_t)$ の範囲に限らなければならない．半径 r_t は潮汐半径と呼ばれることが多い．これは，球状星団の大きさが銀河系の潮汐力によって決まっていると考えられるからである．よく使われるモデルとしてはマックスウェル分布にこのようなエネルギーの切断を取り入れたキングモデルがある．その分布関数は1次元速度分散を σ^2 として

$$f(E) \propto \exp(-E/\sigma^2) - \exp(-\Phi(r_t)/\sigma^2) \quad \text{for } E < \Phi(r_t) \tag{5.14}$$

ととったものである．キングモデルのパラメータは中心密度 ρ_c，1次元速度分散 σ^2 および中心集中度を表す r_t/r_c の3つである．コア半径 r_c は

$$r_c = \sqrt{\frac{9\sigma^2}{4\pi G \rho_c}} \tag{5.15}$$

と定義される．この定義は便宜的なものでかなり広いパラメータの領域にわたって表

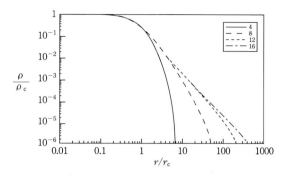

図 5.4 キングモデルの密度分布
パラメータとして $(\Phi_t - \Phi(0))/\sigma^2$ をとっている．この値が小さいときは切断の効果が大きく，r_t/r_c が小さくなる．

面密度が中心値の 2 分の 1 になる半径をよく近似している．一方，r_t/r_c はコアの重力ポテンシャルの深さやハローの密度分布の形を決めている．r_t/r_c が無限大の極限は特異等温球と呼ばれるもので，中心密度が発散し，密度分布は r^{-2} の形をとる．図 5.4 にキングモデルの密度分布を示す．

軸対称の系にたいしては，上に述べたようにエネルギー E と対称軸方向の角運動量 J_z が運動の積分となる．分布関数 $f(E, J_z)$ は v_ϖ と v_z に同じ形で依存するので，ϖ 方向と z 方向の速度分散は同じでなければならない．観測的にはわれわれの銀河では ϖ 方向の速度分散のほうが z 方向のものよりかなり大きい．このことは E と J_z 以外に近似的な形でも第 3 積分が存在していることを意味している．たとえば薄い円盤の極限では z 方向の運動は円盤面内の運動とは独立になっているであろう．この運動は円盤面に垂直な微小振動となりそのエネルギーは運動の積分とみなされよう．楕円銀河の形を回転によるものとするとその扁平度から必要な回転速度が決まるが，多くの場合観測される回転速度はこれよりもかなり小さい．これも，第 3 積分の存在を意味しているものと考えられる．この場合には，薄い円盤の場合と異なり近似的な第 3 積分の具体的な形を求めることは困難である．むしろ重力ポテンシャルを仮定し，その中での恒星の軌道を数値的に求め，さまざまな軌道にたいする星の分布を重力ポテンシャルを再現するように決めるという方法が有効である．この方法は 3 軸不等な系にも応用可能であり，近年多くの研究がなされている．

5.2.2 2 体緩和時間

恒星同士の衝突が起こると，互いに運動量やエネルギーを交換して分布関数は熱平衡の形であるマックスウェル分布に近づいていくものと期待される．これを 2 体緩和という．2 体緩和時間の評価を行ってみよう．重力相互作用は逆自乗の力なので，クーロン力と同じ形をしており，ラザフォード散乱の結果をそのまま使える．このような遠距離力の場合には緩和は多数の小角散乱の積み重ねの効果として起こるので，フォッ

カー–プランク方程式

$$\frac{\partial f}{\partial t} = -\frac{\partial}{\partial \vec{v}}\left[\left\langle\frac{d\vec{v}}{dt}\right\rangle f\right] + \frac{1}{2}\frac{\partial^2}{\partial \vec{v}\partial \vec{v}}\left[\left\langle\frac{d(\vec{v}\otimes\vec{v})}{dt}\right\rangle f\right] \quad (5.16)$$

で記述するのが最も適当である．ここで，$\langle\frac{d\vec{v}}{dt}\rangle$ と $\langle\frac{d(\vec{v}\otimes\vec{v})}{dt}\rangle$ は力学的摩擦係数と拡散係数であり，速度および速度の直積の単位時間あたりの変化率を表す．ここで重力系では無摂動状態は一様ではないにもかかわらず，取り扱いの便宜のため無摂動状態での重力場を無視し，一様な背景粒子の中を運動するテスト粒子の分布関数の変化を考えていることに注意しておこう．

まず，図 5.5 のように 2 つの粒子の衝突を考えよう．考えているテスト粒子の質量を m，速度を $\vec{v}$，相手の背景粒子の質量を m'，速度を $\vec{v}'$ とする．衝突をまず重心系で考えてみる．相対速度は衝突前に $\vec{u} = \vec{v} - \vec{v}'$ であり，衝突後に $\vec{u} + \Delta\vec{u}$ となったとする．エネルギー保存則から $u = |\vec{u}| = |\vec{u} + \Delta\vec{u}|$ である．重心系での散乱角を χ，衝突係数を b とすると

$$\cot\frac{\chi}{2} = \frac{bu^2}{G(m+m')} \quad (5.17)$$

の関係があり，衝突断面積はラザフォードの公式

$$\frac{d\sigma}{d\Omega} = \left[\frac{G(m+m')}{2u^2\sin^2(\chi/2)}\right]^2 \quad (5.18)$$

で与えられる．$\Delta\vec{u}$ を

$$\Delta\vec{u} = -(1-\cos\chi)\vec{u} + \sin\chi\,\vec{u}_\perp \quad (5.19)$$

と分解する．$\vec{u}_\perp$ は大きさ u で向きは $\vec{u}$ に垂直でランダムに分布する．

$$\Delta\vec{v} = \frac{m'}{m+m'}\Delta\vec{u} = -\frac{m'}{m+m'}[(1-\cos\chi)\vec{u} - \sin\chi\,\vec{u}_\perp] \quad (5.20)$$

となるので，力学的摩擦係数は

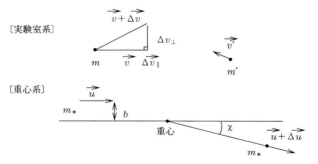

図 5.5　2 個の粒子の重力相互作用による衝突の模式図

$$\left\langle \frac{d\vec{v}}{dt} \right\rangle = \int \Delta \vec{v} u \frac{d\sigma}{d\Omega} d\Omega f'(\vec{v}')d\vec{v}' = -\frac{m'}{m+m'} \int \vec{u}(1-\cos\chi) u \frac{d\sigma}{d\Omega} d\Omega f'(\vec{v}')d\vec{v}'$$
$$= -4\pi G^2(m+m')m' \ln\Lambda \int \frac{\vec{u}}{u^3} f'(\vec{v}')d\vec{v}' \qquad (5.21)$$

となる．ここで $\ln\Lambda$ はクーロン対数と呼ばれる量で

$$\ln\Lambda \equiv \int_{\chi_{\min}}^{\pi} \frac{d\chi}{\chi} = -\ln\chi_{\min} \qquad (5.22)$$

で定義される．上の式では $\chi \ll 1$ と近似している．

拡散係数は

$$\left\langle \frac{d(\vec{v}\otimes\vec{v})}{dt} \right\rangle = \int \Delta\vec{v}\otimes\Delta\vec{v} u \frac{d\sigma}{d\Omega} d\Omega f'(\vec{v}')d\vec{v}'$$
$$= 8\pi(Gm')^2 \ln\Lambda \int \frac{\vec{u}_\perp \otimes \vec{u}_\perp}{u^3} f'(\vec{v}')d\vec{v}'$$
$$= 4\pi(Gm')^2 \ln\Lambda \int \frac{u^2 \overleftrightarrow{I} - \vec{u}\otimes\vec{u}}{u^3} f'(\vec{v}')d\vec{v}' \qquad (5.23)$$

と表される．以下にみるようにクーロン対数は 1 に比べ大きい量なので，これを含まない 1 程度の項は無視した．

クーロン対数は重力相互作用による散乱の効果が多数の小角散乱の和で決まっていることを表しており，その値は最小の散乱角で決まっている．散乱角が無限小ということは衝突係数が無限大，すなわち無限に遠方の粒子による散乱を考えていることになる．通常のプラズマの場合には正負の粒子が存在することから遮蔽効果が現れ，衝突係数としてデバイ半径程度までの衝突を考えればよい．重力系の場合は遮蔽効果がないので，この事情は複雑になる．重力系でデバイ半径に相当する量はジーンズ半径で，考えている系が力学平衡にあればほぼ系のサイズ R に等しい．こうして

$$\frac{2}{\chi_{\min}} \approx \frac{Ru^2}{G(m+m')} \approx N \qquad (5.24)$$

という評価が得られる．ここで N は星の総数であり，$m \sim m'$ とし，系が力学平衡にあるとき，$Ru^2 \sim GNm$ となることを使った．一方，重力系の場合，考えている星のごく近傍の星以外は，無摂動状態の重力場と考えている星の無摂動状態の軌道を決めており，散乱にはごく近傍の星しか効かないと考えるべきであろう．しかし，こう考えて衝突係数の最大値を星と星の平均間隔としてもクーロン対数の値は上の 3 分の 2 になる程度である．どちらの場合もクーロン対数は $\ln N$ 程度となり，10 から 40 程度の値をとる．

2 体緩和時間の定義にはいくつかの方法がある．力学的摩擦係数や拡散係数はテスト粒子の速度や背景粒子の分布関数に依存するので，厳密に取り扱うのは複雑になる．

力学的摩擦により速度が変化する時間は，相手の星の数密度を n として

$$t_{\mathrm{fr}} = \frac{v^3}{4\pi G^2 m'(m+m')n \ln \Lambda} \tag{5.25}$$

に 1 程度の係数がかかったものとなる．拡散により運動方向が 90° 変化する時間は

$$t_{\mathrm{rel}} = \frac{v^3}{8\pi G^2 m'^2 n \ln \Lambda} \tag{5.26}$$

に 1 程度の係数がかかったものとなり，テスト粒子の質量には依存しない．そのほかエネルギー交換で定義するやり方もある．

系が力学平衡にあるとすると，$Rv^2 \sim GNm'$ を使って

$$t_{\mathrm{rel}} \sim \frac{R}{v} \frac{N}{\ln N} \tag{5.27}$$

と評価されるので，2 体緩和時間は系が力学平衡を達成する時間 R/v に比べ非常に長くなることがわかる．テスト粒子の質量が背景粒子の質量よりはるかに大きいときには力学的摩擦の時間は短くなりうる．これはたとえば銀河系中の球状星団の運動などで重要となる．

5.2.3 恒星系の緩和と進化

恒星系の力学的進化を考える上でいくつかの特徴的な時間がある．恒星系の力学平衡はほぼ自由落下の時間で達成されると考えられる．これにたいし，上でみたように 2 体緩和の時間スケールは力学平衡の達成時間に比べかなり長い．たとえば球状星団では力学平衡は 10^6 年程度で達成されるが 2 体緩和時間は中心部では 10^8 年程度になる．この場合，緩和時間は宇宙年齢より短いので分布関数も平衡になる．緩和時間より長い時間の間にはいくつかの興味ある現象が起こりうる．最も有名なものが重力熱力学的不安定と呼ばれる現象である．これはコアから高速星がハローへ移動するときのエネルギー輸送によって起こるコアの重力収縮である．重力系の比熱が負であるという特徴によって，コアはエネルギーを失うと高温となり，さらにエネルギー輸送とコアの重力収縮が加速されるのである．緩和が進むとともに，次第に r_{c} は小さく，ρ_{c} は大きくなり，$r_{\mathrm{t}}/r_{\mathrm{c}}$ が大きくなっていく．重力熱力学的不安定は中心密度がある限界を超えて大きくなると強く発達し，その結果コアは r^{-2} に比例するようなカスプ状の密度分布をとる．これをコア崩壊と呼んでいる．実際，球状星団ではキングモデルで記述されるようなコア・ハロー構造を示すものとともにコア崩壊が起こったカスプ構造のものも発見されている．

これにたいし銀河では力学平衡は $10^8 \sim 10^9$ 年で実現されるが，緩和時間は宇宙年齢よりもはるかに長くなる．このため星の分布関数は初期条件の情報を失わずに，熱平衡分布から大きくずれていることが期待される．ところが，われわれの銀河の太陽

近傍の分布関数は平均速度に銀河回転であり,そのまわりの速度分布は,第3積分の問題を別とすればかなり熱平衡分布に近い.また,楕円銀河の密度分布はなめらかであり,どの楕円銀河もほぼ同じ形の密度分布を示す.このことは分布関数も共通の形をしていることを示唆している.2体衝突による緩和は有効ではないにもかかわらず,熱平衡に近い分布関数が実現されている理由ははっきりと解明されているわけではないが,リンデンベルが提案した激しい緩和に類似した過程が働いているものと考えられる.これは,重力崩壊から力学平衡に至る時間の間に重力場の激しいゆらぎが起こり,ゆらぎの減衰という波・粒子相互作用によって平衡に近い分布が実現されるというものである.リンデンベルは激しい緩和が完全に起これば,単位質量あたりのエネルギーについて平衡分布が実現されるとしたが,現実の楕円銀河の分布関数はここまで単純ではないので,激しい緩和が完全に起こっているわけではない.一方,2体緩和が完全に進めば,平衡分布関数は粒子あたりのエネルギーについて平衡分布が実現されるはずである.これまでの議論では簡単のため恒星の質量はすべて同じとして議論してきたが,実際には恒星の質量は広い範囲にわたっているので,球状星団のように2体緩和時間が宇宙年齢よりも短い場合には,系の力学的進化にたいする星の質量分布の効果も現れてくる.

5.3 渦巻構造の密度波理論

5.3.1 渦巻構造

円盤銀河の多くは2本腕の渦巻構造を示す.具体的な渦巻の様相は個々の銀河でかなり異なっており,すべての円盤銀河が顕著な渦巻構造を示しているわけではないが,渦巻構造は銀河の構造の中で最も注意を引くものであり,その成因をめぐってこれまで数多くのモデルが提案されてきた.渦巻が物質分布の非軸対称な構造であるとしてみよう.銀河円盤は中心ほど速い角速度で回転しているので,渦巻は時間とともに巻き込み,ついにはリング状になってしまうであろう.このようなことは観測されていないので,渦巻構造を物質分布の非軸対称性で説明することは困難である.この困難を避けるため,渦巻構造を円盤中を伝播する波として解釈する密度波理論が1964年にリンとシューによって提案された.現在では,この理論がいくつかの難点はあるものの,渦巻構造の成因の問題に基本的な解答を与えるものだと考えられている.密度波理論は銀河の力学の問題のうち最も興味深いものの1つであるので,その取り扱いの基本を示しておく.本来,星の系の力学は無衝突ボルツマン方程式に従うが,この取り扱いは後にみるようにかなりやっかいであるので,簡単のため最初にガスの系にたいする流体力学の方程式で考えておく.

5.3.2 ガス円盤の局所的安定性

円盤銀河を無限に薄いガス円盤で近似して,ガスは $z=0$ の面にのみ分布しているとしよう.ガスの連続方程式と運動方程式は,円柱座標 (ϖ, φ, z) で

$$\frac{\partial \Sigma}{\partial t} + \frac{1}{\varpi}\frac{\partial}{\partial \varpi}(\varpi \Sigma v_\varpi) + \frac{1}{\varpi}\frac{\partial}{\partial \varphi}(\Sigma v_\varphi) = 0 \tag{5.28}$$

$$\frac{\partial v_\varpi}{\partial t} + v_\varpi \frac{\partial v_\varpi}{\partial \varpi} + \frac{v_\varphi}{\varpi}\frac{\partial v_\varpi}{\partial \varphi} - \frac{v_\varphi^2}{\varpi} = -\frac{1}{\Sigma}\frac{\partial P}{\partial \varpi} - \frac{\partial \Phi}{\partial \varpi} \tag{5.29}$$

$$\frac{\partial v_\varphi}{\partial t} + v_\varpi \frac{\partial v_\varphi}{\partial \varpi} + \frac{v_\varphi}{\varpi}\frac{\partial v_\varphi}{\partial \varphi} + \frac{v_\varpi v_\varphi}{\varpi} = -\frac{1}{\Sigma \varpi}\frac{\partial P}{\partial \varphi} - \frac{1}{\varpi}\frac{\partial \Phi}{\partial \varphi} \tag{5.30}$$

と与えられる.ここで, v_ϖ, v_φ は速度の ϖ および φ 成分, Φ は重力ポテンシャル,Σ は面密度,P は z 方向に積分された圧力を表す.基礎方程式としてそのほかにポアソン方程式

$$\frac{1}{\varpi}\frac{\partial}{\partial \varpi}\left(\varpi \frac{\partial \Phi}{\partial \varpi}\right) + \frac{1}{\varpi^2}\frac{\partial^2 \Phi}{\partial \varphi^2} + \frac{\partial^2 \Phi}{\partial z^2} = 4\pi G \Sigma \delta(z) \tag{5.31}$$

が必要である.ここで $\delta(z)$ はディラックのデルタ関数である.

密度波が生じていない非摂動状態では,円盤銀河は定常軸対称の状態にあり,また動径方向の運動はないとしよう.すると非摂動状態の構造は ϖ 方向の力学的釣り合いとポアソン方程式から決まる.これに摂動を与えて,どのような波が存在しうるか,また非摂動状態の構造が安定か否かを調べるのがここでの課題である.実はこの問題はそれほど簡単ではない.非摂動状態の構造は,原理的には面密度を与えてポアソン方程式から重力ポテンシャルを求め,これから回転速度を決定するというやり方で求められる.しかし,重力ポテンシャルと面密度との関係は局所的ではなく, $z \neq 0$ にたいしてラプラス方程式を整合的に解くことが必要になるので,実際にはそれほど簡単ではない.非摂動状態は有限非一様な系なので,摂動も境界条件を課した大局的な問題を解かねばならない.これは面密度と重力ポテンシャルにたいする固有値問題となり,一般的には数値的な取り扱いを必要とする.一様回転円盤の場合には大局的問題も解析的に解けるが,座標系の選択などの数学的準備がたいへんなので,ここでは局所的な取り扱いに限ることにする.局所近似は厳密な意味では正確な取り扱いではないが短波長の摂動にたいしては正しい結果を与えるものと期待されるし,実際これから多くの有用な結果や概念が得られている.

非摂動状態での角速度 $\Omega = v_{\varphi 0}/\varpi$,重力ポテンシャル Φ_0,面密度 Σ_0,圧力 P_0 が ϖ の関数として定まっているとしよう.ここで力学的釣り合いから

$$\varpi \Omega^2 = \frac{d\Phi_0}{d\varpi} + \frac{1}{\Sigma}\frac{\partial P_0}{\partial \varpi} \tag{5.32}$$

が成立している.これに微小振幅の摂動を与えてこの系の波動モードと安定性を線形

5.3 渦巻構造の密度波理論

の範囲で局所的に調べてみよう．摂動の形を

$$\exp(-i\omega t + im\varphi + ik\varpi) \tag{5.33}$$

と仮定する．k は動径方向の波数，m は腕の数であり，位相一定の線を書けばわかるが，$k > 0$ はトレイリング（trailing），$k < 0$ はリーディング（leading）の波を表す．$|k|\varpi \gg m$ として，局所的な解析を行う．連続方程式と運動方程式からは，

$$-i(\omega - m\Omega)\Sigma_1 + ik\Sigma_0 v_{\varpi 1} = 0 \tag{5.34}$$

$$-i(\omega - m\Omega)v_{\varpi 1} - 2\Omega v_{\varphi 1} + ikc_s^2 \frac{\Sigma_1}{\Sigma_0} + ik\Phi_1 = 0 \tag{5.35}$$

$$-i(\omega - m\Omega)v_{\varphi 1} + \frac{\kappa^2}{2\Omega}v_{\varpi 1} = 0 \tag{5.36}$$

を得る．ここで，摂動量には添字 1 をつけている．また，簡単のため音速を c_s として $P_1 = c_s^2 \Sigma_1$ とした．κ はエピサイクリック振動数と呼ばれ，重力場 $\Phi_0(\varpi)$ 中での粒子の動径方向の振動の振動数を与え，

$$\kappa^2 = 2\Omega\left(2\Omega + \varpi\frac{d\Omega}{d\varpi}\right) \tag{5.37}$$

で定義される．ポアソン方程式の摂動部分は少しやっかいだが，z 方向に無限小の範囲，$-\epsilon < z < \epsilon$ で積分すると，赤道面対称性から

$$\frac{\partial \Phi_1}{\partial z}(\epsilon) = 2\pi G \Sigma_1 \tag{5.38}$$

が得られる．$|z| > \epsilon$ では，ラプラス方程式が成立するので，短波長近似のもとでは，Φ_1 の z 依存性は $\exp(-|kz|)$ となることがわかる．これから

$$\Phi_1 = -\frac{2\pi G \Sigma_1}{|k|} \tag{5.39}$$

という局所的関係式が得られる．

式 (5.34)，(5.35)，(5.36)，(5.39) の 4 つから分散関係

$$(\omega - m\Omega)^2 - \kappa^2 - k^2 c_s^2 + 2\pi G |k| \Sigma_0 = 0 \tag{5.40}$$

が得られる．図 5.6 にこれを図解しておく．音速が有限の大きさをもっていれば，大きな波数 k にたいして ω は実数になるので，これは安定な渦巻構造の形をした音波を表す．小さな k にたいしてはこのモードは安定なエピサイクリック運動を表している．$(\omega - m\Omega)^2$ は $|k| = \pi G \Sigma_0 / c_s^2$ で極小値 $\kappa^2 - (\pi G \Sigma_0 / c_s)^2$ をとる．したがって，音速が $c_{s,\min} = \pi G \Sigma_0 / \kappa$ より小さくなると，ある範囲の $|k|$ にたいして $\omega - m\Omega$ は虚数となる．すなわち，円盤は重力的に不安定になり，k^{-1} 程度の大きさの破片に分裂

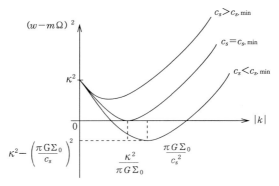

図 5.6　ガス円盤の分散関係の概略図

してしまう．最も不安定な波数に対応する長さは円盤の厚さ程度に相当している．音速が $\pi G\Sigma_0/\kappa$ より大きい場合には円盤は局所的には安定である．以下に示すように無衝突ボルツマン方程式に基づいて同様な解析を行うと，音速は速度分散におきかわり，必要な最小値は $3.36G\Sigma_0/\kappa$ となるが，これをツームレの最小分散と呼ぶ．円盤の局所的安定性を表すパラメータとして，速度分散とツームレの最小分散との比を Q と表すことが多い．また，無衝突系でも密度波と呼ばれる安定な波動が存在することが示される．

5.3.3　密度波理論

恒星系円盤にたいして，上と同様な解析を行ってみよう．やはり，z 方向の運動は無視して，無限に薄い円盤を扱おう．恒星系は分布関数 $f(\varpi, \varphi, v_\varpi, v_\varphi, t)$ で記述され，基礎方程式は無衝突ボルツマン方程式

$$\frac{\partial f}{\partial t} + v_\varpi \frac{\partial f}{\partial \varpi} + \frac{v_\varphi}{\varpi}\frac{\partial f}{\partial \varphi} - \left(\frac{\partial \Phi}{\partial \varpi} - \frac{v_\varphi^2}{\varpi}\right)\frac{\partial f}{\partial v_\varpi} - \left(\frac{1}{\varpi}\frac{\partial \Phi}{\partial \varphi} + \frac{v_\varpi v_\varphi}{\varpi}\right)\frac{\partial f}{\partial v_\varphi} = 0 \quad (5.41)$$

とポアソン方程式

$$\frac{1}{\varpi}\frac{\partial}{\partial \varpi}\left(\varpi \frac{\partial \Phi}{\partial \varpi}\right) + \frac{1}{\varpi^2}\frac{\partial^2 \Phi}{\partial \varphi^2} + \frac{\partial^2 \Phi}{\partial z^2} = 4\pi G m_* \int dv_\varpi dv_\varphi f \delta(z) \quad (5.42)$$

である．ここで，m_* は個々の星の質量であり，星はすべて同じ質量であるとした．

定常軸対称の非摂動状態は分布関数 $f_0(\varpi, v_\varpi, v_\varphi)$ と重力ポテンシャル $\Phi_0(\varpi)$ とで記述され，f_0 は

$$v_\varpi \frac{\partial f_0}{\partial \varpi} - \left(\frac{\partial \Phi_0}{\partial \varpi} - \frac{v_\varphi^2}{\varpi}\right)\frac{\partial f_0}{\partial v_\varpi} - \frac{v_\varpi v_\varphi}{\varpi}\frac{\partial f_0}{\partial v_\varphi} = 0 \quad (5.43)$$

を満たす．個々の恒星は軸対称な重力場中で円盤面内を運動しているので，ジーンズ

5.3 渦巻構造の密度波理論

の定理が適用でき，f_0 はエネルギー

$$E = \frac{1}{2}(v_\varpi^2 + v_\varphi^2) + \Phi_0(\varpi) \tag{5.44}$$

および角運動量

$$J = \varpi v_\varphi \tag{5.45}$$

のみの関数 $f_0(E, J)$ となる．分布関数と重力ポテンシャルとが整合的に求まれば非摂動状態の円盤の構造が定まることになるが，これはガス円盤の場合にもまして簡単な問題ではない．

そこで，ここでも局所的な取り扱いに限ることにして，以下のように考えよう．重力ポテンシャル $\Phi_0(\varpi)$ と平均角速度 $\Omega(\varpi)$ が与えられたとして，これらは

$$\Omega(\varpi)^2 \varpi = \frac{d\Phi_0}{d\varpi} \tag{5.46}$$

を満たしているとする．角運動量 $J = \Omega(\varpi_0)\varpi_0^2$ をもった恒星の軌道が半径 ϖ_0 の円軌道からわずかにずれているとしよう．角運動量の保存を使うと，恒星の運動方程式は

$$\frac{dv_\varpi}{dt} = -\frac{d\Phi_0}{d\varpi} + \frac{J^2}{\varpi^3} \tag{5.47}$$

となるが，軌道を $\varpi(t) = \varpi_0 + x(t)$ と摂動展開すると，この式は

$$\frac{d^2 x}{dt^2} = -\kappa(\varpi_0)^2 x \tag{5.48}$$

となる．すなわち，動径方向の運動はエピサイクリック振動となる．解 $x(t)$ を微分すれば $v_\varpi(t)$ が得られる．φ 方向の速度を

$$v_\varphi = \varpi \Omega(\varpi) + u_\varphi \tag{5.49}$$

と展開すれば，角運動量の保存から

$$u_\varphi(t) = -\frac{\kappa^2}{2\Omega} x(t) \tag{5.50}$$

が，またこれを積分して $\varphi(t)$ が求められる．

同じ近似の程度で恒星の軌道に沿って，

$$\tilde{E} = \frac{1}{2}\left(v_\varpi^2 + \frac{u_\varphi^2}{\kappa^2/4\Omega^2}\right) \tag{5.51}$$

が保存されることがわかる．したがって局所近似では非摂動の分布関数は速度にたいして $\tilde{E}$ のみの関数 $f_0(\tilde{E})$ となる．これが実際局所近似で無衝突ボルツマン方程式を満たしていることは以下のようにして示される．式 (5.41) と式 (5.43) では，独立変数を $(\varpi, \varphi, v_\varpi, v_\varphi)$ にとったが，局所近似では独立変数を $(\varpi, \varphi, v_\varpi, u_\varphi)$ にとる必

要がある．偏微分の変数変換

$$\left.\frac{\partial}{\partial v_\varphi}\right|_\varpi = \left.\frac{\partial}{\partial u_\varphi}\right|_\varpi \tag{5.52}$$

$$\left.\frac{\partial}{\partial \varpi}\right|_{v_\varphi} = \left.\frac{\partial}{\partial \varpi}\right|_{u_\varphi} - \frac{\partial(\varpi\Omega)}{\partial \varpi}\left.\frac{\partial}{\partial u_\varphi}\right|_\varpi \tag{5.53}$$

を行い，u_φ の高次項を無視すると，式 (5.43) は

$$v_\varpi \frac{\partial f_0}{\partial \varpi} + 2\Omega u_\varphi \frac{\partial f_0}{\partial v_\varpi} - \frac{\kappa^2}{2\Omega} v_\varpi \frac{\partial f_0}{\partial u_\varphi} = 0 \tag{5.54}$$

となる．ここで最初の ϖ 微分の項を無視すると，確かに $f_0(\tilde{E})$ がこの式を満たしていることがわかる．$f_0(\tilde{E})$ としてよく使われるものがシュワルツシルトの分布関数

$$f_0 = \frac{\Sigma_0}{2\pi u_{\mathrm{s}}^2 m_*} \frac{2\Omega}{\kappa} \exp\left(-\frac{\tilde{E}}{u_{\mathrm{s}}^2}\right) \tag{5.55}$$

である．u_{s} は ϖ 方向の速度分散を表している．

さてこれだけの準備をした上で，密度波の分散関係を求めよう．局所近似のもとで，ボルツマン方程式の線形摂動は

$$\frac{df_1}{dt} = \frac{\partial \Phi_1}{\partial \varpi} \frac{\partial f_0}{\partial v_\varpi} + \frac{1}{\varpi} \frac{\partial \Phi_1}{\partial \varphi} \frac{\partial f_0}{\partial u_\varphi} \tag{5.56}$$

となる．ここで，左辺は，非摂動状態の軌道に沿った時間にたいする全微分

$$\frac{df_1}{dt} = \frac{\partial f_1}{\partial t} + v_\varpi \frac{\partial f_1}{\partial \varpi} + \Omega \frac{\partial f_1}{\partial \varphi} + 2\Omega u_\varphi \frac{\partial f_1}{\partial v_\varpi} - \frac{\kappa^2}{2\Omega} v_\varpi \frac{\partial f_1}{\partial u_\varphi} \tag{5.57}$$

である．したがって，これを積分して

$$f_1(\varpi,\varphi,v_\varpi,u_\varphi,t) = \int_{-\infty}^{t} dt' \left(\frac{\partial \Phi_1}{\partial \varpi} \frac{\partial f_0}{\partial v_\varpi} + \frac{1}{\varpi} \frac{\partial \Phi_1}{\partial \varphi} \frac{\partial f_0}{\partial u_\varphi}\right) \tag{5.58}$$

を得る．右辺の被積分関数の引数は時刻 t' のものであることに注意しよう．したがって，積分を具体的に実行するためには，非摂動状態の星の軌道と分布関数が必要になる．摂動の形を

$$f_1 = \tilde{f}(v_\varpi, u_\varphi)\exp(-i\omega t + im\varphi + ik\varpi) \tag{5.59}$$

$$\Phi_1 = \tilde{\Phi}\exp(-i\omega t + im\varphi + ik\varpi) \tag{5.60}$$

と仮定し，さらに $|k|\varpi \gg m$ とすると，式 (5.58) の右辺第 2 項は無視できて

$$\tilde{f} = ik\tilde{\Phi}\frac{df_0}{d\tilde{E}} \int_{-\infty}^{t} dt' v_\varpi(t')\exp[-i\omega(t'-t) + im(\varphi(t')-\varphi(t)) + ik(\varpi(t')-\varpi(t))] \tag{5.61}$$

を得る．被積分関数に現れる軌道や速度は式 (5.48)，(5.49)，(5.50) から

5.3 渦巻構造の密度波理論

$$\tau = t' - t \tag{5.62}$$

として

$$\varphi(t') - \varphi(t) = \Omega\tau \tag{5.63}$$

$$\varpi(t') - \varpi(t) = \frac{2\Omega}{\kappa^2}u_\varphi(t)(1-\cos\kappa\tau) + \frac{v_\varpi(t)}{\kappa}\sin\kappa\tau \tag{5.64}$$

$$v_\varpi(t') = v_\varpi(t)\cos\kappa\tau + \frac{2\Omega}{\kappa}u_\varphi(t)\sin\kappa\tau \tag{5.65}$$

となることがわかる．これらを代入し，さらに

$$v_\varpi(t) = \sqrt{2\tilde{E}}\cos\alpha \tag{5.66}$$

$$u_\varphi(t) = \frac{\kappa}{2\Omega}\sqrt{2\tilde{E}}\sin\alpha \tag{5.67}$$

とおくと

$$\tilde{f} = ik\tilde{\Phi}\sqrt{2\tilde{E}}\frac{df_0}{d\tilde{E}}\exp\left(i\frac{k\sqrt{2\tilde{E}}}{\kappa}\sin\alpha\right)$$

$$\int_{-\infty}^{0} d\tau \cos(\kappa\tau - \alpha)\exp\left[-i(\omega - m\Omega)\tau + i\frac{k\sqrt{2\tilde{E}}}{\kappa}\sin(\kappa\tau - \alpha)\right] \tag{5.68}$$

となる．数学公式

$$e^{i\lambda\sin x} = \sum_{n=-\infty}^{\infty} J_n(\lambda)e^{inx} \tag{5.69}$$

$$\cos x\, e^{i\lambda\sin x} = \sum_{n=-\infty}^{\infty} \frac{n}{\lambda}J_n(\lambda)e^{inx} \tag{5.70}$$

を使って積分を実行すると，$\lambda = k\sqrt{2\tilde{E}}/\kappa$ として

$$\tilde{f} = -\kappa\tilde{\Phi}\frac{df_0}{d\tilde{E}}\sum_{n=-\infty}^{\infty}\frac{nJ_n(\lambda)e^{-in\alpha}}{\omega - m\Omega - n\kappa}\sum_{l=-\infty}^{\infty}J_l(\lambda)e^{il\alpha} \tag{5.71}$$

を得る．速度空間で積分して面密度の摂動

$$\Sigma_1 = \tilde{\Sigma}\exp(-i\omega t + im\varphi + ik\varpi) \tag{5.72}$$

を求めると

$$\tilde{\Sigma} = m_*\int dv_\varpi du_\varphi \tilde{f} = m_*\int d\alpha d\tilde{E}\frac{\kappa}{2\Omega}\tilde{f}$$

$$= -2\pi m_*\tilde{\Phi}\frac{\kappa^2}{2\Omega}\int d\tilde{E}\frac{df_0}{d\tilde{E}}\sum_{n=-\infty}^{\infty}\frac{nJ_n(\lambda)^2}{\omega - m\Omega - n\kappa} \tag{5.73}$$

となる.

f_0 としてシュワルツシルト分布をとり，非負の整数 n にたいする数学公式

$$J_{-n}(x) = (-1)^n J_n(x) \tag{5.74}$$

$$\int_0^\infty dx\, x e^{-a^2 x^2} J_n(bx)^2 = \frac{1}{2a^2} e^{-\frac{b^2}{2a^2}} I_n\left(\frac{b^2}{2a^2}\right) \tag{5.75}$$

を用いて

$$\tilde{\Sigma} = \Sigma_0 \frac{\kappa^2}{u_s^2} \tilde{\Phi} \sum_{n=1}^\infty \frac{2n^2 e^{-\chi^2} I_n(\chi^2)}{(\omega - m\Omega)^2 - n^2 \kappa^2} \tag{5.76}$$

が得られる．ここで

$$\chi^2 = \frac{k^2 u_s^2}{\kappa^2} \tag{5.77}$$

である．これとポアソン方程式の摂動

$$\tilde{\Phi} = -\frac{2\pi G \tilde{\Sigma}}{|k|} \tag{5.78}$$

とをあわせて，最終的に分散関係

$$-\frac{|k| u_s^2}{2\pi G \Sigma_0} = \sum_{n=1}^\infty \frac{2n^2 \kappa^2 e^{-\chi^2} I_n(\chi^2)}{(\omega - m\Omega)^2 - n^2 \kappa^2} \tag{5.79}$$

が得られる．

この分散関係はかなり複雑にみえ，正確には数値計算を必要とするが，その基本的特徴は次のように理解できるだろう．局所近似の範囲では Ω や κ が一定であるとみなすので，$|k|$ を与えて ω を求めるのが目的となる．右辺は共鳴点 $(\omega - m\Omega)^2 - n^2\kappa^2$ を含むので，共鳴点に低振動数側から近づくときには負の無限大，高振動数側から近づくときには正の無限大に発散する（図 5.7）．したがって，この分散関係を満たす無限に多くのモードがあることがわかる．しかし，実際に求めようとする波は渦巻構造を記述するものであり，円盤の広い範囲で一定の振動数 ω をもっているようなものである．この場合，波数 k は Ω や κ が半径とともに変化するにつれ変化するものとみなされる．共鳴が起こる半径をみるために $m\Omega(\varpi) \pm n\kappa(\varpi)$ のふるまいを考えよう．一般に $\Omega(\varpi)$ と $\kappa(\varpi)$ は ϖ の減少関数となるので，一定の ω にたいし，次数 n の外部共鳴点は次数 $n-1$ の外部共鳴点より外側に存在し，次数 n の内部共鳴点は次数 $n-1$ の内部共鳴点より内側に存在することになる（図 5.8）．共鳴点では波数が発散し，波は伝搬できなくなるので，考えるべき波は一定の振動数 ω にたいして $(\omega - m\Omega)^2 < \kappa^2$ を満たすものであることになる．2本腕の波，$m=2$ にたいして，$\omega = 2\Omega(\varpi) - \kappa(\varpi)$ を満たす半径を内部リンドブラッド共鳴，$\omega = 2\Omega(\varpi) + \kappa(\varpi)$ を満たす半径を外部リンドブラッド共鳴と呼ぶ．$\omega = 2\Omega(\varpi)$ を満たす半径は共回転半径である．このよう

5.3 渦巻構造の密度波理論

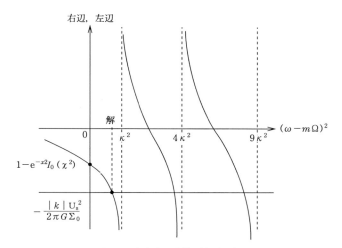

図 5.7 密度波の分散関係の概略図
式 (5.79) の右辺を $(\omega - m\Omega)^2$ の関数として描いている.

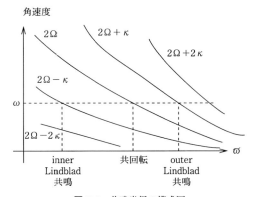

図 5.8 共鳴半径の模式図
$2\Omega \pm n\kappa$ は通常 ϖ の減少関数であり,共鳴半径はこれらの曲線と
密度波の振動数 ω が一致する点で与えられる.

にして,内部リンドブラッド共鳴と外部リンドブラッド共鳴の間の領域に存在する波を渦巻構造を記述する密度波とみなすのである.

このような波はさらに以下のような多少強引な近似をすると,流体近似で与えられるものと一致することが示される.すなわち,分散関係式 (5.79) の右辺の分母で $(\omega - m\Omega)^2 \ll n^2\kappa^2$ と近似し,右辺を

$$-\sum_{n=1}^{\infty} 2\mathrm{e}^{-\chi^2} I_n(\chi^2) - 2\mathrm{e}^{-\chi^2} I_1(\chi^2) \frac{(\omega - m\Omega)^2}{\kappa^2} \tag{5.80}$$

と近似する．さらに公式

$$\sum_{n=1}^{\infty} 2\mathrm{e}^{-\chi^2} I_n(\chi^2) = 1 - \mathrm{e}^{-\chi^2} I_0(\chi^2) \tag{5.81}$$

を使い，$\chi^2 \ll 1$ とすると，右辺は

$$-\frac{\chi^2}{1 - \frac{(\omega - m\Omega)^2}{\kappa^2} + \frac{3}{4\chi^2}} \tag{5.82}$$

と書ける．これを式 (5.79) の左辺と等しいとして変形すれば，ガス円盤の分散式 (5.40) で c_s^2 を $3u_\mathrm{s}^2/4$ でおきかえた式が得られる．要するに分散式 (5.79) は個々の粒子の軌道運動の効果を取り入れた回転円盤の波動と不安定性を記述するものである．

分散関係 (5.79) で $(\omega - m\Omega)^2$ が負になる解が存在すれば，それは円盤が重力的に不安定であることを意味する．安定・不安定の境界では $\omega - m\Omega = 0$ となる．このときの波数は

$$-\frac{|k|u_\mathrm{s}^2}{2\pi G\Sigma_0} = -\sum_{n=1}^{\infty} 2\mathrm{e}^{-\chi^2} I_n(\chi^2) = \mathrm{e}^{-\chi^2} I_0(\chi^2) - 1 \tag{5.83}$$

を満たしている．これを変形すると

$$\mathrm{e}^{-\chi^2} I_0(\chi^2) + \frac{u_\mathrm{s} \kappa}{2\pi G\Sigma_0} \chi = 1 \tag{5.84}$$

となるが，χ を変化させたときに左辺の最小値が 1 を超えていればこの方程式は解をもたない．すなわち，すべての波数にたいし分散関係の解は $(\omega - m\Omega)^2 > 0$ を満たしていることになり，円盤は安定となる．この条件は数値的には

$$\frac{u_\mathrm{s} \kappa}{2\pi G\Sigma_0} > \sqrt{0.2857} \tag{5.85}$$

となる．前に述べたように $u_\mathrm{s,min} = 3.36\,G\Sigma_0/\kappa$ をツームレの最小分散と呼ぶ．観測される恒星の速度分散はほぼこの最小分散程度である．

以上のように密度波理論は渦巻構造を与える波の存在を示した点で一応の成功を収めたといえる．しかし，上の取り扱いは局所的なものであって重力の遠距離力的性質は十分反映されていない．分散関係式での m や k の依存性からもわかるように腕の数 m はどのようなものでもよいし，k の正負もどちらであってもよい．その結果，渦巻構造がなぜ 2 本腕であるか，渦巻の形が trailing であるか leading であるか，波の振動数が何によって決定されるのかなどの疑問が残る．また，波の群速度での伝播を考えると波は減衰することも示されている．これに対抗する波の励起機構もはっきり

とはしていない．このようなことを研究するために，大局的解析やN体数値シミュレーションが行われたが，その結果によると，円盤銀河は非軸対称な棒状のモードにたいし著しく不安定であり，力学的なタイムスケールで円盤が膨れあがることが示された．しかし，現実に観測される銀河は薄い円盤が安定に存在しているようにみえる．この矛盾を解決するためには，円盤の数倍の質量の球状のハローが存在していればよいことが示されている．すなわち，円盤の大局的安定性の点からも暗黒物質の存在が支持されているのである．反面，渦巻モードの励起という立場ではすべてのモードが安定化するとは考えられない．一部のモードは不安定であり伝播により減衰するとともに，常に励起されていると考えるべきなのであろう．

5.4 銀河の化学進化

銀河は多数の恒星と星間ガス，そして暗黒物質とからなる自己重力系であり，宇宙における物質分布の基本的な構成単位である．銀河は膨張宇宙における微少な密度ゆらぎの成長によって，赤方偏移 $z = 3 \sim 10$ の時期に形成されたと考えられている．銀河の形成時には銀河は水素とヘリウムとからなる原始組成のガスであり，ここから恒星の形成と進化を通じて現在観測されているような姿に変化してゆく．これを銀河の進化という．この節では恒星の進化によって重元素がつくられ化学組成が変化する化学進化について述べる．化学進化の計算は，同時に銀河を構成する星がどのように変化するかという問題にも答えを与えることになる．その結果，銀河の輻射スペクトルの進化が同時に得られることになるのである．スペクトル進化の研究は赤方偏移の大きい，すなわち昔の時期の銀河の観測に基づく宇宙論的な研究にとって本質的に重要なもので，近年多くの研究がなされている．ここでは紙数の関係もあり，化学進化の問題に限ることにする．化学進化の問題に関連した原子核年代学などによる銀河の年齢の推定については 5.5 節に述べる．

5.4.1 対比すべき観測事実

われわれの銀河ではガスの質量はバリオン成分の全質量の10%程度，重元素量（ガス中の重元素の重量比）は2%程度である．ここで全質量とはガスと恒星の質量の和であって，銀河ハローの暗黒物質は含まないものとしておく．原始組成のガスから出発してこれを再現するモデルを考えよう．このようなモデルは1960年代に星の進化と元素の起源の理論が大筋で確立されるとともに，1970年頃からティンスレーなどにより多くの研究がなされてきた．さらに近傍の系外銀河や銀河団への応用も進められてきた．1990年代に入って赤方偏移の大きな遠方の銀河や銀河間ガスの観測が進むにつれ，それらへの応用もなされている．これらは過去の銀河の状態を表すものと考え

られ,時間の関数としての銀河の進化の姿を観測的に与えているものとみなされる.

化学進化の理論が再現すべき現在の銀河の観測事実としては以下のようなものがある.まずわれわれの銀河については太陽近傍の個々の星の表面の元素組成がある.星の表面の化学組成は星の誕生時の化学組成をほぼそのまま反映していることに注意しておこう.また円盤部に属する星では星の生まれた場所と現在の場所とは動径座標でみればほぼ同じであると考えてよいであろう[1].運動学的にみて円盤成分に属する星については,G型星など寿命の長い星の重元素量の分布関数が最も基本的な観測量である.重元素量が太陽の30%以下の星がほとんど存在しないという観測事実はG型矮星問題と呼ばれており,これを説明することはこれまでの銀河の化学進化のモデルの中心的課題であった.もし星の年齢がわかるならば,円盤の重元素量の進化が時間の関数として与えられることになる.星の年齢の推定は,主系列星といえども年齢によってH–R図上の位置やスペクトルがわずかに変化することを使って行われるが,十分な精度はない.寿命が長い星の数は過去の星生成の積分量を表している.また,星の進化の結果形成された白色矮星,中性子星,ブラックホールの数なども過去の星形成史を反映する.運動学的にハローに属するとされる少数の星の重元素量は球状星団の星と同様に,小さな重元素量を示し,これらの星が古い時代に生成されたことを示している.また星間ガスの元素組成も電離領域の輝線スペクトル,明るい星の星間ガスによる吸収線などから調べられる.星間ガス中では重元素の約半分はダスト(固体微粒子)として存在している.

多くの系外銀河では個々の星を観測することが困難であり,系全体のスペクトルからその重元素量を推定することになる.どのような星がどれだけ含まれていれば観測されるスペクトルを再現できるかという問題が種族合成の問題である.これを化学進化と整合的に行うものを進化種族合成と呼び,近年盛んに研究されている.近傍の銀河で重要な観測量として星間ガスの量,大質量星の生成率および超新星の爆発率がある.特に超新星爆発率は鉄や酸素など重元素の生成率の観測の指標となるものである.銀河団には大量の高温ガスが含まれており,鉄などの重元素量が決められる.この鉄の起源は楕円銀河の進化やIa型超新星の生起率に強い制限を及ぼす.赤方偏移の大きな銀河は過去の銀河に対する情報をもたらす.赤方偏移の大きなところでのガスの状態はクェーサー吸収線を使ってなされる.クェーサー吸収線は多数の銀河間雲が存在していることを示しているがそれらは銀河と無関係ではない.多くのものは形成期の銀河に付随した広がったガス雲であると考えられるが,太陽の1%から10%程度の重元素を含んでいることが知られている.これらは銀河の初期進化にたいして大きな情報を与えるものである.銀河の進化の理論はこれらの観測事実を説明しなければなら

---

[1] 最近,星の動径方向への移動がかなりあるのではないかという考えが提起されている.

ない.

5.4.2 最も単純なモデル

最初に,銀河の化学進化を記述する最も単純なモデルについて述べよう.その要点は次のようなものである.まず銀河を一様で一定の質量 M_0 をもった閉じた系とする.ガスの質量を $M_{\rm g}$, 星の総質量を $M_{\rm s}$ と記す.単位時間あたりの星の生成率(SFR)を $S(t)$ で表す.t は銀河形成時から測った時間である.生まれる星の質量スペクトルを初期質量関数(IMF)と呼び,$F(m)$ で表す.$F(m)dm$ は単位時間に生まれる,質量が m と $m+dm$ の間にある星の総質量である.したがって対応する星の数は $F(m)dm/m$ となる.質量が m の星の進化の径路とその終末は星の進化の理論から決まっているので,SFRとIMFとを決めれば銀河の化学進化が決まることになる.すなわち,ガスと星との質量比,重元素量,質量と光度との比,各種の星の構成比,銀河の輻射スペクトルなどが時間 t の関数として求められる.そして銀河の年齢 $t_{\rm G}$ だけたったときの姿が現在の銀河になるわけである.原理的には単純であるが,SFRやIMFは素過程としてよくわかっているわけではないので,パラメータ化,モデル化をして調べていく.

まずIMFは時間的に不変であると仮定する.星の質量の上限と下限はたとえば $m_{\rm u}=100\,M_\odot$, $m_{\rm l}=0.1\,M_\odot$ ととっておく.さらに簡単のため $F(m)$ はべき型であり,べき指数はサルピータによって採用された -1.35 であると仮定することもしばしば行われる.最近ではより詳しい観測に基づいたモデルもあるが,べきモデルは簡単で定性的特徴をよく表していると考えられる.星の内部で生成された重元素は超新星爆発によって星間空間に放出される.超新星爆発はおもに約 $8\,M_\odot$ 以上の重い星が担うが,このような重い星の進化の時間は銀河の年齢に比べて短いので,重い星はできた瞬間に重元素を銀河内の空間に放出すると近似してよい.星がガスを放出する率を $L(t)$ とすると,この瞬間リサイクル近似では L は星形成率 S に比例することになる.比例係数を β とおくと,基礎方程式は

$$\frac{dM_{\rm s}}{dt}=-\frac{dM_{\rm g}}{dt}=S(t)-L(t)=(1-\beta)S(t) \tag{5.86}$$

となる.当然,ガスと星の質量の和は保存し

$$M_{\rm g}+M_{\rm s}=M_0 \tag{5.87}$$

となる.

ガスの重元素量を Z として,ガス中の重元素の質量,$M_{\rm g}Z$ の変化率を調べよう.星の内部で新たに生産された重元素の放出率は星の形成率に比例するので,その割合(イールド)を y とすると,求める変化率は

$$\frac{dM_\mathrm{g} Z}{dt} = -S(t)Z + L(t)Z + yS(t) = [y - (1-\beta)Z]S(t) \tag{5.88}$$

と表される．

上の2つの式（5.86），（5.87）と式（5.88）から時間を消去すると

$$\frac{dM_\mathrm{g} Z}{dM_\mathrm{g}} = Z - \frac{y}{1-\beta} = Z - y_* \tag{5.89}$$

となる．$y_* \equiv y/(1-\beta)$ は有効生産量と呼ばれる．この式は

$$\frac{dZ}{d\ln M_\mathrm{g}} = -y_* \tag{5.90}$$

となるので，初期条件を $t=0$ で $M_\mathrm{g} = M_0$, $Z=0$ として積分すると

$$Z = y_* \ln \frac{M_0}{M_\mathrm{g}} \tag{5.91}$$

を得る．

この式からわかるようにガスの割合とガスの重元素量とは1対1の関係で結ばれている．ガスの量が減り，星ができるとそれだけガスの重元素量が増えることになっている．この傾向はガス分量の異なる近傍の不規則銀河の観測とほぼあっている．また現在の値として $M_\mathrm{g}(t_\mathrm{G})/M_0 = 0.1$, $Z(t_\mathrm{G}) = 0.02$ とすると $y_* = 0.0087$ となるが，これは生まれた星の総質量のうち $0.87(1-\beta)\%$ が新たに重元素として星間空間に戻されることを意味している．$\beta \sim 0.4$ とすると 0.5% 程度となる．IMF として上の仮定をとったとき $8\,M_\odot$ 以上の星は質量で 14% を占めるので，重い星の質量の約 4% が重元素に転化して放出されればよいことになる．これは星の進化の理論の結果と比べ数倍程度小さいが，モデルの単純さを考えれば定性的には悪くはないであろう．

一方，星の総質量 $M_\mathrm{s} = M_0 - M_\mathrm{g}$ はガスの重元素量を使って

$$M_\mathrm{s} = M_0 \left[1 - \exp\left(-\frac{Z}{y_*}\right)\right] \tag{5.92}$$

と書ける．この質量は実質的には寿命の長い星のものであり，ガスの重元素量は時間的に単調に増大することを考慮すると，表面の重元素量が Z よりも低い星の総質量 $M_\mathrm{s}(<Z)$ を表すことになる．現在の星の総質量にたいする割合は

$$\frac{M_\mathrm{s}(<Z)}{M_\mathrm{s}(t_\mathrm{G})} = \frac{1 - \exp\left(-\frac{Z}{y_*}\right)}{1 - \exp\left(-\frac{Z(t_\mathrm{G})}{y_*}\right)} = \frac{1}{1-f}\left[1 - f^{Z/Z(t_\mathrm{G})}\right] \tag{5.93}$$

となる．ここで $f \equiv M_\mathrm{g}(t_\mathrm{G})/M_0$ は現在の銀河でのガスの分量である．観測的には $f = 0.1$ 程度なので，太陽の重元素量の半分以下の星の割合は 76%, 3分の1以下は 60%, 10% 以下でも 23% あることになる．しかし観測的には3分の1以下の星はほ

とんどなく，このモデルは観測と矛盾している．これが G 型矮星問題である．この矛盾は，ここで考えた単純なモデルでは重元素量の少ないうちに星をたくさんつくってしまうことに起因している．この問題の解決のために多くのモデルが提唱されているが，その中で最も有力なものが降着モデルである．

5.4.3 降着モデル

G 型矮星問題を避けるためには，ある程度重元素量が大きくなってから星の大部分ができるものとすればよい．降着モデルでは銀河円盤はハローからの始源組成ガスの降着によりゆっくりと成長すると考える．この項を $A(t)$ とすると，星とガスの質量の変化は

$$\frac{dM_\mathrm{s}}{dt} = S(t) - L(t) = (1-\beta)S(t) \tag{5.94}$$

$$\frac{dM_\mathrm{g}}{dt} = -(1-\beta)S(t) + A(t) \tag{5.95}$$

となり，全質量は時間とともに増加する．ガスの重元素量の時間変化は前と同じ式 (5.88) なので，単純なモデルのように時間を消去することはできない．ここでは，物理的な根拠にはやや乏しいが，解析的に取り扱え，降着モデルの定性的特徴をもったモデルとして降着率が星形成率に等しく，円盤のガス質量が一定であるような場合を考えてみよう．すなわち

$$A(t) = (1-\beta)S(t) \tag{5.96}$$

と仮定すると

$$\frac{dM_\mathrm{g}Z}{dt} = M_\mathrm{g}\frac{dZ}{dt} = (1-\beta)(y_* - Z)S(t) \tag{5.97}$$

より，

$$M_\mathrm{g}\frac{dZ}{dM_\mathrm{s}} = y_* - Z \tag{5.98}$$

を得るので，これを積分して

$$Z = y_* \left[1 - \exp\left(-\frac{M_\mathrm{s}}{M_\mathrm{g}}\right)\right] \tag{5.99}$$

を得る．これから

$$\frac{M_\mathrm{s}(<Z)}{M_\mathrm{s}(t_\mathrm{G})} = -\frac{M_\mathrm{g}}{M_\mathrm{s}(t_\mathrm{G})} \ln\left[1 - \frac{Z}{y_*}\right] \tag{5.100}$$

となる．この場合，現在の重元素量を再現するためには $y_* \cong 0.02$ が必要となるが，星の進化の理論とはより整合的な値になっている．太陽の半分以下，3 分の 1 以下，10% 以下の重元素量をもつ星の割合はそれぞれ 7.7%，4.5%，1.2% となり，観測と矛盾しなくなる．図 5.9 に現実的な降着モデルでの予言値を示しておく．

降着は G 型矮星問題のみから要請されるわけではない．もう 1 つの問題として星間

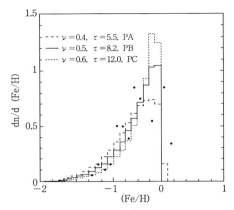

図 5.9 いくつかの降着モデルに基づく星の重元素量分布の予言値
(三原と高原による: *Publ. Astron. Soc. Japan*, vol. 18, 1996).

物質中の重水素量の問題にふれておこう．宇宙初期に合成された重水素量は水素との比で表すとおよそ 4.5×10^{-5} 程度と考えられる．一方，太陽系生成時には 2×10^{-5} 程度，現在では 1.6×10^{-5} 程度である．重水素は星の内部に入ったあと比較的低い温度で核反応を起こし ^{3}He に転化するので質量放出が起こったときにはなくなってしまう．もしガスの降着がないものとすると，現在の星間ガスの大部分はいったん星の内部に入った後放出されたものからなっており，重水素はほとんどなくなってしまうものと考えられる．それにもかかわらず，かなりの量の重水素が存在していることは降着が起こっていて常に原始組成のガスが供給されていることによるものと考えられる．また，系外の円盤銀河については星の生成率は宇宙年齢よりも数倍短い時間でガスがなくなってしまう程度の大きさであることが知られている．それにもかかわらず，かなりの量のガスが存在していることは，星からの質量放出だけではなく，原始ガスの降着が重要な役割を果たしているものと思われる．

5.4.4 進んだモデルへの道

ここまで述べたモデルは銀河の化学進化の骨格を定性的に理解するためのものであり，実際にはそこで無視されていた多くの重要な問題を取り扱わねばならない．単純なモデルでは SFR と時間のスケールは直接には現れず，単にガス分量を通じて間接的に現れたのであった．星の年齢と重元素量との関係などの問題を取り扱うためには，もちろん具体的な SFR とガスの降着率を採用しなければならない．SFR はガスの状態に複雑に依存していると考えられるので，現在のところガス密度に比例するといった単純な仮定がよく用いられる．モデルに現れた重要なパラメータは質量放出率 β と重元素生産率 y であった．これらは星の物理学と IMF とから決まるものであるが，

上ではこれらを担う星の寿命は0であるという瞬間リサイクル近似を用いた．実際には，星の質量放出は超新星爆発以外に中程度の質量の星が赤色巨星以降に進化した段階で最も盛んであり，これにもっと長いタイムスケールで起こる．したがって，星の寿命が有限であることを考慮しなければならない．重元素の放出は連星系中の白色矮星への降着あるいは白色矮星の合体によって起こるIa型超新星によっても生じる．これらの質量放出では星の質量によって放出される各元素の割合も異なるので，重元素量の総和だけでなく各元素ごとにその進化を調べることも重要である．さらには，星の進化と元素合成の星の重元素量への依存性も考慮しなければならない．

これらのことは，銀河の化学進化を支配する基礎方程式の中で星からの質量放出と重元素生成の部分を

$$L(t) = \int_{m(t)}^{m_u} (m - m_{\rm rem}) S(t - \tau(m)) F(m) \frac{dm}{m} \tag{5.101}$$

$$L_i(t) = \int_{m(t)}^{m_u} [(m - m_{\rm rem} - mp) X_i(t - \tau(m)) + mp_i] S(t - \tau(m)) F(m) \frac{dm}{m} \tag{5.102}$$

とすることにより考慮される．ここで，$\tau(m)$ は質量 m の星の寿命，$m(t)$ は寿命が t であるような星の質量，$m_{\rm rem}$ は進化の結果残される白色矮星，中性子星，ブラックホールの質量である．X_i は星間物質中の元素 i の組成比である．重元素放出率は各元素 i ごとに考え，核融合反応によって組成の変化が起こり，かつ外部に放出された部分の星の質量 m にたいする割合を p_i としている．$p = \sum p_i$ である．もし，ある元素が星の中で壊されて放出される場合は p_i は負となる．こう定義すると $\sum X_i = 1$ なので，$L = \sum L_i$ となっている．上の表式は単独星のみを考えているので，さらに連星系の効果を取り入れなければならない．連星系の最も重要な効果はIa型超新星により鉄を生産することである．II型の超新星がおもに α 元素を短い時間で生み出すのにたいし，Ia型は中質量星が寄与するので，鉄の生産はより長い時間をかけて生じることになる．ハローの古い星で α 元素と鉄の組成比が太陽に比べ大きいことはこの寿命の違いに起因しているのである．

単純なモデルでは銀河を一様だとして仮定した．すなわち，星から放出されたガスはすぐに系内で混合し一様な組成となると仮定している．実際にはこれは近似にすぎず，さまざまな非一様性を考える必要がある．われわれの銀河は円盤部，バルジおよびハロー部分からなり，その化学的性質は非常に異なっているし，円盤部でも中心からの距離とともに重元素量は変化している．上で取り扱ったモデルは太陽近傍に限ったものであり，銀河全体を考えるときには各構成部分の進化とその相互関係を考察する必要がある．特に重元素量の小さな古い星については，銀河形成期の星形成や元素合成の歴史を解明する情報をもたらす貴重なものとなる．

また最近では，われわれの銀河以外の化学進化の問題も定量的な研究が可能になってきた．現在の渦巻銀河はガスを10%程度含んでいるが楕円銀河はほとんどガスを含んでいない．これはSFRの違いによって楕円銀河では最初の1Gyr程度の間に星の形成が完了し，残っていたガスを銀河の外に放出してしまったことによると考えられているが，何がSFRの大きさを決めているのかはよくわかっていない．また楕円銀河を多く含む銀河団には鉄を多量に含む高温の銀河間ガスが存在している．この鉄の起源は銀河団を構成する銀河から放出されたものである．さらに，近傍の銀河だけでなく，赤方偏移の大きな遠方の若い銀河やクェーサー吸収線系にも重元素が観測されるようになってきた．これらを総合して宇宙の化学進化の姿が明らかになりつつある．

5.5 原子核年代学と銀河の年齢

銀河の年齢にたいする情報を得ることは銀河の進化の理解のためだけでなく，それが宇宙年齢の下限を与えるという点で非常に重要な課題である．銀河の年齢は放射性同位体や星の年代を測定することにより行われる．以下でそのいくつかの例をみてみよう．現在では宇宙年齢は宇宙背景放射の非等方性など宇宙論的な観測で精密に決定されているので，ここで述べる年齢決定法は銀河の天文学的観測による年齢の推定と整合的であること，ひいては銀河や元素の進化についての理解が的を射たものであることを示していることになる．

5.5.1 ウラン-トリウム法

星の進化に伴って合成される元素のうち，特に放射性元素に着目すると元素の年齢や銀河の年齢の推定が可能になる．この手法は原子核年代学と呼ばれ，地球上の岩石や隕石の年代測定でなじみの深いものである．使う元素にはU–Th, Rb–Sr, Re–Osなどがあるが，ここでは典型的な例としてU–Thを使った方法を述べよう．^{235}U, ^{238}U, ^{232}Thの平均寿命τ_iはそれぞれ1.015, 6.45, 20.2 Gyrであり，崩壊の結果，最後にはそれぞれ^{207}Pb, ^{206}Pb, ^{208}Pbになる．これらの元素はr過程で合成され，その生成比は原子核物理学とr過程の起こる星の内部環境によって支配される．それらの生成比P_iと観測される組成比N_iとを使って以下のような解析を行う．r過程の理論によると生成比にはかなりの不定性があるが，$P_{235} : P_{238} : P_{232} = 1.25 : 1 : 1.6$程度である．一方観測量は岩石や隕石中の存在比であり，これらは太陽系の形成時から現在までこれらの元素が自由崩壊していることを考慮すると太陽系形成時（4.55 Gyr前）には$N_{235} : N_{238} : N_{232} = 0.317 : 1 : 2.32$となっている．

r過程は重い星が超新星爆発を起こすときに生じると考えると，これらの元素の生成量については瞬間リサイクル近似が成立し，星の生成率$S(t)$に比例することにな

5.5 原子核年代学と銀河の年齢

る．したがって，星間ガス中の存在量 N_i の時間変化は，比例係数を B として

$$\frac{dN_i}{dt} = BP_i S(t) - (1-\beta)S(t)\frac{N_i}{M_{\rm g}} - \frac{N_i}{\tau_i} \tag{5.103}$$

となる．便宜のため

$$\nu(t) = \int_0^t (1-\beta)\frac{S(t')}{M_{\rm g}(t')}dt' = \int_0^t \omega(t')dt' \tag{5.104}$$

と定義する．$t=0$ には $N_i = 0$ であったとすると

$$N_i(t_{\rm s}) = BP_i {\rm e}^{-t_{\rm s}/\tau_i - \nu(t_{\rm s})} \int_0^{t_{\rm s}} S(t){\rm e}^{t/\tau_i + \nu(t)} dt \tag{5.105}$$

を得る．ここで $t_{\rm s}$ は銀河形成から太陽系形成までの時間である．この式は N_i/P_i の相対比を銀河形成から太陽系形成時までの星形成史およびガス分量の関数として表したものになっている．銀河円盤は閉じた系ではなくガスの降着も起こっているので，関数 $\nu(t), S(t)$ は化学進化のモデルに依存している．

ここで，簡単のため星形成率はガス質量に比例すると仮定し，$\omega=$ const. としよう．ガス質量の変化は

$$\frac{dM_{\rm g}}{dt} = -(1-\beta)S(t) + A(t) = -\omega M_{\rm g}(t) + A(t) \tag{5.106}$$

と与えられるので，ガス質量と星形成率は

$$M_{\rm g}(t) = M_{\rm g}(0) \exp\left[-\omega t + \int_0^t \frac{A(t')}{M_{\rm g}(t')}dt'\right] \tag{5.107}$$

$$S(t) = S(0) \exp\left[-\omega t + \int_0^t \frac{A(t')}{M_{\rm g}(t')}dt'\right] \tag{5.108}$$

となる．すると

$$N_i(t_{\rm s}) = BS(0)P_i {\rm e}^{-\left(\frac{1}{\tau_i}+\omega\right)t_{\rm s}} \int_0^{t_{\rm s}} \exp\left[\frac{t}{\tau_i} + \int_0^t \frac{A(t')}{M_{\rm g}(t')}dt'\right] dt \tag{5.109}$$

となる．元素 i と元素 j との相対比を考えると，星形成史の効果は $A/M_{\rm g}$ を通じて現れることになる．さらに簡単化してこれを一定（$=1/\tau_{\rm R}$）とみなすと

$$\frac{N_i}{N_j} = \frac{P_i}{P_j}\frac{\tau_i}{\tau_j}\frac{\tau_j + \tau_{\rm R}}{\tau_i + \tau_{\rm R}}\frac{{\rm e}^{t_{\rm s}/\tau_{\rm R}} - {\rm e}^{-t_{\rm s}/\tau_i}}{{\rm e}^{t_{\rm s}/\tau_{\rm R}} - {\rm e}^{-t_{\rm s}/\tau_j}} \tag{5.110}$$

となる．元素の組み合わせとして2つあるので，原理的には $\tau_{\rm R}$ と $t_{\rm s}$ が求められる．実際には採用した r 過程の生成比によっては解がないこともあるなど，これらの量の推定にはかなりの不確定性がある．ただし，不確定性の多くは寿命の長い ^{232}Th によるので，^{235}U からは τ_R にはあまりよらずに $t_{\rm s} = 6 \sim 10\,{\rm Gyr}$ 程度の値が推定されている．これに太陽系の年齢 $4.55\,{\rm Gyr}$ を加えて銀河の年齢は $11 \sim 15\,{\rm Gyr}$ 程度となる．

上の例は解析的な例を示すために，あまりに限定しすぎたモデルになっているが，数値的な研究の結果も本質的には同様な結果を示している．他の同位体を使った評価もこれ以上に不確定性があり，より正確な評価はかなり困難である．

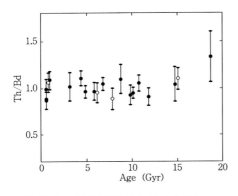

図 5.10 星の年齢と表面の Th/Nd 比の関係の観測
この比がほとんど一定であることは年齢がここで使われている値よりも 2 倍程度小さいことを意味する．ただし，Nd の約半分は s 過程で生成されるため，この結論は現在ではそれほど強いものとは考えられていない (H. R. Butcher: *Nature*, vol. 328, 1987).

5.5.2 星の表面のトリウム量

 古い星の表面の放射性元素の存在量に崩壊の影響が観測されれば銀河の年齢の推定を行うことができる．たとえば，1987 年にブッチャーはさまざまな年齢の G 型矮星表面の ^{232}Th 量を安定な元素 ^{142}Nd の量と比較して，その比がほとんど一定で ^{232}Th の崩壊の影響がみられないことから銀河の年齢はやはり 10 Gyr 程度以下であると論じた (図 5.10). 安定な元素については各式では $\tau_j = \infty$ とすればよい．簡単のため，式 (5.110) を使うが，観測する時刻が太陽系の形成時に限らず，観測された星の生まれた時刻である点が異なっている．また，時刻 t に生まれた星の表面の ^{232}Th は現在まで自由崩壊していることを考慮しなければならない．したがって現在の時刻 ($t = t_{\rm G}$) に観測される，時刻 t に生まれた星の ^{232}Th と ^{142}Nd の比は

$$\frac{N_{\rm Th}}{N_{\rm Nd}}(t) = \frac{P_{\rm Th}}{P_{\rm Nd}} \frac{\tau_{\rm Th}}{\tau_{\rm Th} + \tau_{\rm R}} e^{-t_{\rm G}/\tau_{\rm Th}} \frac{e^{t/\tau_{\rm R} + t/\tau_{\rm Th}} - 1}{e^{t/\tau_{\rm R}} - 1} \tag{5.111}$$

となる．この比は一般に時間の増加関数であり，年齢の若い星ほど ^{232}Th と ^{142}Nd の比は大きくなるはずである．ブッチャーによればこの比は星の年齢によらずほとんど一定である．これが正しいとすると実は星の年齢の推定の方法にどこか問題があって実際の年齢はもっと若く，すべて 10 Gyr 以下であると考えなければならないことになる．その後，この方法にはいくつかの問題があり，それほど強い結論は得られないとみなされている．観測的な問題もあるが，理論的な 1 つの理由として ^{142}Nd の約半分は s 過程で合成されるため，その生成の歴史が ^{232}Th と異なることがある．そのため代わりに r 過程で合成される Eu を使うことが提案されているが，現在のところ確定的な結論は出ていない．

 重元素量の少ないハローの星のトリウム量も銀河の年齢にたいして制限を与えることができる．CS22892–052 という星の観測では 16 個の安定な r 過程元素の組成比が太陽のものと一致しているが，Th 量は約半分であることが発見されている (図 5.11). これは上の場合と逆に Th の崩壊がみえていることを意味しており，この星の年齢が

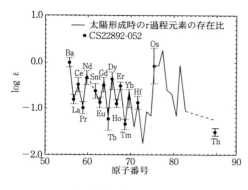

図 5.11 ハローの星 CS 22892–052 の表面で観測された r 過程元素の存在比
曲線は太陽での存在比を太陽の Th を基準にして描いたものである．このハロー星の Th 量が少なくなっていることがわかる (J. J. Cowan et al: *Astrophysical Journal*, vol. 480, 1997).

$17 \pm 4\,\mathrm{Gyr}$ とかなり長いことを示している．このように放射性同位体を使った年齢の推定は原理的には可能であるが，その不定性はまだかなり大きいのが現状である．

5.5.3 白色矮星の光度関数

銀河の年齢は他のいくつかの方法を使っても推定できる．銀河の進化の結果として大質量の星はブラックホールや中性子星を残し，中質量の星は白色矮星を残す．星の寿命が銀河の年齢よりも長いような小質量の星は主系列にとどまったままである．このことを使っても銀河の年齢などを推定できる．球状星団は重元素量が少なく，またその空間分布もほぼ球状に広がっており，銀河の進化の初期にできた天体であると考えられる．その H–R 図から主系列にとどまっている星の最大質量を決めると，その星の年齢が球状星団の年齢に等しいので年齢が決まる．この年齢は星形成時のヘリウム量，重元素量などに依存するが，多くの研究では $12 \sim 17\,\mathrm{Gyr}$ という年齢が推定されている．このように不定性が大きい1つの理由は球状星団までの距離を必要な精度で求めるのが困難であるからである．低質量星の主系列にとどまる年齢をたとえば10%の精度で求めるためには，質量は4%，光度は14%，距離は7%の精度で求める必要がある．星の表面温度も一定の指標にはなるが，重元素量や星間吸収の影響，表面温度と色との関係の不定性などの問題があり，10%以下の精度で年齢を決定するのにはやはり困難が伴う．また，天文学の観測にはよくあることだが，このような年齢の測定にも統計誤差よりははるかに系統誤差のほうが大きいようである．

進化の残骸として残ったブラックホール，中性子星，白色矮星は銀河の質量のかなりの部分を占める．なかでも白色矮星は高温で生まれ，次第に冷えながら光度も下がっていく．したがって最も低温で低光度の白色矮星の年齢が銀河の円盤の年齢を表すことになる．1987 年にウィンゲットらは太陽近傍の白色矮星の光度関数を調べて，$10^{-4.5}\,L_\odot$ で切れることを発見し，白色矮星の理論的な冷却率と比較して銀河円盤の年齢として $9.3 \pm 2.0\,\mathrm{Gyr}$ を得た（図 5.12）．白色矮星の系統的探査はその後も続けら

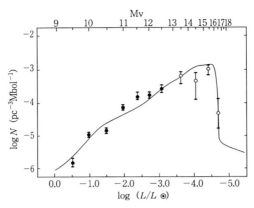

図 5.12　白色矮星の光度関数の観測

(D. E. Winget et al: *Astrophysical Journal*, Vol. 315, 1987).

れているが，このようなカットの存在は確かなようである．一方，白色矮星の冷却の理論には炭素と酸素の相分離によるエネルギー解放の問題があり，もしこのような相分離が起こるならば，エネルギー解放により表面温度の低下が妨げられる可能性も指摘されている．

これらの観測事実を総合するとわれわれの銀河の円盤部（正確には太陽近傍）の年齢は 10～15 Gyr 程度だと考えられる．銀河の形成はハローまたはバルジから始まると考えられているが，そこから円盤部の星形成までにはおそらく 1～3 Gyr 程度の時間が経過しているであろう．したがって銀河の年齢にもそれだけの不定性がある．銀河進化史の解明や宇宙年齢への制限のためにはより正確な決定が必要であるが，次章で述べるように現在では宇宙論的観測により，宇宙の年齢は 13.8 Gyr という値が得られている．するとわれわれの銀河の年齢は 12～13 Gyr となっているものと考えられる．

5.6　星間物質

銀河は恒星と星間物質からなる系であり，星間ガスと星は星の形成と星からの質量放出を通じて物質やエネルギーの交換を行っている．星間ガスの熱的状態には宇宙線と呼ばれる非熱的な高エネルギー粒子の存在が大きな役割を果たしている．星間物質はガス以外にダストと呼ばれる固体微粒子を含むとともに，星間空間には磁場が存在している．また，ガスの状態も低温の水素分子を主成分とした状態から，水素原子を主成分とした状態，高温の電離水素を主成分とした状態まで，さまざまの状態をとっ

ている.したがって,星間物質の観測的研究は電波天文学,赤外線天文学,X線天文学など広範にわたっており,また分子科学から電磁流体力学,宇宙線物理学までさまざまな分野の研究対象となっている.

5.6.1 星間ガスの重力不安定

星の形成は星間ガス中の密度のゆらぎが成長して重力的に束縛した天体をつくることであるといってもよい.したがって,星の形成を論じるためには星間ガスの重力不安定を調べる必要がある.星をつくるような小さなスケールでは,銀河回転の影響などは無視できると考えて,最初に一様媒質の重力不安定性を調べておこう.基礎方程式は連続方程式,運動方程式,ポアソン方程式の3つであり,それぞれ

$$\frac{\partial \rho}{\partial t} + \mathrm{div}(\rho \vec{v}) = 0 \tag{5.112}$$

$$\frac{\partial \vec{v}}{\partial t} + (\vec{v} \cdot \mathrm{grad})\vec{v} = -\frac{1}{\rho}\mathrm{grad}\, p - \mathrm{grad}\,\Phi \tag{5.113}$$

$$\Delta \Phi = 4\pi G \rho \tag{5.114}$$

と書かれる.

非摂動状態は一様な密度 ρ_0 と圧力 p_0 であり,静止($\vec{v}=0$)しているものとしよう.一様であるから $\Phi=0$ ととろう.実はこの状態はポアソン方程式を満たさないので,上の方程式の解ではない.ポテンシャルではなく力で考えれば無限一様な媒質での力は0になるので,考えている状態は許されるものと考えておこう.これはニュートン力学で無限媒質を考察する際に現れる病的な性質であるがここでは深入りしないでおく.

これに微小振幅の摂動を与えてこの系の波動モードと安定性を線形の範囲で局所的に調べてみよう.一様媒質にたいしては平面波が完全系となるので,x 方向に進む平面波

$$\exp(-i\omega t + ikx) \tag{5.115}$$

のみを調べればよい.摂動量には添字1をつけることにすると,上の基礎方程式はそれぞれ

$$-i\omega \rho_1 + ik\rho_0 v_1 = 0 \tag{5.116}$$

$$-i\omega v_1 + ikc_s^2 \frac{\rho_1}{\rho_0} + ik\Phi_1 = 0 \tag{5.117}$$

$$-k^2 \Phi_1 = 4\pi G \rho_1 \tag{5.118}$$

となる.ここで,摂動は断熱的として音速を c_s として $p_1 = c_\mathrm{s}^2 \rho_1$ とした.また,速度は x 方向の成分 v_1 のみを考えた.yz 平面の成分は非伝播性の渦を表す.

これらの3つの式から縦波にたいする分散関係

$$\omega^2 - k^2 c_s^2 + 4\pi G \rho_0 = 0 \qquad (5.119)$$

が得られる．音速が有限の大きさをもっていれば，大きな波数 k にたいして ω は実数になるので，これは安定な音波を表す．小さな k にたいしては ω^2 は負になるので ω は純虚数であり，成長モードと減衰モードの2つが存在し，成長モードが重力不安定を表している．安定不安定の境界の波数 k_J はジーンズ波数と呼ばれ

$$k_J = \sqrt{\frac{4\pi G \rho_0}{c_s^2}} \qquad (5.120)$$

となる．ジーンズ波長は

$$\lambda_J = \frac{2\pi}{k_J} = \sqrt{\frac{\pi c_s^2}{G \rho_0}} = 6.86 \times 10^{20} \frac{c_s}{1 \text{ km s}^{-1}} \sqrt{\frac{10^{-24} \text{ g cm}^{-3}}{\rho_0}} \qquad (5.121)$$

となる．ジーンズ質量はジーンズ波長の半分の長さを半径とする球の中に含まれる質量で，

$$M_J = \frac{\pi}{6} \rho_0 \lambda_J^3 = \frac{\pi^{5/2}}{6} \frac{c_s^3}{\sqrt{G^3 \rho_0}} = 8.45 \times 10^4 \left(\frac{c_s}{1 \text{ km s}^{-1}}\right)^3 \sqrt{\frac{10^{-24} \text{ g cm}^{-3}}{\rho_0}} M_\odot \qquad (5.122)$$

となる．

ジーンズ波長やジーンズ質量より大きなゆらぎは重力的に成長して星をつくることができる．この機構をジーンズ不安定と呼ぶが，上でみたようにジーンズ波長やジーンズ質量は平均的な星間物質にたいしてはかなり大きな値となる．そのため，星間ガスから直接ジーンズ不安定で形成されうる天体は分子雲スケールの天体であり，個々の星は分子雲の中に存在する小さなスケールのゆらぎが密度が高くなってから成長してできるものと考えられる．ただし，分子雲が直接星間ガスのジーンズ不安定で形成されるかどうかには疑問もある．100 pc を超えるようなスケールでは一様ガスという近似は成立せず，円盤の厚さや銀河回転による安定化の効果を無視できないからである．次項で述べるように実際の星間物質の状態はジーンズ波長以下のスケールでも著しく非一様であり，分子雲はより小さな星間雲の合体で成長したり，渦状腕や銀河磁場の不安定性と関係して生成されるものと考えられている．

上でジーンズ不安定を議論したときには，圧力としては熱的なものを考えた．実際の星間ガス中では磁場や乱流の効果を無視することはできない．乱流運動は 10 km s^{-1} 程度の大きさがあるので，ジーンズ質量を大きくするが，同時に密度のゆらぎをつくる原因ともなる．また，乱流運動は減衰も大きいので，いったん重力収縮が始まれば，重力的に生成された乱流運動は重力収縮を遅くする効果はあるが，それほど星の生成の

妨げにはならない．われわれの銀河の磁場は $3\,\mu\text{G}$ 程度であり，密度を $10^{-24}\,\text{g}\,\text{cm}^{-3}$ とするとアルフベン速度は $8.5\,\text{km}\,\text{s}^{-1}$ となる．磁場の散逸はかなりゆっくりしているので，磁場の存在は星間ガスの力学には大きな影響を及ぼす．磁場は方向性をもっているので，分子雲の重力崩壊は磁場に平行方向には早く進むが，磁場の垂直方向にはゆっくりとしか進まないという特徴を示す．磁場の散逸がないとすると，磁場のエネルギーと重力エネルギーの比は一定値を保って収縮することになる．分子雲が重力収縮を開始するときにはこの比は 1 程度だが，観測されている星の磁場は重力エネルギーにたいし非常に小さい．すなわち，星の形成の過程で磁場は散逸するか，あるいは星には取り込まれず星間ガス中に残されていることになる．これは，分子雲中の中性粒子と荷電粒子との相対運動による両極性拡散などによって生じると考えられている．

5.6.2 星間ガスの熱的状態

前項では星間ガスは一様であるものとみなして，その重力不安定を議論した．実際の星間ガスは密度分布が非一様であるだけではなく，温度も非一様で非常に多様な形態をとっている．このような星間ガスの状態はどのような原理で決まっているのだろうか，われわれの銀河を例にとって考察しよう．星間ガスの総量は恒星に比べ少ないので，ガスは恒星や暗黒物質のつくる重力場中に分布するものとみなされる．ガスのもっている比角運動量は恒星と同程度なので，ガスも円盤面に分布する．動径方向の面密度の分布は初期条件や星形成史などで決まるものと考えられる．円盤面に垂直方向の分布は高温の成分にたいしてはガスの温度で決まる．低温の成分は星間雲という構造をとっており，星間雲の乱流運動のほうが熱速度より大きいので，垂直方向の分布は乱流速度で決まることになる．星間雲の質量はジーンズ質量よりも数桁小さいのでその生成機構はジーンズ不安定ではない．そこで，星間雲がなぜできるか，乱流速度を決めるものは何か等々の問題が提起される．この問題を考えるためには，星間ガスのエネルギー収支を考察する必要がある．

星間ガスの冷却過程はほとんどが輻射で支配されている．熱的な衝突によって原子が励起され，脱励起が輻射の放出で起こるというのが基本的な過程である．地上の実験室に比べ非常な低密度であるため，衝突脱励起に比べ，輻射脱励起が圧倒的に優勢になっているのである．また，ほとんどの場合，星間ガスは光学的に薄いので輻射はそのまま冷却となるのである．輻射冷却率は各種の原子とイオンのエネルギー準位の構造で決まっているので，化学組成，温度，密度にたいして強い依存性をもっている．たとえば水素原子のみからなっているガスでは温度が $10^4\,\text{K}$ 以下になると，輻射冷却率は非常に小さくなる．これは水素原子の第 1 励起状態のエネルギー準位が $10.2\,\text{eV}$ にあるため，低温度では励起が起こらないためである．温度が $10^4\,\text{K}$ 以上になると電離が進みはじめ，再結合の際に放出される線放射や連続放射の寄与が大きくなる．温

度がさらに高くなると，ほとんど完全に電離されたプラズマ中での制動放射が卓越してくる．実際には，10^4 K 以下の温度での冷却は低励起の準位をもつ金属イオンの寄与が大きい．いずれにせよ，単位体積あたりの輻射冷却率はガスの密度の平方に比例するので，水素原子の数密度を n として，冷却率を $\Lambda = n^2 F(T)$ と書いておく．さらに低温になるとダストとの衝突での冷却が最も重要になるし，密度が非常に大きい場合には分子の関与もある．また，密度が大きく低温で分子が主成分となっている分子雲では光学的に薄いという近似が成立しなくなるので，冷却はさらに複雑になる．

一方，星間ガスの加熱機構としては宇宙線によるものと，マクロな運動エネルギーの散逸が主たるものであると考えられている．銀河宇宙線は銀河内にほぼ一様に分布しているものと考えられ，原子と衝突して電離を起こすとともに，加熱源となる．この過程には比較的低エネルギーの宇宙線の寄与が大きい．マクロな運動エネルギーは，最初超新星爆発や恒星風の形態で星から局所的に注入された運動エネルギーが衝撃波を通じて最終的に星間ガスの加熱に寄与するものである．星間雲の乱流運動の起源もおそらくこの寄与が大きいものと考えられている．もう 1 つの加熱源として銀河磁場の散逸も考えられる．また，密度の高い領域では星の光による金属イオンの電離も加熱に寄与する．これらの加熱率を定量的に決めることはかなり困難であるが，いずれにせよ，銀河全体で $10^{39} \sim 10^{40}$ erg s^{-1} 程度の加熱率がある．星の光の寄与以外は，単位体積あたりの加熱率はガスの密度に比例するとみなせるので，$\Gamma = nG$ と書いておく．

加熱と冷却との釣り合いでガスの温度や電離状態が決まるので，温度は $\Lambda = \Gamma$ から n の関数として求められることになる．$F(T)$ のふるまいは原子のエネルギー準位の構造を反映して，異なった過程が卓越するいくつかの温度領域に分けられる．その結果，密度が低い（$n < \sim 0.3$ cm^{-3}）ときには，温度がおよそ 10^4 K 以上の電離水素を主成分とした状態をとり，密度が高い（$n > \sim 3$ cm^{-3}）ときには，温度が 30〜100 K の中性水素原子を主成分とした状態をとることがわかる．中間的な密度にたいしては温度は急激に変化する（図 5.13）．

現実にガスのとりうる温度としては，安定性の問題を考えなければならない．考えている状況ではガスの自己重力の効果は小さいので，力学的には安定であり，一定の圧力のもとにあるものとしよう．このときの平衡状態の微小摂動にたいする熱的な安定性を調べてみよう．密度 n_0 にたいする平衡解を T_0 とし，$n = n_0 + \delta n$, $T = T_0 + \delta T$ の摂動を $T_0 \delta n + n_0 \delta T = 0$ を満たすように加える．簡単のため，電離に伴う粒子数の変化を無視した．$\delta T > 0$ の摂動状態で $\Lambda > \Gamma$ なら安定であり，逆ならば不安定である．$G = $ const. とすると $dF/dT > F/T$ なら熱的に安定であり，逆ならば不安定であることがわかる．

これを直感的に理解するために図 5.14 のように，n にたいする p のグラフを書いて

みよう．ガスの状態は，圧力がある値より小さいときには高温状態，圧力が別のある値より大きいときには低温状態をとり，それぞれ一意的に決まる．中間的な圧力にたいしては，低温状態，高温状態，中間状態の3つの状態が存在している．図5.13や5.14の平衡曲線よりも上側では冷却が卓越しており，下側では加熱が卓越している．圧力一定の微小変化は図5.14で平衡曲線から少し左右にずれた点に系をおくことに相当する．このとき加熱と冷却の差が系を元に戻すように働くならばこの状態は安定であり，ずれを大きくするように働くならばこの状態は不安定である．図5.14にこれらの変化の方向を示している．たとえば，低温状態の平衡状態からわずかに低温高密度の状態にずらせば，加熱が冷却より大きくなって圧力一定の条件のもとでは高温低密度側に動いてもとの平衡曲線上の状態に戻るので低温状態は安定なのである．同様に高温状態も安定であるが，中間状態は熱的に不安定であることがわかる．

したがって，圧力が中間的な場合には安定な状態が2つあり，低温高密度の状態が星間雲，高温低密度の状態が広がった星間（雲間）ガスに対応している．このような状況は圧力が $10^{-14} \sim 10^{-13}$ dyn cm^{-2} のときに実現されるが，この値は実際に太陽近傍の星間物質で観測的に推測されているものと一致している．このことから星間雲

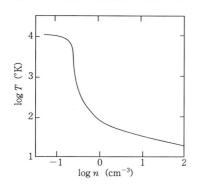

図 **5.13** 星間ガスの熱的状態（温度と数密度の関係）
(G. B. Field et al: *Astrophysical Journal*, Vol. 155, 1969).

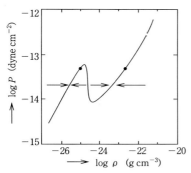

図 **5.14** 星間ガスの熱的状態（圧力と密度の関係）
曲線の上側では冷却が加熱より大きく，下側ではその逆になっている．矢印は平衡状態に摂動を与えたときの，圧力一定の条件下での変化の方向を示す．

の起源は熱不安定性によるものと考えられている．

　上の考察では，星間ガスは高温状態の雲間ガスと低温の星間雲からなる2相状態をとることになる．実際に観測されている星間ガスの状態は，これ以外により高温低密度のコロナ状態と低温高密度の分子雲を含んでおり，さらに複雑である．コロナ状態は密度 10^{-3} cm^{-3}，温度 $10^6 \sim 10^{7.5}$ K 程度の状態で冷却時間も長く，必ずしも熱的な平衡状態にはないと考えられる．おそらく，いくつかの超新星残骸が重なって半径が 100 pc 以上にも及ぶ泡構造をつくっているもので銀河ハローにも流出している可能性もある．この状態は体積的には星間空間の 90% 近くを占めるが質量としてはわずかの部分にすぎない．他方，分子雲は密度が 10^3 cm^{-3} を超え温度は 30 K 以下となっている．体積的にはわずかだが，質量でみると星間ガスの半分程度がこの状態にあるとされている．分子雲の質量や密度は一定ではなく連続的に分布している．質量の大きい分子雲は平衡状態にはなく，自己重力によって重力収縮しているものと考えられる．重力収縮は最終的には星の形成に至ると考えられるので，ここで，星間物質と原始星との関連が具体的につけられることになる．

5.7　活　動　銀　河

5.7.1　活動銀河の分類

　およそ 10% 程度の銀河は，中心核に星とガスの集合体だけでは理解できないさまざまな活動性を示す．これらを活動銀河中心核と呼ぶ．活動銀河はパルサーや X 線星，ガンマ線バースト，超新星残骸などとともに高エネルギー宇宙物理学の中心的テーマとなっている．ここでは活動銀河がどのような現象を示しているのかを概観する．歴史的には最初の活動銀河の発見は楕円銀河 M87 での可視光で観測されたジェット構造である．これはその後 1950 年代の電波天文学の発展による電波銀河の発見につながっていく．電波銀河は電波の明るさが非常に強く，かつその空間的広がりが可視光での広がりよりもかなり大きいという特徴をもつ．電波放射の起源は磁場中を運動する相対論的エネルギーの電子の放射するシンクロトロン放射である．電波銀河は最初電波ローブと呼ばれる広がった電波放射により発見されたのであるが，その後そのエネルギー源は中心核にあり，相対論的な速度のジェットによりエネルギーが広がった領域に運ばれていることが明らかにされている．一方，1940 年代に可視光の分光観測により，いくつかの円盤銀河の中心部に 10^4 km s^{-1} もの大きな線幅の輝線スペクトルをもつ銀河が発見された．これがセイファート銀河と呼ばれるものである．その明るさは銀河全体の星の光度と同程度以上である．これは銀河の中心核にブラックホールのような深い重力ポテンシャルをもつ天体が存在していることを示している．電波銀河の親銀河は楕円銀河，セイファート銀河の親銀河は円盤銀河であるが，その理由

は今日でもよく理解されていない．

　活動銀河がさらに注目を集めたのは 1960 年代のクェーサーの発見である．クェーサーは点源であるが，大きな赤方偏移を示す強い輝線スペクトル線を示す天体であって，宇宙論的距離にあるものとされた．するとその光度はセイファート銀河よりも数桁大きくなる．観測される光度がエディントン光度程度だとすると，天体の質量は $10^8 M_\odot$ が典型的なものとなる．クェーサーはみかけ上銀河を付随していないが，それは中心核があまりに明るいため周囲の銀河を検出することが困難であるからと考えられる．クェーサーには電波で明るいものと暗いものとに大別され，明るいものは電波銀河の系列，暗いものはセイファート銀河の系列にあるとみなすことができる．電波クェーサーはさらに，電波放射の空間分布やスペクトルによって，コア優勢のものとローブ優勢のものとに分けられる．

　電波で明るい活動銀河は相対論的ジェットの存在で特徴づけられるが，ジェットからの輻射は相対論的ビーミング効果によって運動方向に集中する．そのためジェットを正面から見た場合と横から見た場合とで観測的特徴は大きく異なることになる．1970 年代になって，ジェットを正面から見ていると考えられる現象が発見された．まず，BL Lac 型天体と呼ばれる天体は，可視光のスペクトルにほとんどスペクトル線がみられず，偏光度の高い連続光のみからなっている．そして他種の活動銀河に比して時間変動がより激しい．これは相対論的ビーミングにより，ジェットからのシンクロトロン放射が増幅されて観測されているものと解釈されている．もう 1 つの観測は電波天文学での超長基線干渉法（VLBI: Very Long Baseline Interferometry）という観測手法が実現し，中心核を 1 ミリ秒程度の角度分解能で観測できるようになったことである．そして，VLBI 観測によりコア優勢電波クェーサーの中心核を 1 pc 程度の空間構造を分解して観測すると，電波放射は多くのノットからなっていること，またノットが光速の 10 倍程度の速度で中心から外側へ運動していることが発見されたのである．この超光速運動もノットが相対論的速度で運動していることの大きな証拠となったのである．現在では BL Lac 型天体でも超光速運動が検出されており，BL Lac 型天体とコア優勢電波クェーサーとをあわせてブレーザーと分類している．

　これらの活動銀河は一般に強い X 線放射を示す．これは銀河系内のブラックホール X 線連星と共通する性質であり，大質量ブラックホールへの降着に起因するものと考えられる．また，1990 年代に本格化したガンマ線天文学の発展により，ブレーザーは強いガンマ線放射を示すことが示された．これはジェット中に存在する相対論的エネルギーの電子がシンクロトロン放射やジェットの周囲に存在する可視光や赤外線の光子を逆コンプトン散乱して放射されるものと解釈されている．

5.7.2 大質量ブラックホールモデル

光度の上限がエディントン光度で与えられるとすると

$$M \geq 10^8 \, M_\odot \frac{L}{10^{46} \, \text{erg s}^{-1}} \tag{5.123}$$

であり,関与する質量は非常に大きい.活動銀河中心核は一般に激しい時間変動を示すが,その時間スケールは典型的には1日程度である.するとその空間的サイズは

$$R \approx ct \approx 3 \times 10^{15} \frac{\Delta t}{1 \, \text{day}} \, \text{cm} \tag{5.124}$$

と評価される.これは質量 M にたいするシュワルツシルト半径

$$r_\text{S} = 3 \times 10^{13} \frac{M}{10^8 \, M_\odot} \, \text{cm} \tag{5.125}$$

の100倍にすぎない.このとき,単位質量あたりの重力エネルギーは $10^{-2} c^2$ で,核反応で利用できるエネルギーを超えていることにも注意しておこう.もし活動銀河のエネルギー源を原子核反応に求めると必然的に重力エネルギーのほうが大きくなるので,エネルギー源は重力と考えるのが妥当となるのである.

$10^8 \, M_\odot$ の質量で半径 3×10^{15} cm の超大質量星は不安定で力学的なタイムスケール(10^6 s 程度)で重力崩壊しブラックホールになることが知られている.他の可能性としてたとえば 10^8 個の星からなるコンパクトな星団を考えても,10^6 yr 程度でコア崩壊を起こしてやはりブラックホールになってしまうと考えられる.また,このとき星団の重力エネルギーが大きな光度を担うと考えても同様の結論を得る.したがって活動銀河中心核の実体は $10^8 \, M_\odot$ の大質量ブラックホールであると考えられるのである.すると,エネルギー源はブラックホールへの降着であって,典型的な降着率として $1 \, M_\odot \, \text{yr}^{-1}$ 程度を考えればよいことになる.

セイファート銀河や電波で静穏なクェーサーの性質は銀河系内のブラックホール X 線連星と同様にブラックホールへの降着で基本的に理解できる.電波銀河や電波クェーサーの性質はこれに加えて,大きなパワーをもつ相対論的速度のジェットが存在するとして理解される.しかし,なぜそこのような区別が生じるか,具体的には相対論的ジェットがどのような条件のもとで,どのような機構で生成されるのかという問題は未解決の難問として残されている.ジェットの運動のローレンツ因子 Γ は超光速膨張の観測などから10〜30程度である.ジェットのパワーはエディントン光度に匹敵するほど大きい.これはジェット形成のエネルギー源が降着だとすると,解放される重力エネルギー $\eta \dot{M} c^2$ のほとんどがジェット形成に使われることを意味している.

$$L_\text{jet} = \Gamma \dot{M}_\text{jet} \approx \eta \dot{M} c^2 \tag{5.126}$$

なので

$$\dot{M}_{\text{jet}} \approx \frac{\eta}{\Gamma} \dot{M} \tag{5.127}$$

となる．$\eta = 0.1$，$\Gamma = 10$ とすると，$\dot{M}_{\text{jet}} \approx 0.01 \dot{M}$ であり，解放される重力エネルギーをたかだか1%の物質に集中させる必要があるのである．残りの99%の物質は自らは加熱されることなく，ジェットとなる1%の物質に静止エネルギー以外のすべてのエネルギーを与えて，そのままブラックホールに落ちるという機構が要請されるのである．

このようなジェットの形成機構は明らかではないが，ジェットの性質は観測的にかなり明らかになってきた．ブレーザーの多周波同時観測やVLBI観測により，ジェットは $10^2 \sim 10^4 \, r_{\text{S}}$，あるいは $10^{-2} \sim 1 \, \text{pc}$ 程度のスケールですでに $\Gamma = 10 \sim 30$ で物質の運動エネルギーが磁場のエネルギーよりも大きな状態になっていることが示され，ジェットの非一様性に起因する内部衝撃波によってエネルギーの一部を散逸し放射に変換する．これが中心核からの放射を説明する．平均運動のエネルギーは星間物質や銀河間物質との衝突による外部衝撃波によって散逸する．これはジェットが100 kpc〜1 Mpc程度の距離を伝播した後に起こるので，電波ロープは星の分布で決まる銀河のサイズを大きく超えた広がった領域で輝くのである．

演習問題

5.1 無衝突ボルツマン方程式を速度空間で積分すると連続方程式

$$\frac{\partial n}{\partial t} + \frac{\partial n \vec{V}}{\partial \vec{x}} = 0$$

が得られることを示せ．ここで数密度 n と平均速度 $\vec{V}$ は

$$n = \int d\vec{v} f$$

$$\vec{V} = \frac{1}{n} \int d\vec{v} f \vec{v}$$

で定義される．

5.2 無衝突ボルツマン方程式に速度 $\vec{v}$ をかけて速度空間で積分し，問題5.1の結果を使うと，運動方程式

$$\frac{\partial \vec{V}}{\partial t} + \left(\vec{V} \cdot \frac{\partial}{\partial \vec{x}} \right) \vec{V} + \frac{1}{n} \frac{\partial \overleftrightarrow{P}}{\partial \vec{x}} + \frac{\partial \Phi}{\partial \vec{x}} = 0$$

が得られることを示せ．ここで速度分散テンソル $\overleftrightarrow{P}$ は

$$\overleftrightarrow{P} = \int d\vec{v} f (\vec{v} - \vec{V}) \otimes (\vec{v} - \vec{V})$$

で定義される．

5.3 問題 5.2 で得られた運動方程式は力学平衡にある球対称の系の場合には

$$\overline{v_r^2}\left[\frac{d\ln n}{d\ln r} + \frac{d\ln \overline{v_r^2}}{d\ln r} + \left(2 - \frac{\overline{v_t^2}}{\overline{v_r^2}}\right)\right] = -\frac{GM(r)}{r}$$

となることを示せ.

5.4 問題 5.3 で求めた式は，速度分散が等方かつ一定ならば，5.1 節の等温ガスの力学平衡の式 (5.1) と同じ形になる．恒星系と高温ガスからなる系を考えると，この場合には

$$\frac{d\ln \rho_{\rm gas}}{d\ln \rho_{\rm star}} = \frac{\mu m_{\rm H} \overline{v_r^2}}{kT_{\rm gas}}$$

の関係が成立することを示せ.

5.5 式 (5.21) と式 (5.23) を確かめよ.

5.6 無限平板の平板に垂直方向の力学平衡を考える．等温の場合を考え，1 次元速度分散を σ^2 とし，中心密度 $\rho(0) = \rho_{\rm c}$ を与えて，密度分布 $\rho(z)$ を求めたい．力学平衡は

$$\frac{\sigma^2}{\rho}\frac{d\rho}{dz} + \frac{d\Phi}{dz} = 0$$

ポアソン方程式は

$$\frac{d^2\Phi}{dz^2} = 4\pi G\rho$$

となる．独立変数を z から

$$\Sigma(z) = \int_0^z \rho(z)dz$$

に変換すると初等的に解ける．解が

$$\Sigma(z) = \sqrt{\frac{\sigma^2\rho_{\rm c}}{2\pi G}}\tanh\left(\sqrt{\frac{2\pi G}{\sigma^2\rho_{\rm c}}}\rho_{\rm c}z\right)$$

$$\rho(z) = \rho_{\rm c}{\rm sech}^2\left(\sqrt{\frac{2\pi G}{\sigma^2\rho_{\rm c}}}\rho_{\rm c}z\right)$$

となることを示せ．これから片面密度 Σ_0，中心密度，速度分散の間に

$$\sigma^2\rho_{\rm c} = 2\pi G\Sigma_0^2$$

の関係があること，平板の典型的な厚さが $\sigma/\sqrt{2\pi G\rho_{\rm c}} = \sigma^2/(2\pi G\Sigma_0)$ となることがわかる．この関係を使って太陽近傍での星の z 方向の分布の形と速度分散から円盤の密度や面密度が推定できる．もし，観測される星と星間ガスの密度がこの推定値よりも小さければ円盤部にも暗黒物質が存在していることになる．

5.7 ガス円盤にたいする分散関係，式 (5.40) を導け.

5.8 円盤の回転則が与えられたときにエピサイクリック振動数を半径 ϖ の関数として求めよ.
  i) 質量 M の質点のまわりのテスト粒子のケプラー運動，$\Omega = \sqrt{GM/\varpi^3}$
  ii) 一様回転の場合，$\Omega = {\rm const}$.
  iii) 回転速度が一定の場合，$\Omega = v/\varpi$

5.9 一定の回転速度 $250\,\mathrm{km\,s^{-1}}$ の銀河円盤の半径 $\varpi=10\,\mathrm{kpc}$ での回転角速度とエピサイクリック振動数を計算せよ.密度波の振動数が $30\,\mathrm{km\,s^{-1}\,kpc^{-1}}$ のとき,2本腕の波のパターンは $15\,\mathrm{km\,s^{-1}\,kpc^{-1}}$ で回転していることになる.物質の波にたいする相対速度を求めよ.また,内部リンドブラッド共鳴,外部リンドブラッド共鳴および共回転半径を求めよ.

5.10 5.4 節の式 (5.88) は厳密にいえば $Z\ll 1$ のときにのみ正しい.新たに生成される重元素量は S に比例するというより,$(1-Z)S$ に比例すると考えるべきであろう.すると星の重元素放出量は $\beta SZ+yS$ ではなく,$(\beta-y)SZ+yS$ となる.このとき式 (5.91) は $Z=1-\left(\frac{M_\mathrm{g}}{M_0}\right)^{y_*}$ となることを示せ.

5.11 いくつかの古い星にたいして,星の表面の $^{238}\mathrm{U}$ と $^{232}\mathrm{Th}$ の存在量の比が測定されている.この値が 0.115 だとし,太陽系での値と組み合わせて,r 過程における生成比や銀河の年齢を推定せよ.

6 宇　宙　論

宇宙は世界に唯一の存在であるという意味で，宇宙物理学の諸対象のなかで特別なものであるし，物理学の対象としても他にはない独特の性格をもったものとなる．遠方銀河や宇宙背景放射の観測から宇宙が大局的には一様等方であることが知られている．また，系外銀河の観測から宇宙が膨張していることが導かれるのも周知のとおりである．したがって，時間を遡っていくと過去には宇宙は高温高密度の状態であったことになる．宇宙が高温高密度の状態から膨張を開始し現在に至っているという理論をビッグバン宇宙論という．この理論はガモフらによって提唱され，宇宙背景放射や宇宙のヘリウム量の観測によって検証された実証的な理論となっている．本章では一般相対性理論に基づいた膨張宇宙の記述，宇宙の熱的な進化と構造形成の理論の基本的な枠組み，そしてこれらを基礎づけるさまざまな観測的事実について述べる．

6.1　膨張宇宙の力学

6.1.1　ニュートン力学における膨張宇宙

膨張宇宙の記述には一般相対論が必要であるというのはそのとおりではあるが，ニュートン力学で一様等方な宇宙を記述しようとするとどのような問題が出てくるのかを考察しておくことは無駄ではない．実際，一般相対論に基づくフリードマン膨張宇宙の方程式は，見方を制限すれば，ニュートン力学の方程式とまったく同一のものになるのである．

一様媒質にたいするニュートン力学は，重力ポテンシャルを φ_N，物質の密度を ρ，速度を $\vec{v}$ として

$$\frac{\partial \rho}{\partial t} + \mathrm{div}(\rho \vec{v}) = 0 \tag{6.1}$$

$$\rho \frac{d\vec{v}}{dt} = -\mathrm{grad}\,\varphi_N \tag{6.2}$$

$$\triangle \varphi_N = 4\pi G \rho \tag{6.3}$$

で記述される．ここで，一様なので圧力勾配による力は 0 としている．ポアソン方程

式 (6.3) から，一様な密度分布にたいして重力ポテンシャルを決めようとすると，以下のような問題が生じる．適当に原点を定めて球対称の解を求めると，無限遠で発散することは別にして，ポテンシャルの勾配が 0 でないので，静止媒質には重力が働いて内向きの運動を始めることになる．原点のとり方は任意なのに，生じる運動が原点のとり方によるのは奇妙である．一方，一様な対象を記述しようとするのでポテンシャルが一定だとすると，密度も 0 になってしまう．ポテンシャルではなく力を直接的に求めると物質分布が一様なのだから働く力も 0 になるはずで，一様静止物質が平衡状態にあってもよさそうに思える．しかし，このような一様分布から有限の半径をもつ球を切り出し，球の外部からの力は対称性から 0 になるとすると，球の内部の物質は互いに引力を及ぼしあって収縮して最後には 1 点にまで凝縮してしまうだろう．このようにニュートン力学で無限媒質を取り扱おうとすると，取り扱い方によって矛盾する結論が出てくるという病的な性質が現れてくるのである．ニュートン自身このような考察を行っていたと伝えられる．

このような問題にもかかわらず，有限の半径をもった一様球の運動はもう少し考えてみる価値は十分あるのである．この球にたいしてポアソン方程式 (6.3) を 1 回積分すると

$$\frac{\partial \varphi_N}{\partial r} = \frac{4\pi G \rho r}{3} \tag{6.4}$$

となる．球の半径を $R(t)$ とすると，連続方程式 (6.1) と運動方程式 (6.2) の動径方向成分は

$$\dot{\rho} + 3\rho \frac{\dot{R}}{R} = 0 \tag{6.5}$$

$$\ddot{R} = -\frac{4\pi G \rho}{3} R \tag{6.6}$$

となる．ここで $\cdot$ は時間微分を表す．動径方向の速度は

$$v = \frac{\dot{R}}{R} r \tag{6.7}$$

と動径座標に比例することになる．これはハッブルの膨張則にほかならない．式 (6.5) は球の全質量

$$M = \frac{4\pi R^3 \rho}{3} = \text{const.} \tag{6.8}$$

の保存を表している．式 (6.6) からは力学的エネルギーの保存の式

$$\frac{1}{2}\dot{R}^2 - \frac{GM}{R} = E = \text{const.} \tag{6.9}$$

が得られる．すぐ後にみるように一般相対論でのフリードマン方程式はこれと同一の形をしているのである．

全エネルギー E が正のとき，初期に膨張運動をしていれば，ずっと膨張運動を続け

る解となり，パラメータ表示で

$$R = \frac{GM}{2E}(\cosh\xi - 1) \tag{6.10}$$

$$t = \frac{GM}{\sqrt{8E^3}}(\sinh\xi - \xi) \tag{6.11}$$

と表される．全エネルギーが負のときは，初期に膨張運動をしていれば，ある時間に最大膨張に達し，その後は収縮に転じて有限の時間で1点に凝縮する解となる．この解はパラメータ表示で

$$R = \frac{GM}{2|E|}(1 - \cos\xi) \tag{6.12}$$

$$t = \frac{GM}{\sqrt{8|E|^3}}(\xi - \sin\xi) \tag{6.13}$$

と表される．全エネルギーが0だと，初期に膨張している解はやはり膨張を続けるが，膨張速度は漸近的に0に近づく．解は

$$R = \left(\frac{9GMt^2}{2}\right)^{1/3} \tag{6.14}$$

である．

　この取り扱いは有限の大きさの球を取り出して行ったが，その半径のとり方は任意のはずであり，全空間がこのような運動をしているとみなしても差し支えないはずである．中心のとり方も任意であって，空間中にとった任意の2点間の距離が上のRのようなふるまいをすると考えれば矛盾のない描像が得られる．すなわち，ニュートン力学の範囲でも無限一様媒質は記述できるのである．そして，ニュートン力学での無限媒質は静止していることができず動的な状態にあると考えられるのである．膨張の力学を特徴づける量は密度と単位質量あたりのエネルギーということになる．もちろんこのような見方は膨張宇宙の観測的発見と一般相対論に基づく解析によって，後から得られた見方である．それまでは全宇宙へのニュートン力学の適用は矛盾に満ちていて触れたくない事柄だったのだろう．このようなニュートン力学的な膨張宇宙の見方は実は意外に適用範囲が広い．密度ゆらぎの成長による構造形成などはニュートン力学的な見方でかなりの部分が理解できるのである．むしろ，一般相対論でなくては説明できないのは何かということに着目していくほうが，宇宙論の理解を大いに深めることになるであろう．

6.1.2　一様等方宇宙

　ニュートン力学はあくまでユークリッド空間を前提としている．一様等方な3次元空間がニュートン力学の舞台であるユークリッド空間に限られないことは，19世紀に

平行線の公理をめぐって展開された非ユークリッド幾何学の登場により明らかにされた．一様等方であっても空間は平坦とは限らず，曲率をもった空間が許されるのである．一様等方な3次元空間の計量を

$$dl^2 = e^\lambda dr^2 + r^2(d\theta^2 + \sin^2\theta d\varphi^2) = e^\lambda dr^2 + r^2 d\Omega^2 \tag{6.15}$$

ととろう．3次元空間のスカラー曲率は

$$^{(3)}R = \frac{2}{r^2}\frac{d}{dr}[r(1-e^{-\lambda})] \tag{6.16}$$

と書かれるが，一様性からこれはある定数となる．これを A とすると，積分して

$$e^{-\lambda} = 1 - \frac{Ar^2}{6} - \frac{B}{r} \tag{6.17}$$

を得る．ここで B も積分定数である．十分小さな領域はユークリッド的なので，$r \to 0$ で $e^\lambda \to 1$ であり，これから $B=0$ となる．したがって $k = A/6$ とおいて，一様等方3次元空間の線素は

$$dl^2 = \frac{dr^2}{1-kr^2} + r^2(d\theta^2 + \sin^2\theta d\varphi^2) = \frac{dr^2}{1-kr^2} + r^2 d\Omega^2 \tag{6.18}$$

と書かれることがわかる．動径座標は適当に規格化できるので，k は $k=0$, $k=1$, $k=-1$ の3つを考えればよいことになる．このような空間を定曲率空間ともいうが，3次元定曲率空間はこの3種類があること，そしてこの3種類に限られることがわかる．

$k=0$ は

$$dl^2 = dr^2 + r^2 d\Omega^2 \tag{6.19}$$

であり，ユークリッド空間を表す．3次元曲率が0なので平坦な宇宙という．$k=1$ は

$$r = \sin\chi \tag{6.20}$$

と変数変換すると

$$dl^2 = d\chi^2 + \sin^2\chi d\Omega^2 \tag{6.21}$$

と書ける．体積は

$$V = \int_0^\pi \sin^2\chi d\chi \int_0^\pi \sin\theta d\theta \int_0^{2\pi} d\varphi = 2\pi^2 \tag{6.22}$$

と有限である．3次元曲率が正なので正曲率空間，あるいは体積が有限なので閉じた宇宙ともいう．$k=-1$ の場合は

$$r = \sinh\chi \tag{6.23}$$

と変数変換すると

$$dl^2 = d\chi^2 + \sinh^2\chi d\Omega^2 \tag{6.24}$$

と書かれる．これを負曲率空間あるいは開いた宇宙と呼ぶ．

6.1.3 ロバートソン–ウォーカー計量

一様等方宇宙での時間の進み方は空間座標によらずどこでも同じはずである．これを宇宙時間 t と呼ぶ．3 次元空間の長さそのものは各時間ごとに異なっていてもよい．したがって，一様等方宇宙の 4 次元計量は

$$ds^2 = g_{\mu\nu}dx^\mu dx^\nu = -c^2 dt^2 + a(t)^2 \left(\frac{dr^2}{1 - kr^2} + r^2 d\Omega^2 \right) \tag{6.25}$$

と書かれる．これをロバートソン–ウォーカー計量と呼ぶ．$a(t)$ は宇宙のスケール因子と呼ばれる量で，宇宙の膨張収縮の様子を表す．$r,\ \theta,\ \varphi$ は宇宙の各場所を示す共動座標である．本書では，スケール因子 a に長さの次元をもたせ，共動座標は無次元とする（a を無次元とし，共動座標や k に次元をもたせるやり方もある）．

空間部分の計量として r の代わりに

$$\chi = \int_0^r \frac{dr}{\sqrt{1 - kr^2}} \tag{6.26}$$

と定義される χ が用いられることもある．このとき角度部分は $r^2 d\Omega^2$ の代わりに

$$\sigma(\chi) = \begin{cases} \sin\chi & (k = 1) \\ \chi & (k = 0) \\ \sinh\chi & (k = -1) \end{cases} \tag{6.27}$$

として $\sigma(\chi)^2 d\Omega^2$ と書かれる．また，時間座標として t の代わりに共形時間 η を

$$cdt = a(t)d\eta$$

で定義して

$$ds^2 = a(t)^2 \left(-d\eta^2 + d\chi^2 + \sigma(\chi)^2 d\Omega^2 \right) \tag{6.28}$$

と書くこともある．この形だとスケール因子を除いた部分がミンコフスキー的になるので理論的取り扱いに便利なことがあるからである．

6.1.4 フリードマン方程式

一般相対性理論でロバートソン–ウォーカー計量を考えると，$a(t)$ のふるまいがアインシュタイン方程式

$$R_{\mu\nu} - \frac{1}{2} R g_{\mu\nu} + \Lambda g_{\mu\nu} = \frac{8\pi G}{c^4} T_{\mu\nu} \tag{6.29}$$

により決定される．ここで $R_{\mu\nu}$ はリッチテンソル，R はスカラー曲率，Λ は宇宙定数（宇宙項），$T_{\mu\nu}$ は物質のエネルギー運動量テンソルである．ここで，宇宙項を左辺に加えている．宇宙項の存否については長年の論争があったが，20 世紀末の宇宙の加速膨張の発見によって，宇宙項の存在が広く認められている．現在ではこれを上式の

右辺にもってきて

$$\frac{8\pi G}{c^4}T_{\mu\nu}^{\text{vac}} \tag{6.30}$$

と書き，真空がエネルギーや運動量をもつとみなしたり，暗黒エネルギーと呼ばれる未知の場のエネルギー運動量を表すと考えることが多い．このとき式（6.29）では単に与えられた定数であった宇宙項は，一般化されて真空あるいは暗黒エネルギーのエネルギーや圧力を表す力学変数とみなされる．ただ，現在の加速膨張の観測の範囲では暗黒エネルギーと宇宙項とを区別できるところまでは進んでいないので，以下では宇宙項として取り扱うことにする．真空のエネルギーはまた宇宙の誕生の時期に存在したとされるインフレーション膨張の記述にも不可欠のものである．

一様等方宇宙では $T_{\mu\nu}$ も一様等方であり，物質の固有系では対角成分のみをもち，その空間成分は同一の値をとる．すなわち理想流体と同じ形をもつ．理想流体のエネルギー運動量テンソルは，質量密度を ρ（エネルギー密度を ρc^2），圧力を p，4元速度を u^μ として，

$$T_{\mu\nu} = \left(\rho + \frac{p}{c^2}\right) u_\mu u_\nu + p g_{\mu\nu} \tag{6.31}$$

と表される．r，θ，φ が共動座標であることより，$u^0 = c$，$u^i = 0$ である．

アインシュタイン方程式のうち0でないものは

$$3\left[\left(\frac{\dot{a}}{ca}\right)^2 + \frac{k}{a^2}\right] - \Lambda = \frac{8\pi G\rho}{c^2} \tag{6.32}$$

と

$$2\frac{\ddot{a}}{c^2 a} + \left(\frac{\dot{a}}{ca}\right)^2 + \frac{k}{a^2} - \Lambda = -\frac{8\pi G p}{c^4} \tag{6.33}$$

の2つである．狭い意味では最初の方程式をフリードマン方程式と呼ぶが，ここではこの2つを合わせてフリードマン方程式と呼ぶことにする．

エネルギー運動量の保存則のうち0でないものは

$$\dot{\rho} + 3\frac{\dot{a}}{a}\left(\rho + \frac{p}{c^2}\right) = 0 \tag{6.34}$$

となるが，当然ながらこれは上の2つの式と独立ではない．したがって3つの式（6.32），（6.33），（6.34）のうち任意の2つを基礎方程式ととることができる．変数は a，ρ，p の3つなので，もう1つの式として状態方程式，すなわち p と ρ との関係式を加えることにより，解が求まることになる．フリードマン方程式と一様球のニュートン力学の方程式を比較し，どこが異なるかをみておくのは読者の演習問題としておこう．フリードマン方程式の具体的な解に入る前に，その一般的な性質についてふれておこう．

a. 初期特異点の不可避性

式 (6.32) と (6.33) とから

$$\frac{\ddot{a}}{a} = -\frac{4\pi G}{3c^2}\left(\rho c^2 + 3p\right) + \frac{\Lambda c^2}{3} \tag{6.35}$$

が得られる．宇宙項 Λ が 0 の宇宙では，物質の状態方程式が $\rho c^2 + 3p > 0$ を満たす限り，$\ddot{a} < 0$ となり，過去に遡れば $\dot{a}$ は大きくなることがわかる．これは，必ず有限の過去に $a = 0$ の点が存在することを意味する．そして $a = 0$ の点では物質密度も 4 次元曲率なども発散するので時空の特異点となる．宇宙項があっても，どんな時期でも宇宙項優勢となるほど極端に大きくない限り，過去に遡れば物質優勢となるのでこの性質は変わらない．

過去には，この特異点の存在は一様等方という強い制限からの帰結であって，対称性を緩和すれば特異点は存在しない可能性もあるのではないかと考えられていたこともあったが，現在では，特異点の存在は古典論の範囲では避けがたいものであることが知られている．現実の宇宙を遡って宇宙膨張の出発点を考えるときには，むしろ宇宙が古典的な一般相対論の枠内では記述できないと考えるべきなのである．

b. 膨張宇宙を特徴づける量

フリードマン方程式を少し書き換えてみると，膨張と物質密度との関係が見やすくなる．まず，宇宙の膨張率を表すハッブル係数 H，膨張の変化率を表す減速係数 q，密度係数 Ω，曲率係数 K，無次元化した宇宙項 λ を以下のように定義する．それぞれの物理量は時間とともに変化するが，これらに添字 0 をつけたものは現在の時刻の量を表すものとする．これらは宇宙論パラメータと呼ばれている．

$$H = \frac{\dot{a}}{a} \tag{6.36}$$

$$q = -\frac{\ddot{a}a}{\dot{a}^2} \tag{6.37}$$

$$\Omega = \frac{\rho}{\rho_c} \tag{6.38}$$

$$K = \frac{kc^2}{H^2 a^2} \tag{6.39}$$

$$\lambda = \frac{\Lambda c^2}{3H^2} \tag{6.40}$$

ここで ρ_c は臨界密度と呼ばれる量で

$$\rho_c = \frac{3H^2}{8\pi G} \tag{6.41}$$

と定義される．すると，フリードマン方程式（式 (6.32) と式 (6.35)) は

$$\Omega + \lambda - K = 1 \tag{6.42}$$

$$q = \frac{1}{2}\left(1 + \frac{3p}{\rho c^2}\right)\Omega - \lambda \tag{6.43}$$

と表される.

この2つの式は宇宙膨張にたいする物質密度，曲率，宇宙項のそれぞれの寄与の程度を表すとともに，膨張の減速率が物質密度と宇宙項によってどのように決定されているかを示している．状態方程式が与えられれば，無次元量 Ω, K, λ, q の間に2つの関係式があるので，独立なものはこのうち2つになることもわかる．図 6.1 にダスト宇宙の分類を図示しておく．

曲率が 0 の平坦な宇宙は $K = 0$ なので，

$$\Omega + \lambda = 1 \tag{6.44}$$

であり，宇宙項がなければ $\Omega = 1$ でなければならない.

宇宙項がない宇宙では

$$\Omega - K = 1 \tag{6.45}$$

なので，正曲率の閉じた宇宙にたいしては $\Omega > 1$，負曲率の開いた宇宙に対しては $\Omega < 1$ となる．この場合は臨界密度よりも高密度であるか低密度であるかが宇宙の曲率を決めていることになる．さらに物質密度が膨張の減速を決めており，$p = 0$ のときは $q = \Omega/2$ の関係があることになる．

最後に，加速膨張（$q < 0$）が起こるのは宇宙項がある場合に限られることもわかる.

さまざまな観測手法を使って現在の宇宙論パラメータを決定するというのが過去 50 年にわたる観測的宇宙論と呼ばれる研究の中心的課題であった．現在では精密宇宙論

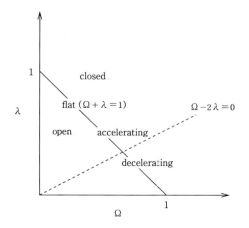

図 6.1　密度パラメータ Ω と宇宙項パラメータ λ による膨張宇宙の分類　閉じた宇宙と開いた宇宙の境界は $\Omega + \lambda = 1$ にある．物質優勢の宇宙では加速膨張と減速膨張の境界は $\Omega - 2\lambda = 0$ にある．

と呼ばれるようにこれらは非常によい精度で求まっている．これについては後のいくつかの節で取り上げる．

6.1.5 宇宙モデル

フリードマン方程式に基づく宇宙膨張の様子は状態方程式に依存する．いくつかの代表的な場合について調べよう．

a. ダスト宇宙

非相対論的な物質密度が優勢な場合は，状態方程式が $p=0$ でよく近似される．相対論では $p=0$ の物質をダストと呼ぶので，この宇宙はダスト宇宙と呼ばれる．エネルギー保存の方程式 (6.34) から $\rho a^3 = $ const. となることを使うと，膨張方程式 (6.32) は

$$\dot{a}^2 = \frac{Cc^2}{a} - kc^2 + \frac{\Lambda c^2 a^2}{3} \tag{6.46}$$

となる．ここで C は定数で

$$C = \frac{8\pi G \rho a^3}{3c^2} = \frac{\Omega_0 H_0^2 a_0^3}{c^2} \tag{6.47}$$

である．あるいは

$$x = \frac{a}{a_0} \tag{6.48}$$

と定義して

$$H^2 = \frac{H_0^2}{x^2}\left(\frac{\Omega_0}{x} - K_0 + \lambda_0 x^2\right) \tag{6.49}$$

と表すと，現在の観測値から過去の膨張の様子をみるのに便利である．

式 (6.46) は，ニュートン力学の式 (6.9) との対応がつけられ，左辺は運動エネルギーの 2 倍，右辺第 1 項は重力エネルギーの 2 倍に対応している．したがってこの式は $\Lambda=0$ の場合にはニュートン力学での一様球の膨張収縮運動についてのエネルギー保存の式に対応している．そして曲率項がニュートン力学での全エネルギーに対応している．宇宙項の効果は後に考えることにして，まず宇宙項が 0 の場合を考えよう．また，時間の原点 $t=0$ を $a=0$ となる時刻に選んでおく．

平坦な場合，すなわち $k=0$ のとき，この方程式はすぐ解けて

$$a = \left(\frac{9C}{4}\right)^{1/3}(ct)^{2/3} \tag{6.50}$$

を得る．これをアインシュタイン–ドジッター宇宙と呼ぶ．$K=0$, $\lambda=0$ なので，常に $\Omega=1$, $q=1/2$ が成立している．また

$$H = \frac{2}{3t} \tag{6.51}$$

6.1 膨張宇宙の力学

$$\rho = \frac{1}{6\pi G t^2} \tag{6.52}$$

である．この場合，a または C の絶対値は決まらないことに注意しておく．

曲率が正の閉じた空間の場合，すなわち $k=1$ のとき，解は

$$a = \frac{C}{2}(1 - \cos\xi), \tag{6.53}$$

$$ct = \frac{C}{2}(\xi - \sin\xi) \tag{6.54}$$

とパラメトリックに表される．変数 ξ は $0 \leq \xi \leq 2\pi$ の範囲をとる．$0 \leq \xi < \pi$ では膨張を，$\pi < \xi \leq 2\pi$ では収縮を表すので，$\xi = \pi$ の時期に膨張から収縮に転じることになる．$k=1$ なので，$\Omega > 1$，$q > 1/2$ の場合に相当する．式 (6.39) と (6.42) から

$$a = \frac{c}{H\sqrt{\Omega - 1}} \tag{6.55}$$

と表されるので，定数 C は

$$C = \frac{c}{H}\frac{\Omega}{(\Omega - 1)^{3/2}} \tag{6.56}$$

と表される．

最後に曲率が負の開いた空間の場合，すなわち $k=-1$ のとき，解は

$$a = \frac{C}{2}(\cosh\xi - 1) \tag{6.57}$$

$$ct = \frac{C}{2}(\sinh\xi - \xi) \tag{6.58}$$

とパラメトリックに表される．$\xi \geq 0$ の範囲をとりうるので，この宇宙は無限に膨張を続ける．$\xi \gg 1$ ならば $a = ct$ と時間に比例して光速で膨張する．これは負の曲率項が優勢な宇宙の特徴である．$k=-1$ なので，$\Omega < 1$，$q < 1/2$ の場合に相当する．a と C は

$$a = \frac{c}{H\sqrt{1 - \Omega}}, \tag{6.59}$$

$$C = \frac{c}{H}\frac{\Omega}{(1 - \Omega)^{3/2}} \tag{6.60}$$

と表される．

b. 輻射宇宙

状態方程式が $p = \rho c^2/3$ で与えられるような，相対論的な物質密度が優勢な宇宙は輻射宇宙と呼ばれる．輻射宇宙の場合，エネルギー保存の式から $\rho a^4 = \text{const.}$ となることがわかる．すると輻射宇宙の膨張方程式は

$$\dot{a}^2 = \frac{Bc^2}{a^2} - kc^2 + \frac{\Lambda c^2 a^2}{3} \tag{6.61}$$

となる．ここで B は定数で

$$B = \frac{8\pi G \rho a^4}{3c^2} \tag{6.62}$$

である．

$\Lambda = 0$ で平坦（$k = 0$）のとき，この方程式はすぐ解けて

$$a = (4B)^{1/4}(ct)^{1/2} \tag{6.63}$$

を得る．$K = 0$, $\lambda = 0$ なので，常に $\Omega = 1$, $q = 1$ が成立している．また

$$H = \frac{1}{2t}, \tag{6.64}$$

$$\rho = \frac{3}{32\pi G t^2} \tag{6.65}$$

である．この場合，a または B の絶対値は決まらない．輻射定数を a_r として，$\rho c^2 = a_r T^4$ とおくと，

$$T = \frac{1.53 \times 10^{10}}{t^{1/2}} \text{K} \tag{6.66}$$

が得られ，温度が時間の関数として決まる．宇宙初期はこのような輻射宇宙で記述される．

正曲率および負曲率の解は演習問題としておく．しばしば宇宙の初期は曲率が無視できるといわれるが，これは現在観測されているわれわれの宇宙の初期を考える限り正しいのであって，一般的に考えると，初期に Ω が 1 からずれていれば，短時間のうちに収縮に転じたり，曲率項が支配する宇宙になって，われわれの宇宙が再現できないことを意味していることに注意しておこう．われわれの宇宙は初期には曲率項はきわめて 0 に近くないといけないのであるが，その理由は明らかではないのである．これを平坦性問題と呼ぶ．

c. 宇宙項

上でみたように，宇宙項がない場合，一般相対論は静止する一様等方宇宙の解をもたない．アインシュタインは，静止宇宙を実現するために宇宙項を導入したが，宇宙が膨張していることが観測されると，宇宙項は長年の間意味のないものと考えられてきた．しかし近年，初期宇宙では宇宙が指数関数的に膨張する時期があったというイ

ンフレーション宇宙論が登場し，宇宙項に対応する真空のエネルギーという概念が導入されたので，再びこれを考慮しなければならなくなった．さらに，遠方宇宙の観測が進展するにつれ，現在の宇宙が加速膨張していることが発見され，現在の宇宙でも宇宙項（一般化されて暗黒エネルギーと呼ばれている）の存在が必要とされ，宇宙項は再び表舞台に復活することとなった．

アインシュタイン方程式で宇宙項を真空のエネルギーと解釈するときには

$$\rho_v = \frac{\Lambda c^2}{8\pi G} \tag{6.67}$$

$$p_v = -\frac{\Lambda c^4}{8\pi G} \tag{6.68}$$

とみなすことになる．宇宙項は状態方程式 $p_v = -\rho_v c^2$ を満たし，負の圧力をもった真空を意味することになる．

以下では正の宇宙項をもつダスト宇宙を考える．

d. アインシュタインの静止宇宙

これは宇宙項の導入という歴史的な意味しかもたないが，万有引力と釣り合って静止を保つという宇宙項の斥力的性質が負の圧力に由来することをみる上で参考となる．アインシュタインの静止宇宙はダスト物質にたいし $\dot{a} = 0$, $\ddot{a} = 0$ として，

$$\frac{3k}{a^2} - \Lambda = \frac{8\pi G\rho}{c^2} \tag{6.69}$$

$$\frac{k}{a^2} - \Lambda = 0 \tag{6.70}$$

の解である．$k = 1$ のみが許され，

$$\Lambda = \frac{1}{a^2} = \frac{4\pi G\rho}{c^2} \tag{6.71}$$

となる．すぐ後でみるように，この解は実は不安定であり，摂動が与えられると，収縮または膨張に転じてしまう．

e. ドジッターの真空解

これは物質が存在しないが宇宙項のみが存在する場合の解である．実際には物質に比べ宇宙項が卓越する場合の膨張の様子を記述すると考えられる．$\rho = 0$, $p = 0$ とする．この場合の解は

$$a = \sqrt{\frac{3}{\Lambda}} \cosh \sqrt{\frac{\Lambda}{3}} ct \quad (k=1) \tag{6.72}$$

$$a = a_0 \exp \sqrt{\frac{\Lambda}{3}} ct \quad (k=0) \tag{6.73}$$

$$a = \sqrt{\frac{3}{\Lambda}} \sinh \sqrt{\frac{\Lambda}{3}} ct \quad (k=-1) \tag{6.74}$$

となる.いずれも,時間がたつと指数関数的に膨張する.

また,フリードマン宇宙のときのような時空の特異点は存在しないことが示される.$k \geq 0$ならば$a = 0$となる点は存在しない.これらは真空解であるので,空間座標は共動座標としての意味を失っており,「膨張」という解釈ができないといった問題を含んでいるが,ここでは立ち入らない.

f. ルメートル宇宙

これは宇宙項と物質とを両方含んでいる場合である.物質としてダストを考えると,膨張方程式は式(6.46)である.これを

$$\dot{a}^2 = -U(a) - kc^2 \tag{6.75}$$

と書くと,1次元のポテンシャル問題となっていることがわかる.ポテンシャルの定性的ふるまいを図6.2に示しておく.ポテンシャル

$$U(a) = -\frac{Cc^2}{a} - \frac{\Lambda c^2 a^2}{3} \tag{6.76}$$

は

$$a = a_{\mathrm{L}} = \left(\frac{3C}{2\Lambda}\right)^{1/3} \tag{6.77}$$

で最大値

$$U_{\max} = -\left(\frac{9}{4}\Lambda C^2\right)^{1/3} c^2 \tag{6.78}$$

をとる上に凸の関数である.アインシュタインの静止宇宙はポテンシャルの頂点$a = a_{\mathrm{L}}$におかれた解になっており,そのため不安定なのである.

$k = -1$または$k = 0$ならば常に$\dot{a}^2 > 0$となり,宇宙は無限に膨張を続ける.$k = 1$の場合はΛC^2の値によってふるまいが異なる.$U_{\max} < -c^2$ならば,無限に膨張を続けるが,$U_{\max} \approx -c^2$ならば$a = a_{\mathrm{L}}$のあたりで$\dot{a}$の非常に小さい時期を経

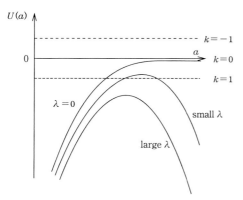

図 **6.2** 式(6.76)のポテンシャル $U(a)$のふるまいの概念図

許される領域はkで決まる水平線とポテンシャル曲線の間の領域となる.$k = 1$の閉じた宇宙にたいしては$\lambda = 0$のときは,aは0から有限の範囲をとるが,λが小さい値のときは,aは0から有限の範囲をとる場合と,有限値から無限大までの範囲をとる場合がある.

過することになる．この時期の存在する宇宙が狭い意味でのルメートル宇宙である．$U_{\max} \geq -c^2$ ならば，初期に膨張して最大値に到達しその後収縮するタイプの解と，初期に有限の a から出発して膨張する解とが存在する．前者は物質優勢，後者は宇宙項優勢の解である．

一般的な膨張の解は楕円積分を使って表される．特に $k=0$，すなわち $\lambda + \Omega = 1$ の場合は

$$a = a_0 \left(\frac{1-\lambda_0}{\lambda_0}\right)^{1/3} \sinh^{2/3}\left(\frac{3}{2}\sqrt{\lambda_0}H_0 t\right) \tag{6.79}$$

$$H = \sqrt{\lambda_0}H_0 \coth\left(\frac{3}{2}\sqrt{\lambda_0}H_0 t\right) \tag{6.80}$$

となる．観測から決められたわれわれの宇宙は $\Omega_0 = 0.3$, $\lambda_0 = 0.7$ 程度であり，その膨張はこの式でよく記述される．

ある時間に Ω と λ が与えられたときの，宇宙モデルの分類を行っておこう．$\Omega + \lambda < 1$ ならば $k = -1$ の負曲率の開いた宇宙，$\Omega + \lambda = 1$ なら平坦な宇宙，$\Omega + \lambda > 1$ ならば $k = 1$ の正曲率の閉じた宇宙である．$q = \Omega/2 - \lambda > 0$ なら $a < a_L$ の減速膨張の時期にあり，$q = \Omega/2 - \lambda < 0$ なら $a > a_L$ の加速膨張の時期にあることになる．

6.2 膨張宇宙の基本的性質

6.2.1 赤方偏移とハッブルの法則

これまで述べた膨張宇宙の解が天文学的な観測とどう結びつくかを調べよう．宇宙が膨張しているということは，遠方にある銀河がわれわれから遠ざかる運動をしていることから帰結される．これは，遠方銀河のスペクトル線がその固有波長から長いほうに偏移して観測されることをドップラー効果と解釈して遠方銀河の運動を決めていることによる．これを相対論的膨張宇宙の見方で説明しよう．$t = t_s$ に源で放出された光が $t = t_{\text{ob}}$ に観測者に届いたとする．観測者は $r = 0$ $(\chi = 0)$，光源は動径座標 $r(\chi)$ に位置しているとする．光の伝播は $ds^2 = 0$ で記述されるので，光の径路に沿って $d\theta = d\phi = 0$ ととると

$$\int_{t_s}^{t_{\text{ob}}} \frac{cdt}{a(t)} = \int_0^r \frac{dr}{\sqrt{1-kr^2}} = \chi \tag{6.81}$$

を得る．右辺は時間に依存しないので，光源および観測者の時間経過を Δt_s, Δt_{ob} とすると

$$\int_{t_s}^{t_{\text{ob}}} \frac{cdt}{a(t)} = \int_{t_s + \Delta t_s}^{t_{\text{ob}} + \Delta t_{\text{ob}}} \frac{cdt}{a(t)} \tag{6.82}$$

が成立する．したがって，Δt_s, Δt_{ob} を微小量として

$$\frac{\Delta t_{\mathrm{s}}}{a(t_{\mathrm{s}})} = \frac{\Delta t_{\mathrm{ob}}}{a(t_{\mathrm{ob}})} \tag{6.83}$$

を得る．Δt として光の振動数 ν の逆数をとると

$$\nu_{\mathrm{ob}} = \nu_{\mathrm{s}} \frac{a(t_{\mathrm{s}})}{a(t_{\mathrm{ob}})} \tag{6.84}$$

となる．t の小さい時期，すなわち遠方にある天体からの光ほど大きな偏移を受けることになる．

光源の赤方偏移 z を

$$1 + z = \frac{a(t_{\mathrm{ob}})}{a(t_{\mathrm{s}})} \tag{6.85}$$

で定義して

$$\nu_{\mathrm{ob}} = \frac{\nu_{\mathrm{s}}}{1+z} \tag{6.86}$$

と書く．これが宇宙論的赤方偏移であるが，この表現には光源の「後退速度」は出てこない．これらは以下のように結びつけられる．光源までの距離を

$$R(t) = a(t) \int_0^r \frac{dr}{\sqrt{1-kr^2}} = a(t)\chi \tag{6.87}$$

と定義し，後退速度 V を

$$V = \frac{dR}{dt} = \frac{da}{dt} \int_0^r \frac{dr}{\sqrt{1-kr^2}} = \frac{\dot{a}}{a} R = HR \tag{6.88}$$

で定義する．通常 t としては観測者の時間 t_{ob} をとる．これがハッブルの法則である．距離や速度の定義でどの時間をとるかは任意であり，天体までの距離や速度は一意的には定義できないことに注意しておこう．この式は光源が近傍にあるという近似はしていないので，R が十分大きければ V は c より大きいことになる．V は操作的に定義したみかけの速度であり，物理的な速度が光速を超えているわけではないので，$V > c$ でも相対論には矛盾していない．

ここで，観測者の比較的近傍を考えることにすれば，$c(t_{\mathrm{ob}} - t_{\mathrm{s}}) = R$ であり，

$$a(t_{\mathrm{s}}) = a(t_{\mathrm{ob}}) - \dot{a}(t_{\mathrm{ob}})(t_{\mathrm{ob}} - t_{\mathrm{s}}) = a(t_{\mathrm{ob}}) \left(1 - \frac{V}{c}\right) \tag{6.89}$$

となるので

$$V = cz \tag{6.90}$$

を得る．これを使うと，赤方偏移の式は

$$\frac{\nu_{\mathrm{s}} - \nu_{\mathrm{ob}}}{\nu_{\mathrm{s}}} = \frac{V}{c} \tag{6.91}$$

と近似され，赤方偏移は運動学的ドップラー効果と解釈されることになる．

6.2.2 宇宙の地平線

有限の宇宙時間で相互作用できる領域の大きさのことを宇宙の地平線という．相互作用の最大伝播距離は $ds^2 = 0$ で決まるので時刻 0 から t までに情報が伝播できる距離は

$$L_{\rm H}(t) = a(t)\chi = a(t)\int_0^t \frac{cdt}{a(t)} \tag{6.92}$$

となる．輻射宇宙で $a \propto t^{1/2}$ と近似されるときは $L_{\rm H} = 2ct$，ダスト宇宙で $a \propto t^{2/3}$ と近似されるときは $L_{\rm H} = 3ct$ となり，いずれも有限である．このことはなぜ宇宙が一様であるかという問題に大きな問題を提起することになる．

初期に宇宙が一様でなく，相互作用の結果一様になったと考えると，地平線は一様でありうる最大の領域のサイズを表す．後に述べるように，宇宙背景放射の観測はおよそ $z = 1000$，$t = 3 \times 10^5$ 年の時期の宇宙を観測しており，その時期の地平線の長さは約 0.2 Mpc である．われわれが現在天球上で観測している長さは，$z = 1000$ の距離ではこの 100 倍程度であり，これはその時期の地平線の大きさをはるかに超えている．それにもかかわらず，宇宙背景放射は著しく等方的であって，宇宙は地平線をはるかに超えて一様なのである．宇宙がなぜこのように一様であるかという問題は地平線問題と呼ばれている．もし宇宙初期に宇宙が真空のエネルギーが優勢な時期があって，指数関数的な膨張をしていたとすると，宇宙の地平線も指数関数的に大きくなりうる．これがインフレーション宇宙論である．指数関数的膨張が起こると，同時に曲率係数 K がほとんど 0 となるので，宇宙は平坦でよく近似されることになる．こうしてインフレーション宇宙論は地平線問題と平坦性問題を同時に解決することになる．

インフレーションが生じて地平線が大きくなり，一様な宇宙が実現したとしても，その後の宇宙の進化の過程で相互作用が伝播できる距離はやはり式 (6.92) を通常のフリードマン宇宙に適用したもので与えられる．以下では「地平線」をこの意味でも使うことにする．その大きさは，ct あるいは c/H の程度である．非相対論的物質と相対論的物質および宇宙項を含む宇宙では，ハッブル係数は赤方偏移を使って表すと

$$H = H_0\sqrt{F(z)} \tag{6.93}$$

$$F(z) = \Omega_{\rm m0}(1+z)^3 + \Omega_{\rm r0}(1+z)^4 - K_0(1+z)^2 + \lambda_0 \tag{6.94}$$
$$= (1+z)^2 + \Omega_{\rm m0}z(1+z)^2 + \Omega_{\rm r0}z(2+z)(1+z)^2 - \lambda_0 z(2+z) \tag{6.95}$$

と表される．ここで $\Omega_{\rm m0}$ と $\Omega_{\rm r0}$ は非相対論的物質と相対論的物質の密度パラメータの現在の値を表す．これは相対論的物質を含まないときの式 (6.49) を相対論的物質も含むように拡張したものである．

6.2.3 宇宙年齢

膨張宇宙論のもう1つの重要な帰結は宇宙が有限の年齢であることである．宇宙膨張が始まってから現在の大きさになるまでの時間，宇宙年齢は

$$t_0 = \int_0^{a_0} \frac{da}{\dot{a}} \tag{6.96}$$

で与えられる．ダスト宇宙の場合に，現在の膨張パラメータを使って表すと

$$t_0 = \frac{1}{H_0} \int_0^1 \frac{dx}{\sqrt{\frac{\Omega_0}{x} - K_0 + \lambda_0 x^2}} \tag{6.97}$$

$$= \frac{1}{H_0} \int_0^\infty \frac{dz}{(1+z)\sqrt{F(z)}} \tag{6.98}$$

を得る．一般に t_0 は Ω_0 の減少関数，λ_0 の増加関数である．

宇宙項が0のダスト宇宙の場合には，$k=0$ にたいして，

$$t_0 = \frac{2}{3H_0}$$

となることはすぐわかる．$k=1$ にたいしてはこれよりも短くなる．$k=-1$ にたいしてはこれよりも長くなるが，$\Omega_0 \to 0$ の極限でも $t_0 = 1/H_0$ であり，宇宙項のない宇宙では宇宙年齢はこれを超えられない．

ダスト宇宙で宇宙項がある場合一般には楕円積分となるが，最も興味ある $k=0$ の平坦な宇宙の場合，すなわち，$\Omega + \lambda = 1$ のときには，

$$t_0 = \frac{2}{3} \frac{1}{H_0 \sqrt{\lambda_0}} \ln \frac{1 + \sqrt{\lambda_0}}{\sqrt{1 - \lambda_0}} \tag{6.99}$$

となる．数値的には，$t_0 H_0$ は，$\lambda = 0.9, 0.8, 0.7$ にたいし，それぞれ 1.28, 1.08, 0.96 となって，宇宙年齢を長くできる．

われわれの宇宙は初期には輻射優勢であるが，輻射優勢である期間は1万年程度なので，宇宙年齢はダスト宇宙または宇宙項優勢宇宙の年齢で決まる．宇宙年齢は天体の年齢よりも長くなければならない．宇宙年齢は現在の宇宙膨張率であるハッブル係数に反比例するが，ハッブル係数を決めるためには天体までの距離を決めなければならない．天体までの距離を直接に求めることは，太陽系のごく近傍のたかだか 100 pc からせいぜい 1 kpc までの天体にしかできていない．そのため系外銀河までの距離を決めるためにさまざまな手法が考案応用されてきた．現在ではほぼ $H_0 = 70 \, \text{km s}^{-1} \text{Mpc}^{-1}$ という値が5%程度の誤差で確立しているが，最近までは $50 \, \text{km s}^{-1} \text{Mpc}^{-1}$ と $100 \, \text{km s}^{-1} \, \text{Mpc}^{-1}$ の間で研究者により異なった値が採用されていた．多くの文献で

$$h = \frac{H_0}{100 \, \text{km s}^{-1} \text{Mpc}^{-1}} \tag{6.100}$$

という表記で，h をパラメータとして用いているのはその名残でもある．もし，宇宙項が存在しないとすると H_0 が $50\,\mathrm{km\,s^{-1}\,Mpc^{-1}}$ に近くない限り，宇宙年齢は 100 億年を超えることは困難である．ところが球状星団や放射性同位体組成などから推定される年齢は 100 億年をかなり超え，120 億〜150 億年と推定されることが多かった．ときにはさらに大きな値が推定されさえしていた．したがって，宇宙項の存在は宇宙年齢の矛盾からも予想されていたのである．そして Ia 型超新星の観測による宇宙の加速膨張の発見により宇宙項（暗黒エネルギー）の存在が示されたのである．また，宇宙背景放射の非等方性の観測とあわせ，現在では宇宙年齢は 1% 程度の精度で 138 億年とされている．

6.2.4 天体までの距離

宇宙論の観測対象は背景放射を別にすれば，系外銀河などの遠方天体の観測である．遠方天体の観測を取り扱うためには，天体までの距離という概念について理解しておく必要がある．直接的に観測されるのはスペクトル線の赤方偏移なので，まず赤方偏移 z にある天体までの距離について考えよう．ほとんどの問題では宇宙項を考慮に入れたダスト宇宙だけ考えればよいので，具体的表式はその場合に限る．

a. 遡り時間

光の伝播を考えると，赤方偏移 z の天体は今から

$$t_\mathrm{lb} = \frac{1}{H_0} \int_0^z \frac{dz}{(1+z)\sqrt{F(z)}} \tag{6.101}$$

だけ前に光を放出したことになる．これは遡り時間と呼ばれる．赤方偏移 z の天体天体の宇宙初期から測った年齢は

$$t = \frac{1}{H_0} \int_z^\infty \frac{dz}{(1+z)\sqrt{F(z)}} = t_0 - t_\mathrm{lb} \tag{6.102}$$

である．

b. 共動距離

前に定義した

$$R = a(t)\chi \tag{6.103}$$

は宇宙膨張とともに変化する距離である．これにたいし現在の時間で測った天体と観測者との間の長さ

$$d = a_0 \chi \tag{6.104}$$

を共動距離と呼ぶ．これは固有距離と呼ばれることもあるが，スケール因子として $a(t_\mathrm{s})$ をとるのか，a_0 をとるのかあいまいさがあるので，現在の時間のスケール因子をとることを明確にするためここでは共動距離と呼ぶことにする．χ と z との関係は

$$\chi = \int_{t_{\rm s}}^{t_0} \frac{cdt}{a(t)} = \frac{c}{H_0 a_0} \int_0^z \frac{dz}{\sqrt{F(z)}} \qquad (6.105)$$

である. $t_{\rm s} = 0$ すなわち $z = \infty$ ととったときの R が時刻 t_0 での宇宙の地平線となっている.

$\lambda = 0$ の場合には

$$a_0 \chi = \frac{c}{H_0} \int_0^z \frac{dz}{(1+z)\sqrt{1+\Omega_0 z}} \qquad (6.106)$$

となり, 初等関数で積分できる. $k = 0$ ($\Omega_0 = 1$) にたいしては

$$a_0 \chi = \frac{2c}{H_0} \left[1 - \frac{1}{\sqrt{1+z}} \right] \qquad (6.107)$$

となる. $k = -1$ および $k = 1$ にたいする表式は省略するが, Ω_0 の減少関数である.

$z \ll 1$ にたいしては, 宇宙項のある場合も含めて

$$a_0 \chi = \frac{c}{H_0} z \left[1 - \left(1 + \frac{\Omega_0}{2} - \lambda_0 \right) \frac{z}{2} \right] \qquad (6.108)$$

という近似式が成立する. z が与えられたとき, 共動距離は H_0 に反比例し, Ω_0 の減少関数, λ_0 の増加関数である. 光が天体と観測者との間を伝播する間に宇宙は膨張するので, 実際の観測を行うときには, 共動距離とは別にそれぞれの観測に対応して, 操作的にさまざまの距離を定義しておくと便利である.

c. 光度距離

宇宙膨張が無視できる場合, 天体の光度 L, 観測される流束密度 F および距離 d の間には

$$L = 4\pi d^2 F \qquad (6.109)$$

の関係がある. 宇宙膨張を考慮した場合にもこの関係が成立するように定義した距離が光度距離 $d_{\rm L}$ である. $t = t_{\rm s}$ に天体を出た光は $t = t_0$ には, 座標距離 χ だけ伝播し, 面積

$$S = 4\pi a_0^2 \sigma(\chi)^2 = 4\pi a_0^2 r^2 \qquad (6.110)$$

の球面に広がる. 光子数は保存するので, 単位振動数あたりの光度と流束密度を L_ν, F_ν とすると,

$$\frac{L_{\nu_{\rm s}}}{\nu_{\rm s}} \Delta \nu_{\rm s} \Delta t_{\rm s} = S \frac{F_{\nu_{\rm ob}}}{\nu_{\rm ob}} \Delta \nu_{\rm ob} \Delta t_{\rm ob} \qquad (6.111)$$

が成立する. 赤方偏移の効果

$$\frac{\nu_{\rm s}}{\nu_{\rm ob}} = \frac{\Delta \nu_{\rm s}}{\Delta \nu_{\rm ob}} = \frac{\Delta t_{\rm ob}}{\Delta t_{\rm s}} = 1 + z \qquad (6.112)$$

を考慮すると

$$F_{\nu_{\mathrm{ob}}} = \frac{L_{\nu_{\mathrm{s}}}}{(1+z)S} \tag{6.113}$$

を得る．振動数で積分すると

$$F = \int_0^\infty F_{\nu_{\mathrm{ob}}} d\nu_{\mathrm{ob}} = \frac{1}{(1+z)S} \int_0^\infty L_{\nu_{\mathrm{s}}} d\nu_{\mathrm{ob}} = \frac{L}{(1+z)^2 S} \tag{6.114}$$

となる．

光度距離は

$$F = \frac{L}{4\pi d_{\mathrm{L}}^2} \tag{6.115}$$

が成立するように

$$d_{\mathrm{L}} = a_0 r (1+z) \tag{6.116}$$

と定義される．

$$F_{\nu_{\mathrm{ob}}} = \frac{(1+z)L_{\nu_{\mathrm{s}}}}{4\pi d_{\mathrm{L}}^2} \tag{6.117}$$

となる．$z \ll 1$ にたいしては

$$d_{\mathrm{L}} = a_0 r (1+z) = \frac{c}{H_0} z \left[1 + \left(1 - \frac{\Omega_0}{2} + \lambda_0 \right) \frac{z}{2} \right] \tag{6.118}$$

という近似式が成立する．

固有の光度が一定の天体を標準光源と呼び，さまざまな z にたいしてそのみかけの明るさを測定すれば，光度距離 d_{L} が z の関数として求められるので，Ω_0 や λ_0 が決まるはずである．遠方まで観測可能な実際に存在する天体としては銀河，各種の活動銀河，ガンマ線バースト，超新星爆発などがあるが，これらの天体を使って宇宙論的パラメータを決めることにはさまざまな困難がある．銀河や活動銀河は宇宙論的な時間スケールで進化するものであり，ガンマ線バーストはバーストごとに真の明るさが異なっており，標準光源としては適当でないからである．Ia 型超新星も明るさに分布があるが，近傍の事象についての光度と光度曲線（光度の時間変化）の間の観測的関係を使って，補正可能な標準光源として取り扱い，これによって宇宙項 λ，あるいは暗黒エネルギーの存在が強く示唆されているのである．現在では宇宙論パラメータは宇宙背景放射の非一様性の観測などから精度よく決定されているので，遠方銀河や活動銀河の観測はそれらの天体の宇宙論的時間スケールでの進化を解明することが主要な課題となっている．

d. 視角直径距離

ユークリッド空間では視線方向に垂直な方向の天体の長さ l，観測されるみかけの角度 $\Delta\theta$ および距離 d の間には

$$l = d\Delta\theta \tag{6.119}$$

の関係がある．宇宙膨張と空間の曲率を考慮した場合にもこの関係が成立するように定義した距離が視角直径距離 d_A である．

$$l = a(t_\mathrm{s})r\Delta\theta \tag{6.120}$$

なので

$$d_\mathrm{A} = a(t_\mathrm{s})r = \frac{a_0 r}{1+z} = \frac{d_\mathrm{L}}{(1+z)^2} \tag{6.121}$$

となる．光度距離と異なり，視角直径距離は z の単調関数ではないという特徴がある．$z \ll 1$ にたいしては

$$d_\mathrm{A} = \frac{c}{H_0}z\left[1-\left(3+\frac{\Omega_0}{2}-\lambda_0\right)\frac{z}{2}\right] \tag{6.122}$$

という近似式が成立し，z とともに増加する．しかし，$z \gg 1$ にたいしては r は一定値に漸近するので，d_A は $1+z$ に反比例して減少することになる．たとえば，$k = 0$, $\Omega_0 = 1$, $\lambda = 0$ の場合には

$$d_\mathrm{A} = \frac{2c}{H_0}\frac{1}{1+z}\left[1-\frac{1}{\sqrt{1+z}}\right] \tag{6.123}$$

であり，$z = 5/4$ で最大値をとり，$z > 5/4$ では減少する．

固有の長さ l が同じ天体のみかけの角度を観測すると，$z \ll 1$ の場合は遠方の天体ほど小さくみえるが，$z \gg 1$ だと遠方ほど大きくみえるのである．伝播中の光線束の径路に垂直方向の長さを，それぞれの時間において測ると $a(t)r\Delta\theta = d_\mathrm{A}(z)\Delta\theta$ であり，z_s の大きな源から放出された後にはこれは伝播とともに最初大きくなり，その後減少して観測者に到達した時点では 0 になる（光子は $\theta =$ const. で伝播するので $\Delta\theta =$ const. であることに注意）．光線束は伝播途中で収束していることになるが，この収束は物質の重力によるものと解釈される．このような観点で光の伝播を考察することは，重力レンズなどの解析にとって重要になる．

天体を空間的に分解して観測する場合，表面輝度は

$$\frac{4F}{\pi\Delta\theta^2} = \frac{L}{\pi d_\mathrm{L}^2}\frac{d_\mathrm{A}^2}{\pi l^2} = \frac{L}{\pi^2 l^2}\frac{1}{(1+z)^4} \tag{6.124}$$

となるので，宇宙論的な効果で表面輝度は z とともに $1/(1+z)^4$ で落ちることになる．これは遠方天体の観測を困難にする 1 つの原因である．

固有の長さが一定の天体をさまざまな z にたいしてそのみかけの角度を測定すれば，視角直径距離 d_A が z の関数として求められるので，Ω_0 や λ_0 が決まるはずである．光度距離の場合と同様に実際にこれを実行することにはさまざまな困難があって，それほど有効な方法ではない．しかし，視角直径距離は宇宙背景放射の非等方性の角度依存性の観測において重要な役割を果たしている．宇宙黒体放射は $z \approx 1000$ の時期

の宇宙を観測しているが，全天でみている領域の $z \approx 1000$ での固有長さは，現在の地平線の大きさの 10^{-3} 程度（およそ 8 Mpc）である．$z \approx 1000$ での地平線の長さは $c/H \approx c/[\Omega_0 H_0 (1+z)^{3/2}]$ の程度（およそ $0.2\,\mathrm{Mpc}$）なので約 $2°$ の角度で観測されることになる．それよりやや小さい角度にバリオン音響振動と呼ばれる特徴が表れるのだが，この振動の固有長さが宇宙論パラメータによって決まっているので，これを宇宙論パラメータの決定に使うことができるのである．

e. 共動体積

銀河の計数などでは，z までの共動体積が問題になる．銀河の数が保存するとき，銀河の数密度は共動体積で一定となるからである．dz あたりの共動体積は

$$\frac{dV}{dz} = 4\pi a_0^3 r^2 \frac{d\chi}{dz} = 4\pi a_0^2 r^2 \frac{c}{H_0} \frac{1}{\sqrt{F(z)}} \tag{6.125}$$

となる．これは Ω_0 の減少関数，λ_0 の増加関数である．

多数の銀河の赤方偏移を測定して，共動体積の赤方偏移依存性を直接測ることも行われるが，赤方偏移の観測は時間を要するので，それほど容易ではない．多くの場合，銀河の数をその明るさの関数として計数することがまず行われる．赤外線での観測例を図 6.3 に示しておく．z の代わりにみかけの明るさを使うのである．この結果からは暗い銀河の数は非常に多く，これを説明するためには，λ がかなり大きくて dV/dz が z とともにそれほど減少しないことが必要であることは，超新星の観測以前に示されていたのである．

計数観測を理解するためにユークリッド空間での明るさの関数としての計数を簡単に説明しておこう．天体の数密度を n，光度を L とすると，距離 d にある天体のみかけの明るさ F は式（6.109）で与えられるので，F より明るい天体の数は

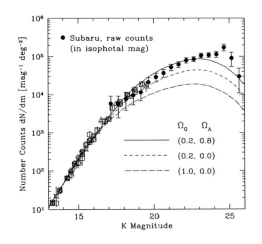

図 6.3 近赤外線でみた銀河の計数観測

暗い銀河の数は 1 平方度あたり 10 万個を超えており，大きな宇宙項の存在を示唆している（T. Totani et al: *Astrophysical Journal* vol. 559, pp. 592, 2001）．

$$N(>F) = \frac{4\pi n}{3}\left(\frac{L}{4\pi F}\right)^{3/2} \tag{6.126}$$

となる．対数をとって

$$\log N(>F) = -\frac{3}{2}\log F + \text{const.} \tag{6.127}$$

を得る．宇宙論的効果を考慮に入れると暗い天体の数はこれより少なくなることになる．したがって観測値がこれからどのようにずれるかを調べることによって宇宙論的効果や進化効果を調べるのである．この手法は最初電波銀河の計数に適用され（電波天文学では F の代わりに S を使うので $\log N$–$\log S$ 関係と呼ばれている），暗い電波銀河の数がこれより多いことから，遠方ほど電波銀河の数が多いこと，あるいは遠方ほど電波銀河が明るいことが示されたのである．現在では実際にはその両方であることが知られている．その後 X 線天文学や可視光赤外線観測でも同様な手法が盛んに使われ，銀河や活動銀河の進化史が調べられているのである．

6.3 膨張宇宙の熱史

6.3.1 宇宙を構成する物質

現在の宇宙の構成物質としては，まず銀河の星や星間ガスを構成する通常の物質がある．これは核子と電子とからなるが，質量の大部分は核子が担う．通常の物質は電子も含んでいるのだが，バリオン物質と呼ぶことが多いので，以下でも電子も含んでバリオン物質と呼ぶことにする．宇宙のバリオン物質の平均密度には，銀河とともに銀河団内の高温ガスが同程度の寄与をなしている．さらに銀河間空間には銀河にならなかったガスがかなりの程度存在しているはずであるが，これはまだ直接には観測にかかっていない．しかし，後述するように宇宙初期の元素合成によるヘリウム量などの予言と観測値との比較からバリオン物質の密度はほぼ $4.4 \times 10^{-31}\,\mathrm{g\,cm^{-3}}$ の程度であると考えられる．ハッブル係数を式（6.100）のように規格化して表現すると，バリオン物質の密度パラメータは

$$\Omega_{\mathrm{b}0} = \frac{\rho_{\mathrm{b}0}}{\rho_{\mathrm{c}0}} = \frac{8\pi G \rho_{\mathrm{b}0}}{3H_0^2} \tag{6.128}$$

と書かれ，$\Omega_{\mathrm{b}0} h^2 = 0.023$ 程度となる．ここで，$h = 0.70$ とすると $\Omega_{\mathrm{b}0} = 0.045$ となる．

銀河を構成するバリオン物質の元素組成は重量比でいって，水素が 70％，ヘリウムが 28％，炭素より重い重元素が 2％程度である．星の進化と銀河の化学進化の理論からは，重元素が 2％できれば，ヘリウムは 3％から 5％程度が生成される．したがって，ヘリウムは星の進化論では説明できないほど大量に存在しており，その起源は宇宙初

期に求められる．宇宙が高温高密度の状態から出発したとすれば，宇宙初期にヘリウムなどいくつかの軽元素が合成されることがガモフらによって示され，大量のヘリウムの存在はビッグバン宇宙論を支える重要な根拠の 1 つとなっているのである．

ビッグバン宇宙論は，宇宙初期の高温状態で存在した黒体放射が現在の宇宙でも残存していることを予言する．宇宙マイクロ波背景放射（宇宙背景放射と略す）と呼ばれるこの放射は 1965 年にペンジアスとウィルソンによって偶然に発見されたが，その温度は 2.73 K である．宇宙背景放射は現在の密度パラメータとしては $\Omega_{r0} \approx 5 \times 10^{-5}$ 程度と小さいが，宇宙膨張を遡れば，非相対論的物質の密度が $(1+z)^3$ で増加するのにたいし，輻射のエネルギー密度は $(1+z)^4$ で増加するので，輻射が物質を凌駕することになる．宇宙背景放射の発見によりビッグバン宇宙論が確立し，宇宙の熱的な歴史を詳しく調べることが可能になるとともに，その詳細な性質から宇宙論パラメータを正確に決めたり，宇宙の構造形成の歴史をたどることも可能になったのである．

バリオン物質と宇宙背景放射以外に宇宙には暗黒物質と呼ばれる正体が未同定の物質が存在していることが知られている．暗黒物質は重力相互作用についてはバリオン物質と同様にふるまうが，電磁相互作用にかかわらないため通常の電磁波の観測では存在が感知されない物質であり，その実体は未知の素粒子であると考えられている．銀河や銀河団の力学的質量の推定，銀河の分布の大規模構造の存在から，重力を及ぼす暗黒物質の密度はバリオン物質の密度の 5 倍程度は存在するものと考えられる．密度パラメータでは $\Omega_{d0} = 0.23$ 程度となる．さらに，遠方の Ia 型超新星を使った宇宙論的テスト，宇宙背景放射の非等方性などの研究から，暗黒エネルギーという宇宙項に相当する物質が現在では最もエネルギー密度が大きく，$\lambda_0 = 0.72$ 程度あることが知られている．これらをあわせると，われわれの宇宙は $\Omega_0 + \lambda_0 = 1$ で $k = 0$ の平坦な宇宙に限りなく近くなるのである．これらの宇宙論パラメータの値は現在では宇宙背景放射の非等方性の観測と他のいくつかの観測を総合して，数%の精度で決まっている．具体的な観測手法については密度ゆらぎの成長や宇宙背景放射の非等方性の節でふれることにする．

6.3.2 宇宙の熱史の概観

以上のことをもとにして現在の宇宙から遡って宇宙の熱史を考えてみよう．バリオン物質の密度は

$$\rho_b = 1.88 \times 10^{-29} \Omega_{b0} h^2 (1+z)^3 \, \text{g cm}^{-3} = 4.27 \times 10^{-31} (1+z)^3 \, \text{g cm}^{-3} \quad (6.129)$$

バリオンの数密度は

$$n_b = 1.12 \times 10^{-5} \Omega_{b0} h^2 (1+z)^3 \, \text{cm}^{-3} = 2.54 \times 10^{-7} (1+z)^3 \, \text{cm}^{-3} \quad (6.130)$$

と表される．暗黒物質の密度は

$$\rho_{\rm d} = 1.88\times 10^{-29}\Omega_{\rm d}h^2(1+z)^3\,{\rm g\,cm}^{-3} = 2.2\times 10^{-30}(1+z)^3\,{\rm g\,cm}^{-3} \quad (6.131)$$

となる．バリオン物質と暗黒物質をあわせて，非相対論的物質の密度パラメータは $\Omega = \Omega_{\rm b} + \Omega_{\rm d}$ である．これらは現在から遡るにつれ $(1+z)^3$ に比例して増加する．

宇宙項（暗黒エネルギー）はエネルギー密度が z によらず一定なので，規格化したエネルギー密度は z とともに

$$\lambda = \frac{\lambda_0}{F(z)} \quad (6.132)$$

のようにふるまう．したがって暗黒エネルギーの影響は z の小さい時期（およそ $z<0.5$）に限られるのである．一方非相対論的物質は

$$\Omega = \frac{(1+z)^3\Omega_0}{F(z)} \quad (6.133)$$

のようにふるまうので，$z>0.5$ では物質優勢のアインシュタイン–ドジッター宇宙のふるまいをするとみなせることになる．

一方，宇宙背景放射のエネルギー密度と数密度は

$$\rho_\gamma = 4.67\times 10^{-34}\left(\frac{T_{\gamma 0}}{2.73\,{\rm K}}\right)^4 (1+z)^4\,{\rm g\,cm}^{-3} \quad (6.134)$$

$$n_\gamma = 413\left(\frac{T_{\gamma 0}}{2.73\,{\rm K}}\right)^3 (1+z)^3\,{\rm cm}^{-3} \quad (6.135)$$

である．相対論的物質としてはほかに残存ニュートリノがあるが，これについては後でふれる．バリオン数密度と光子数密度の比は

$$\eta = \frac{n_{\rm b}}{n_\gamma} = 2.72\times 10^{-8}\Omega_{\rm b0}h^2\left(\frac{T_{\gamma 0}}{2.73\,{\rm K}}\right)^{-3} \approx 6.3\times 10^{-10} \quad (6.136)$$

となって一定となる．非相対論的物質と宇宙背景放射のエネルギー密度の比は z とともに変化し，

$$1+z_{\rm eq} = 4.03\times 10^4\Omega_0 h^2\left(\frac{T_{\gamma 0}}{2.73\,{\rm K}}\right)^{-4} \approx 5.6\times 10^3 \quad (6.137)$$

で輻射と物質のエネルギー密度が等しくなり，それより大きな z では輻射が卓越することになる．

後にみるようにバリオン物質の主成分である水素はおよそ $4\times 10^3\,{\rm K}$ 以上では電離状態にあるが，それより低温では再結合して水素原子となる．この節の最後にみるように水素の再結合が起こる時期は

$$1+z_{\rm rec} \approx 1300 \quad (6.138)$$

である．電離状態にあるときには，バリオン物質と輻射は電子散乱によって相互作用

し，同一の温度にあるとしてよいが，再結合すると実質的には相互作用しなくなるので，物質と輻射とは独立に進化することになる．厳密にいえば，再結合は有限の時間幅で起こるので，バリオン物質と輻射との相互作用が切れる脱結合の時期は再結合よりも少し遅く

$$1 + z_{\text{dec}} \approx 1100 \tag{6.139}$$

程度である．

　さて，赤方偏移が z_{eq} よりも大きな時期は輻射優勢となることがわかった．宇宙初期は平坦な輻射宇宙でよく記述されるのである．宇宙初期は高温高密度の状態にあるが，現在の物理学で理解できる範囲でどこまで遡ることができるだろうか．地上の加速器で直接到達できる最高エネルギーは 10 TeV 程度である．素粒子物理学の標準理論によると，このような高エネルギーの熱平衡状態では，バリオンはクォークとして存在しており，クォーク間の相互作用を担うグルオンとともに，クォーク–グルオンプラズマをなしている．温度が 200 MeV 程度に下がった時期に，クォークは核子の中に閉じ込められて，われわれがよく知っている核子からなるバリオン物質となると考えられている．これはクォーク–ハドロン相転移と呼ばれるが，2 次の相転移と考えられており，これによって膨張の様子が大きく変わることはない．一方，弱い相互作用は質量が 100 GeV 弱の W 粒子や Z 粒子によって担われているが，これらは対称性の自発的破れという機構で質量をもつ．およそ 200 GeV より高温では，弱い相互作用と電磁相互作用は統一された状態にあるとされる．この温度で電弱相転移により弱い相互作用と電磁相互作用が分化し，各種の素粒子が質量を獲得するとされている．現在の物理学で確立している範囲は電弱相転移の温度以下，もっと保守的にいえばクォーク–ハドロン相転移の温度以下である．

　宇宙の物質密度の大きな部分を占める暗黒物質についてはその実体は未解明であるが，素粒子物理学の標準モデルには収まらない超対称性粒子などの未知の素粒子である可能性が高いと考えられている．これらの粒子は質量が大きいため，宇宙のごく初期には熱平衡状態にあったとしても，温度が GeV 程度に下がるまでには相互作用が切れ，対消滅が起こり，ごく一部が残存すると考えられている．そしてその残存粒子が暗黒物質となるというのが最も議論されているシナリオである．このように考えると，もともとの宇宙は物質と反物質とが等量存在しているのが自然なので，相互作用が大きいバリオン物質については，クォークあるいは核子が非相対論になる温度でほとんどすべて対消滅してしまうはずである．予言される残存量は観測量に比べ何十桁も小さい．また，われわれの宇宙には反物質はほとんど存在していない．われわれの宇宙は有限のバリオン数をもっているのである．宇宙のバリオン数の起源がどこにあるのかという問題は，暗黒物質の起源の問題，インフレーション理論とともに現在確

立している物理学の範囲を超えた課題の1つとなっている.

クォーク-ハドロン相転移以後の宇宙は,陽子と中性子などの核子,π粒子などの中間子,電子とμ粒子,光子およびニュートリノからなっている.質量の軽い粒子は反粒子も存在している.温度が下がるにつれ,質量が大きな粒子は対消滅をしてより軽い粒子に転化していく.したがってπ粒子やμ粒子は温度が100 MeV以下では消滅する.さらに温度が下がると電子陽電子対が消滅し,電気的中性を保つため,陽子と同じ数の電子だけが残る.この過程を通じ光子とニュートリノは存在しつづける.ニュートリノは質量が軽いため,弱い相互作用が温度約1 MeVで切れたときに相対論的であり,ほとんど対消滅せずに現在まで残るのである.温度が1 MeVより下がってくると,核子は自由でいるよりも結合して原子核をつくったほうが安定となる.これが宇宙初期の元素合成である.

6.3.3 宇宙初期の元素合成

ビッグバン宇宙論を支える観測的証拠の1つとして,宇宙初期に起こるヘリウムなどの軽元素合成がある.宇宙初期の元素合成は温度が0.1〜1 MeVの時期に起こる.温度がMeV以上の時期には,宇宙は光子およびニュートリノの黒体放射,電子・陽電子対,陽子と中性子からなっている.宇宙のエネルギー密度には,光子およびニュートリノ以外に電子と陽電子も大量に存在して大きな寄与をする.光子数が核子数よりもはるかに大きいので,電子や陽電子の化学ポテンシャルはほとんど0であり,それらの数密度は光子数密度と同程度になっているからである.相対論的物質の有効スピン自由度を g とすると,エネルギー密度は

$$\rho c^2 = \frac{g}{2} a_\mathrm{r} T^4 \tag{6.140}$$

となり,

$$t = \sqrt{\frac{3}{32\pi G \rho}} \tag{6.141}$$

なので,温度と時間の関係がつけられる.g はボソンにたいし2,フェルミオンにたいしては $2 \times (7/8)$ となる.今の場合

$$g = 2 + (3+2) \times 2 \times \frac{7}{8} = \frac{43}{4} \tag{6.142}$$

となる.したがって

$$T = \frac{0.867}{t^{1/2}} \mathrm{MeV} \tag{6.143}$$

あるいは

$$t = 0.752 \left(\frac{T}{\mathrm{MeV}}\right)^{-2} \mathrm{s} \tag{6.144}$$

となる.温度が0.5 MeV以下になると電子陽電子対が非相対論的になり対消滅していく.対消滅後の温度と時間の関係は後の残存ニュートリノの項で述べる.

a. p/n 比

陽子と中性子は非相対論的で，弱い相互作用

$$n \rightleftharpoons p + e^- + \bar{\nu}_e \tag{6.145}$$

$$n + \nu_e \rightleftharpoons p + e^- \tag{6.146}$$

$$n + e^+ \rightleftharpoons p + \bar{\nu}_e \tag{6.147}$$

の反応を通じて互いに移り変わっている．この相互作用の時間スケールが宇宙膨張の時間より短ければ，陽子と中性子とは化学平衡にある．化学平衡にあるとき，中性子と陽子の存在比は，陽子と中性子のエネルギー差

$$Q_n = (m_n - m_p)c^2 = 1.29 \, \text{MeV} \tag{6.148}$$

を使って

$$\frac{n_n}{n_p} = \exp\left(-\frac{Q_n}{kT}\right) \tag{6.149}$$

と書ける．

温度が下がるにつれ，相互作用の速さが遅くなり，陽子と中性子の存在比はその時点で凍結され，その後は中性子の自由崩壊が起こるだけになる．相互作用の凍結はほぼ $kT_n \approx 0.8 \, \text{MeV}$ でおこるので，その後の中性子存在量は

$$\frac{n_n}{n_n + n_p} = \frac{1}{1 + \exp\left(\frac{Q_n}{kT_n}\right)} \exp\left(-\frac{t - t_n}{\tau_n}\right) \approx 0.166 \exp\left(-\frac{t - t_n}{\tau_n}\right) \tag{6.150}$$

となる．ここで $t_n = 1 \, \text{s}$ は T_n に対応する時間，

$$\tau_n = 882 \pm 2 \, \text{s} \tag{6.151}$$

は中性子の平均寿命である．

b. d 形 成

陽子と中性子が共存していると

$$n + p \rightleftharpoons d + \gamma \tag{6.152}$$

の反応によって重陽子の形成が起こる．重陽子の束縛エネルギーは

$$Q_d = (m_n + m_p - m_d)c^2 = 2.22 \, \text{MeV} \tag{6.153}$$

である．反応の時間は十分速くこの反応が化学平衡にあればサハの式により

$$\frac{n_d}{n_p n_n} = \frac{g_d}{g_p g_n}\left(\frac{2\pi\hbar^2}{kT}\frac{m_d}{m_p m_n}\right)^{3/2} \exp\left(\frac{Q_d}{kT}\right) \tag{6.154}$$

を得る．スピン因子は $g_\mathrm{d} = 3$, $g_\mathrm{p} = g_\mathrm{n} = 2$ なので，

$$\frac{n_\mathrm{d}}{n_\mathrm{n}} = \frac{3}{4} n_\mathrm{p} \left(\frac{4\pi\hbar^2}{kTm_\mathrm{p}}\right)^{3/2} \exp\left(\frac{Q_\mathrm{d}}{kT}\right)$$

$$= 7.78 \times 10^{-12} \frac{n_\mathrm{p}}{n_\mathrm{p} + n_\mathrm{n}} \Omega_\mathrm{b0} h^2 \left(\frac{kT}{1\,\mathrm{MeV}}\right)^{3/2} \exp\left(\frac{2.22\,\mathrm{MeV}}{kT}\right) \tag{6.155}$$

となる．

この式より，典型的には温度が $kT_\mathrm{d} = 0.080\,\mathrm{MeV}$ 以下になるとほとんどの中性子は重陽子中に取り込まれることがわかる．kT_d に対応する時間は $t_\mathrm{d} = 209\,\mathrm{s}$ となっている．この重陽子は最終的にはほとんどが ${}^4\mathrm{He}$ に取り込まれる．したがって，宇宙初期に合成される ${}^4\mathrm{He}$ の重量比 Y_p は，

$$Y_\mathrm{p} = \frac{2n_\mathrm{n}}{n_\mathrm{p} + n_\mathrm{n}} \approx 0.332 \exp\left(-\frac{208}{882}\right) = 0.26 \tag{6.156}$$

と求められる．この値は詳細な数値計算の結果とほぼ一致しているが，T_n や T_d の値に依存しているので，正確な値を得るには精密な数値計算が必要である．

c. 軽元素の合成

重陽子ができると

$$\mathrm{d} + \mathrm{d} \to \mathrm{t} + \mathrm{p} \tag{6.157}$$

$$\mathrm{d} + \mathrm{d} \to {}^3\mathrm{He} + \mathrm{n} \tag{6.158}$$

$$\mathrm{d} + \mathrm{t} \to {}^4\mathrm{He} + \mathrm{n} \tag{6.159}$$

$${}^3\mathrm{He} + \mathrm{n} \to \mathrm{t} + \mathrm{p} \tag{6.160}$$

$${}^3\mathrm{He} + \mathrm{d} \to {}^4\mathrm{He} + \mathrm{p} \tag{6.161}$$

の反応で ${}^4\mathrm{He}$ が合成される．重陽子，3重陽子，${}^3\mathrm{He}$ の一部も残される．3重陽子は半減期 17.8 年で崩壊して ${}^3\mathrm{He}$ となる．また，

$${}^4\mathrm{He} + {}^3\mathrm{He} \to {}^7\mathrm{Be} + \gamma \tag{6.162}$$

$${}^4\mathrm{He} + \mathrm{t} \to {}^7\mathrm{Li} + \gamma \tag{6.163}$$

$${}^7\mathrm{Be} + \mathrm{e}^- \to {}^7\mathrm{Li} + \nu_\mathrm{e} \tag{6.164}$$

$${}^7\mathrm{Li} + \mathrm{p} \to 2\,{}^4\mathrm{He} \tag{6.165}$$

などの反応で ${}^7\mathrm{Li}$ が形成される．核子数が8の安定な原子核が存在しないため，宇宙初期にはこれよりも重い原子核は合成されない．図 6.4 に軽元素の時間発展の計算例

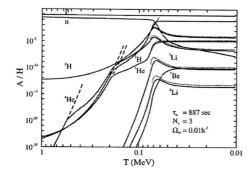

図 6.4 宇宙初期の元素合成の時間発展
(S. Sarkar: *Report on Progress in Physics* vol. 59, p. 1493, 1996).

を示しておく.

かくして,宇宙初期の元素合成では p, d, ^{3}He, ^{4}He, ^{7}Li が生成される.詳しい数値計算によって,その合成量は正確に求められる.標準的な宇宙パラメータと物理定数にたいして $n_d/n_b \approx 3 \times 10^{-5}$, $n_{3\text{He}}/n_b \approx 1 \times 10^{-5}$, $n_{7\text{Li}}/n_b \approx 4 \times 10^{-10}$ が得られている.星による元素合成の影響を受けていない原始組成の銀河間ガスや重元素量の非常に少ない古い星はこのような組成をもっているはずであり,現在の観測はほぼこの予言と一致している.さらに,これらの元素の生成量は宇宙のバリオン密度などに依存しているので,精密な観測量が得られればバリオン密度などに強い制限を及ぼすことになる.この中では ^{7}Li の観測値が 3 倍程度理論値より小さいという問題がある.

宇宙のバリオン密度 Ω_{b0} にたいする依存性は,おもに T_d への依存性を通じて理解される.Ω_{b0} が大きいと $n_d = n_n$ となる温度 T_d も大きくなる.これは重陽子の分解率は変わらないのに,陽子と中性子の衝突による生成率は大きくなるためである.この結果,t_d が小さくなり,残存する中性子量が増加するため Y_p が増加することになる.重陽子や ^{3}He が ^{4}He をつくる反応速度は上昇するのでその結果残存する重陽子や ^{3}He の量は減少する(図 6.5).

元素合成は中性子の寿命にも依存する.この依存性は弱い相互作用の強さへの依存性を通じて理解される.τ_n が大きいことは弱い相互作用の強さが小さいことを意味する.その結果 T_n も大きくなり,残存する中性子量が増加するため Y_p が増加することになる.ニュートリノの種類数にたいする制限も重要である.現在ではニュートリノの種類数は加速器実験から 3 であることが確立しているが,以前にはニュートリノ種類数は元素合成に及ぼす影響から制限されていた.ニュートリノの種類数が大きいと宇宙の膨張が速く進むので t_n が小さくなる.そのため T_n が大きくなって,残存する中性子量が増加するため Y_p が増加することになることを使っていたのである.

^{7}Li のバリオン密度にたいするふるまいは Ω_{b0} がある値のときに極小値をとる.

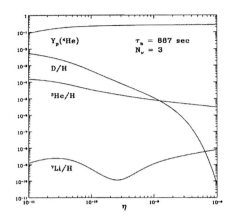

図 6.5 宇宙初期の元素合成の核子光子数比にたいする依存性
(S. Sarkar: *Report on Progress in Physics* vol. 59, p. 1493, 1996).

これは ^{7}Li の合成に 2 つの径路があるからである．^{4}He + t → ^{7}Li + γ の反応でできた ^{7}Li は ^{7}Li + p → 2 ^{4}He の反応で壊される傾向にある．これは Ω_{b0} が大きいほど起こりやすい．したがって，Ω_b が小さいほど ^{7}Li の残存量は大きい．一方，^{4}He + ^{3}He → ^{7}Be + γ の反応は Ω_b が大きいほど起こりやすいので，^{7}Be の電子捕獲で生成する ^{7}Li は Ω_{b0} とともに増加する．このため，Ω_{b0} が大きいときも小さいときも ^{7}Li の存在比は大きく，中間の $\Omega_{b0} \approx 0.01$ で最小値約 1.2×10^{-10} をとることになる．

これらの理論的予言値を観測と比較すると ^{7}Li 以外は宇宙背景放射の非等方性から決められた $\Omega_{b0} h^2 = 0.023$, $\eta = 6 \times 10^{-10}$, にたいする値と整合的だが ^{7}Li の観測値は 1.3×10^{-10} 程度で予言値の 3 分の 1 程度であり，食い違いが残っている．

6.3.4 残存ニュートリノ

ビッグバン宇宙論の主要な予言は宇宙黒体放射の存在と宇宙初期の元素合成であり，それらは見事に観測的に確かめられた．もう 1 つの帰結としてニュートリノ背景放射の存在がある．温度が高いときにはニュートリノと電子陽電子とは平衡状態にあるが，温度が約 3 MeV の時期にニュートリノと電子陽電子対の間の相互作用は切れ，ニュートリノはその後自由に運動する．1 自由度あたりのニュートリノと光子の数の比は 3/4 なので，3 種類のニュートリノおよび反ニュートリノの合計数密度は光子数密度を使って

$$n_\nu = \frac{9}{4} n_\gamma \tag{6.166}$$

となる．その後，温度が 0.5 MeV 以下まで下がると電子陽電子対が消滅し，光子数が増大する．その結果，ニュートリノと光子の数密度の比は減少することになる．この過程ではエントロピーが保存するので，光子，電子陽電子対，ニュートリノのエント

ロピー密度を s_γ, $s_{e^\pm}$, s_ν とし, 対消滅以前の物理量に添字 1, 対消滅以後の物理量に添字 2 をつけると

$$a_1^3(s_{\gamma 1} + s_{e^\pm 1}) = a_2^3 s_{\gamma 2} \tag{6.167}$$

$$a_1^3 s_{\nu 1} = a_2^3 s_{\nu 2} \tag{6.168}$$

と表される. したがって

$$\left(\frac{s_\nu}{s_\gamma}\right)_2 = \left(\frac{s_\nu}{s_\gamma + s_{e^\pm}}\right)_1 \tag{6.169}$$

である. 相対論的物質のエントロピー密度は温度の3乗とスピン因子に比例し, フェルミオンの1自由度あたりのエントロピー密度はボソンの $\frac{7}{8}$ 倍なので

$$\frac{\frac{7}{8} \times 6 \times T_{\nu 2}^3}{2 \times T_{\gamma 2}^3} = \frac{\frac{7}{8} \times 6}{2 + \frac{7}{8} \times 4} \tag{6.170}$$

となる. ここで $T_{\gamma 2}$ と $T_{\nu 2}$ は電子陽電子対消滅後の光子とニュートリノの温度である. したがって, 電子陽電子対消滅後は

$$T_\nu = \left(\frac{4}{11}\right)^{1/3} T_\gamma = 0.714 T_\gamma \tag{6.171}$$

となる. 現在では $T_{\gamma 0} = 2.73\,\mathrm{K}$ なので $T_{\nu 0} = 1.95\,\mathrm{K}$ となる.

ニュートリノのエネルギー密度は

$$\rho_\nu c^2 = \frac{7}{8} \times 6 \times \frac{a_\mathrm{r}}{2} T_\nu^4 = \frac{21}{8}\left(\frac{T_\nu}{T_\gamma}\right)^4 \rho_\gamma c^2 = \frac{21}{22}\left(\frac{4}{11}\right)^{1/3} \rho_\gamma c^2 = 0.681 \rho_\gamma c^2 \tag{6.172}$$

となるので, 電子陽電子対消滅後の宇宙では $g = 3.362$ となり, 温度と時間の関係は

$$T = \frac{1.16}{t^{1/2}}\,\mathrm{MeV} \tag{6.173}$$

あるいは

$$t = 1.34 \left(\frac{T}{\mathrm{MeV}}\right)^2 \sec \tag{6.174}$$

となる. ニュートリノ(反ニュートリノを含む)の数密度は, 1種類あたり

$$n_{\nu_e} = \frac{3}{4}\left(\frac{T_\nu}{T_\gamma}\right)^3 n_\gamma = \frac{3}{11} n_\gamma \tag{6.175}$$

であり, 現在の宇宙では $T_{\gamma 0} = 2.73\,\mathrm{K}$ にたいし $113\,\mathrm{cm}^{-3}$ となる.

a. ニュートリノの質量

太陽ニュートリノの節で述べたように,ニュートリノは有限の質量をもっていると考えられる.したがって温度が十分下がったときには非相対論的になる.質量はニュートリノの種類ごとに異なる.種類 i のニュートリノ(反粒子を含む)の質量を m_{ν_i} とすると,$m_{\nu_i} \gg 10^{-3}$ eV のとき,現在の宇宙では非相対論的となり,その質量密度は

$$\rho_{\nu_i} = 2.00 \times 10^{-31} \frac{m_{\nu_i}}{\text{eV}} \left(\frac{T_\gamma}{2.73\,\text{K}}\right)^3 \text{g cm}^{-3} \tag{6.176}$$

となる.3種類のニュートリノを考え,すべて非相対論的になっているとすると,密度パラメータで表現して

$$\Omega_{\nu 0} h^2 = \frac{\sum_i m_{\nu_i}}{93.8\,\text{eV}} \tag{6.177}$$

となる.現在のところ,大気ニュートリノなどのニュートリノ振動の観測から得られる量は質量の2乗の差であるので,質量そのものにたいしては比較的ゆるやかな制限しかないが,一番重いニュートリノの質量はおそらく 0.05 eV 程度だと考えられている.もし,一番重いニュートリノの質量が 0.1 eV を超えるようだと,次節以降で述べる密度ゆらぎの成長で,短波長のゆらぎの成長に影響を及ぼすことになる.

ニュートリノは相互作用の切れた後,自由運動をするので位相空間密度は保存する.したがってニュートリノが質量をもっていると位相空間での分布関数は熱平衡からずれることになる.$T = T_*$ の時期に相互作用が切れたとすると,その時期にエネルギー E_*,運動量が p_* であったニュートリノは赤方偏移の結果,現在の運動量は

$$p = p_* \frac{a_*}{a_0} \tag{6.178}$$

となるので

$$E_* = \sqrt{p_*^2 c^2 + m_\nu^2 c^4} = \sqrt{p^2 c^2 \left(\frac{a_0}{a_*}\right)^2 + m_\nu^2 c^4} \approx pc \frac{a_0}{a_*} \tag{6.179}$$

の関係を得る [1].したがって,位相空間密度は

$$\frac{1}{\exp(\frac{E_*}{kT_*}) + 1} = \frac{1}{\exp(\frac{pc}{kT_{\nu 0}}) + 1} \tag{6.180}$$

となり,分布の形はフェルミ分布ではなくなるのである.ここで $T_{\nu 0} = T_*(a_*/a_0)$ と定義されているが,これは熱平衡の温度という意味はもっていないのである.

---

[1] 光子は質量が0なので運動量とエネルギーは同じようにふるまうが,有限質量の粒子では赤方偏移するのは運動量であることに注意しておこう.

6.3.5 水素の再結合

元素合成は宇宙初期の数分間で終わるが，その後も宇宙膨張が続き，さらに温度が下がるとまずヘリウムの再結合が起こる．引き続いて水素が再結合し，中性となり自由電子の数密度が著しく減少して，光子は自由に運動するようになる．この後はバリオン物質と輻射とが独立に運動するため，バリオン物質が重力的に凝縮することが可能となり，銀河などの天体形成が起こりうるのである．水素の再結合および光電離の過程は

$$\mathrm{p} + \mathrm{e} \rightleftharpoons \mathrm{HI} + \gamma \tag{6.181}$$

と表され，水素原子の結合エネルギーは

$$Q_\mathrm{H} = 13.6\,\mathrm{eV} \tag{6.182}$$

である．サハの式は

$$\frac{n_\mathrm{HI}}{n_\mathrm{e} n_\mathrm{p}} = \frac{g_\mathrm{HI}}{g_\mathrm{e} g_\mathrm{p}} \left(\frac{2\pi\hbar^2}{m_\mathrm{e} kT}\right)^{3/2} \exp\left(\frac{Q_\mathrm{H}}{kT}\right) \tag{6.183}$$

で与えられる．$g_\mathrm{e} = g_\mathrm{p} = 2$, $g_\mathrm{HI} = 4$ なので，電離度を $x_\mathrm{e} = n_\mathrm{e}/(n_\mathrm{HI} + n_\mathrm{p})$ とすると

$$\frac{x_\mathrm{e}^2}{1 - x_\mathrm{e}} = 9.3 \times 10^{13} (\Omega_\mathrm{b0} h^2)^{-1} \frac{0.75}{X} \left(\frac{T_{\gamma 0}}{2.73\,\mathrm{K}}\right)^3 \left(\frac{13.6\,\mathrm{eV}}{kT}\right)^{3/2} \exp\left(-\frac{13.6\,\mathrm{eV}}{kT}\right) \tag{6.184}$$

となる．ほぼ，$Q_\mathrm{H}/kT = 44$, すなわち，$T = 0.31\,\mathrm{eV} = 3600\,\mathrm{K}$, $z = 1300$ で再結合が起こることがわかる．その後は電離平衡にないので，わずかながら自由電子が残ることになる．残存電離度は 10^{-5} 程度である．これは宇宙時間で約 3.8×10^5 年の時になる．

再結合の後は，重力不安定性の成長により天体が形成されていく時期になる．そして $z \sim 10$ の時期には銀河などの自己重力で束縛された天体が形成されはじめる．

6.4 密度ゆらぎの線形摂動論

現在の宇宙はおよそ $100\,\mathrm{Mpc}$ 以上のスケールでみればほぼ一様等方であるが，それより小さなスケールでみると物質は銀河や銀河団に集中しているようにみえる．銀河の分布も一様ではなく，銀河団という自己重力系をつくったり，$10\,\mathrm{Mpc}$ 以上にわたるスケールで超銀河団やボイドに代表される大規模構造が存在している．また，宇宙背景放射も完全に一様等方ではなく，さまざまな角度のスケールで微小な非等方性が存在する．これらの構造は宇宙初期に存在した微小振幅の原始密度ゆらぎが成長した

結果であるとして理解される．これが構造形成理論であり，宇宙初期に存在した微小振幅のゆらぎから，現在観測されるような構造がどのように形成されるのかという問題を取り扱う．その範囲は広く，線形摂動論による個々のモードの時間発展を基礎として，数値シミュレーションによるゆらぎの非線形発展，銀河分布や宇宙背景放射の非等方性などの統計量など多岐にわたっている．これらの観測から原始密度ゆらぎのスペクトルや宇宙論パラメータが決定されるのである．本節ではまず線形摂動論を取り扱う．

6.4.1 ニュートン力学での取り扱い

最初にニュートン力学でのゆらぎのふるまいを調べておこう．6.1 節でみたように，全エネルギーが 0 の一様球は

$$R = \left(\frac{9GMt^2}{2}\right)^{1/3} \tag{6.185}$$

$$v_0 = \frac{2r}{3t} \tag{6.186}$$

$$\rho_0 = \frac{1}{6\pi G t^2} \tag{6.187}$$

のように膨張する．これにたいして微小振幅のゆらぎを考えよう．密度，速度および重力ポテンシャルを

$$\rho = \rho_0 + \delta\rho \tag{6.188}$$

$$p = p_0 + \delta p = p_0 + c_{s0}^2 \delta\rho \tag{6.189}$$

$$\vec{v} = \vec{v}_0 + \delta\vec{v} \tag{6.190}$$

$$\varphi_N = \frac{r^2}{9t^2} + \delta\varphi_N \tag{6.191}$$

と展開して，連続方程式，運動方程式およびポアソン方程式に代入し，線形摂動の時間発展を調べよう．ここで有限の音速の効果も考え，断熱的だとして圧力の摂動も考慮しておく．

もちろん，ゆらぎは時間や空間座標に依存しているが，便宜のため空間座標は無次元の共動座標

$$\vec{x} \equiv \frac{\vec{r}}{R(t)} \tag{6.192}$$

にとっておくと理解しやすい．この変数変換で偏微分は

$$\left.\frac{\partial}{\partial t}\right|_{\vec{r}} = \left.\frac{\partial}{\partial t}\right|_{\vec{x}} + \left.\frac{\partial \vec{x}}{\partial t}\right|_{\vec{r}} \cdot \left.\frac{\partial}{\partial \vec{x}}\right|_{t} = \left.\frac{\partial}{\partial t}\right|_{\vec{x}} - \frac{\dot{R}}{R}\vec{x} \cdot \left.\frac{\partial}{\partial \vec{x}}\right|_{t} \tag{6.193}$$

6.4 密度ゆらぎの線形摂動論

$$\left.\frac{\partial}{\partial \vec{r}}\right|_t = \frac{1}{R}\left.\frac{\partial}{\partial \vec{x}}\right|_t \tag{6.194}$$

とおきかえられる．ここで・は時間微分を表す．すると，線形摂動の方程式は

$$\frac{\partial \delta \rho}{\partial t} + 3\frac{\dot{R}}{R}\delta\rho + \frac{\rho_0}{R}\frac{\partial \delta \vec{v}}{\partial \vec{x}} = 0 \tag{6.195}$$

$$\frac{\partial \delta \vec{v}}{\partial t} + \frac{\dot{R}}{R}\delta\vec{v} = -\frac{1}{R}\frac{\partial \delta \varphi_{\mathrm{N}}}{\partial \vec{x}} - \frac{c_{\mathrm{s}0}^2}{\rho_0 R}\frac{\partial \delta \rho}{\partial \vec{x}} \tag{6.196}$$

$$\frac{1}{R^2}\frac{\partial^2 \delta \varphi_{\mathrm{N}}}{\partial \vec{x}^2} = 4\pi G \delta \rho \tag{6.197}$$

となる．

これらから 2 種類のモードが存在することがわかる．1 つは渦モードで横波条件

$$\frac{\partial \delta \vec{v}}{\partial \vec{x}} = 0$$

を満たし，密度や重力ポテンシャルのゆらぎを伴わない．式（6.196）より

$$R\delta\vec{v} = \mathrm{const.}$$

なので，時間的には

$$\delta\vec{v} \propto R^{-1} \propto t^{-2/3} \tag{6.198}$$

と膨張とともにその振幅は減少していく．このふるまいは完全流体にたいして循環が保存するという渦定理に基づいている．もう 1 つは密度と重力ポテンシャルのゆらぎであり

$$\frac{\partial \delta \vec{v}}{\partial \vec{x}} \neq 0$$

であって

$$\frac{\partial^2 \delta \rho}{\partial t^2} + \frac{8\dot{R}}{R}\frac{\partial \delta \rho}{\partial t} + \left[3\left(\frac{\dot{R}}{R}\right)^{\cdot} + 15\left(\frac{\dot{R}}{R}\right)^2 - 4\pi G \rho_0\right]\delta\rho - \frac{c_{\mathrm{s}0}^2}{R^2}\frac{\partial^2 \delta \rho}{\partial \vec{x}^2} = 0 \tag{6.199}$$

に従う．このモードは背景流体が静止している場合のジーンズ不安定に対応したものである．

ゆらぎの振幅を

$$\delta \equiv \frac{\delta\rho}{\rho_0} \tag{6.200}$$

と無次元化し，空間的にフーリエ展開して波数を k とすると[1]，これは

---

[1] k も無次元である．式（6.201）中の δ は波数 k に対するフーリエ振幅である．

$$\frac{\partial^2 \delta}{\partial t^2} + \frac{4}{3t}\frac{\partial \delta}{\partial t} + \left(\frac{k^2 c_{\mathrm{s}0}^2}{R^2} - \frac{2}{3t^2}\right)\delta = 0 \tag{6.201}$$

となる．音速が無視できる場合，結果は波数に依存せず

$$\delta \propto t^{2/3}$$

の成長モードと

$$\delta \propto t^{-1}$$

の減衰モードとがある．この重力不安定の成長モードが銀河や銀河団，宇宙の大規模構造をつくる機構なのである．音速の効果は物理的波長 R/k が $c_{\mathrm{s}0}t$ よりも小さなスケールで摂動が音波となり安定化することに寄与する．非相対論的物質が優勢の宇宙では臨界波長は十分小さく，銀河や銀河団スケールより大きな構造を考えるときには音速の影響は無視してよい．

ここで密度ゆらぎの成長のふるまいが，静止流体の場合の指数関数的なものから，べき関数とゆるやかになっていることに注意しておこう．密度ゆらぎの成長は，結局密度の大きな領域と背景の平均密度の領域の膨張の差を表していることにほかならない．このことは，6.1節での $E \neq 0$ の場合の解（6.10），（6.11），（6.12），（6.13）と $E = 0$ の場合の解（6.14）とを比較し，そのずれが小さい時期には密度の時間変化が

$$\rho = \frac{1}{6\pi G t^2}\left[1 \pm \left(\frac{9\sqrt{3}|E|^3 t}{5\sqrt{10}GM}\right)^{2/3}\right] \tag{6.202}$$

となることからもわかる．

以下で一般相対論的な取り扱いを記述するが，本質的にはこのようなニュートン力学的な描像と一致する結果が得られる．したがって，銀河や銀河団の形成機構の本質はここで述べたニュートン力学的描像に尽きているともいえよう．

6.4.2 一般相対論的摂動論

一般相対論での一様等方宇宙はフリードマン宇宙と呼ばれ，3次元空間の曲率は正，負，0の3種類がある．ここでは曲率0の平坦な宇宙のみを取り扱う．観測的にもわれわれの宇宙は曲率0または0に非常に近い．したがって，単に簡単のためというだけではなく，現在観測されている宇宙の範囲での摂動を考えるときには背景の宇宙の曲率が0というのは非常に良い近似となっている．また，一般相対論での具体的な計算はかなり煩雑なので計算の詳細は省略することにし，考え方と結論を中心にして述べることにする．

一般相対論的摂動論では計量と物質場を

6.4 密度ゆらぎの線形摂動論

$$ds^2 = g_{\mu\nu}dx^\mu dx^\nu = -(1-h_{00})c^2dt^2 + 2h_{0i}a(t)cdtdx^i + a(t)^2(\delta_{ij}+h_{ij})dx^idx^j \tag{6.203}$$

$$T^\mu_{\ \nu} = \left[(\rho+\delta\rho)c^2 + p + \delta p\right]\frac{u^\mu u_\nu}{c^2} + (p+\delta p)\delta^\mu_{\ \nu} \tag{6.204}$$

と展開する．簡単のため物質場は1成分完全流体としている．物質の4元速度は線形の範囲では

$$u^\mu = \frac{dx^\mu}{d\tau} = \left[c\left(1+\frac{1}{2}h_{00}\right), \frac{\vec{v}}{a}\right] \tag{6.205}$$

と表される．ここで $\vec{v}$ は物質の3次元速度である．これらをアインシュタイン方程式と運動方程式に代入して1次の摂動量のふるまいを調べる．未知量は $h_{\mu\nu}$ が10個，物質場のほうが $\delta\rho$, δp, $\vec{v}$ の5個であるが，物質の状態方程式は別に与えられるものとみなすと，未知量は合計14個である．しかし，アインシュタイン方程式と運動方程式はあわせて14個あるがこれらは独立ではなく，独立な方程式の数は10個しかない．このことは14個の未知量が独立ではなく，独立な自由度は10個であることを意味している．これは計量が定まればアインシュタイン方程式から自動的に物質の量が決まることを考えれば納得できるであろう．

もう1つ重要なこととしてゲージ変換と呼ばれる座標のとり方の自由度がある．アインシュタイン方程式は任意の座標変換に対して不変であるので，4つだけ座標のとり方の自由度が存在するのである．これは物理的にはまったく同一の時空に対して単なる座標のとり方にすぎないみかけの摂動が4自由度分だけ存在していることを意味している．すなわち，物理的な自由度は6つなのである．この6つの自由度は重力ポテンシャルと空間曲率の摂動（スカラー型）の2つ，渦摂動（ベクトル型）の2自由度，重力波摂動（テンソル型）の2自由度から構成されている．座標のとり方の自由度が4つであることから，計量のうち4つを勝手に定めることができる．このとり方にはさまざまな方法があり，また完全に座標を固定するためには細心の注意が必要で，これをめぐって過去に多くの研究がなされてきた．このような摂動論の最初の研究はリフシッツにより共時ゲージと呼ばれる座標系の固定法を使ってなされた．共時ゲージでは

$$h_{0\mu} = 0$$

ととる．しかし，これだけでは実はまだ完全にゲージを固定したことにはならないので，もう少し詳細な考察が必要となる．そのため，座標のとり方によらないような摂動量の組み合わせを考えるゲージ不変摂動論などが研究された．これらの議論はやや専門的にすぎるので，ここでは，現在最も広く使われているニュートンゲージに基づいて記述しよう．

ニュートンゲージでは

$$h_{0i} = 0 \tag{6.206}$$

ととるが，h_{00} はニュートン力学の極限で重力ポテンシャルに対応していることを考えて 0 とはせず

$$h_{00} = -2\Phi \tag{6.207}$$

と記す．その代わり h_{ij} について

$$h_{ij} = 2\Psi\delta_{ij} + h_{\mathrm{T}ij} = 2\Psi\delta_{ij} + (\partial_i\beta_j + \partial_j\beta_i) + h_{\mathrm{TT}ij} \tag{6.208}$$

とおく．ここで β_i は渦摂動を表すベクトル型の摂動，$h_{\mathrm{TT}ij}$ は重力波摂動を表すテンソル型の摂動であり，

$$\partial_i\beta^i = 0 \tag{6.209}$$

$$h_{\mathrm{TT}}{}^i_i = 0 \tag{6.210}$$

$$\partial_j h_{\mathrm{TT}}{}^{ij} = 0 \tag{6.211}$$

を満たしている．

$$h = h^i_i = 6\Psi \tag{6.212}$$

であり，Ψ は 3 次元空間のスカラー曲率のゆらぎに対応していることがわかる．h_{ij} の自由度としては，渦摂動が 2，重力波摂動が 2，スカラー型摂動が 1 で，合計 5 つとなっていて，ここで残りの 1 つのゲージ自由度を使ったことになる．

6.4.3 密度ゆらぎのふるまい

渦摂動と重力波摂動は成長モードを含まず構造形成へは寄与しないので，以下ではスカラー型摂動の Φ と Ψ のみを考慮することにする．アインシュタイン方程式と物質の運動方程式の摂動計算は煩雑なので省略して，結果のみを記す．まず，非対角成分の方程式から

$$\Phi + \Psi = 0 \tag{6.213}$$

としてよいことが導かれる．ゆらぎは断熱的だとしよう．実際，後にみるようにこれが現実の宇宙の構造形成をよく記述している．音速を c_s とすると

$$\delta p = c_\mathrm{s}^2 \delta\rho \tag{6.214}$$

という関係がある．c_s は ρ と p で表されるし，フリードマン方程式を通じて $a, \dot{a}, \ddot{a}$ で表される．すると Φ にたいして

$$\ddot{\Phi} + \frac{\dot{a}}{a}\left(4 + \frac{3c_\mathrm{s}^2}{c^2}\right)\dot{\Phi} - \frac{1}{a^2}c_\mathrm{s}^2\Delta\Phi + \frac{1}{a^2}\left[\dot{a}^2\left(1 + \frac{3c_\mathrm{s}^2}{c^2}\right) + 2a\ddot{a}\right]\Phi = 0 \tag{6.215}$$

という式が得られる[1]．これを解けば Φ のふるまいが決まる．Φ が決まると

$$4\pi G \delta\rho = -\frac{3\dot{a}}{a}\dot{\Phi} - \frac{3\dot{a}^2}{a^2}\Phi + \frac{c^2}{a^2}\Delta\Phi \tag{6.216}$$

から密度のゆらぎが求められる．速度のゆらぎは

$$\frac{4\pi G}{c^3}(\rho c^2 + p)\frac{v^i}{c} = -\frac{1}{a}\partial^i\dot{\Phi} - \frac{\dot{a}}{a^2}\partial^i\Phi \tag{6.217}$$

から求められる．

背景空間が一様等方なので，フーリエ展開して平面波について計算すればよい[2]．まず，物質優勢の時期について考えよう．ここでは，

$$c_{\rm s}^2 \ll c^2$$

$$a \propto t^{2/3}$$

なので，波数 k の平面波にたいして，式（6.215）は

$$\ddot{\Phi} + \frac{8}{3t}\dot{\Phi} + \frac{k^2 c_{\rm s}^2}{a^2}\Phi = 0 \tag{6.218}$$

となる．

$$\frac{k^2 c_{\rm s}^2}{a^2} \ll \frac{1}{t^2}$$

すなわち

$$k^2 \ll k_{\rm J}^2 = a^2 \frac{4\pi G\rho}{c_{\rm s}^2}$$

を満たす波数にたいしては，解は

$$\Phi = {\rm const.} \tag{6.219}$$

と

$$\Phi \propto t^{-5/3}$$

となる．前者は後にみるように密度ゆらぎの成長解を表し，後者は減衰解を表す．$k^2 \gg k_{\rm J}^2$ を満たす波数にたいしては，解は音波に対応する減衰振動解となる．

密度のゆらぎを

$$\delta \equiv \frac{\delta\rho}{\rho}$$

で表すと，$\Phi =$ const. の解は，

$$\frac{k^2}{a^2} \gg \frac{H^2}{c^2}$$

---

[1]　Δ は無次元空間座標 $\vec{x}$ にたいするラプラシアンである．
[2]　波数 $\vec{k}$ も無次元である．この節の式（6.218）以降の Φ や δ はフーリエ振幅を表す．

すなわち，地平線より小さなスケールにたいしては

$$\delta = -\frac{c^2 k^2}{4\pi G \rho a^2}\Phi \propto t^{2/3} \tag{6.220}$$

となって，ニュートン力学の解のふるまいと一致する．

一方

$$\frac{k^2}{a^2} \ll \frac{H^2}{c^2}$$

すなわち，地平線より大きなスケールにたいしては

$$\delta = -\frac{3\dot{a}^2}{4\pi G \rho a^2}\Phi = -2\Phi \tag{6.221}$$

となり，時間的に一定となる．これは一見奇妙にみえるのだが，地平線より大きなスケールのゆらぎは因果的関係にない独立な宇宙の膨張の様子を比べることになるので，比べるべき同一時刻のとり方に任意性が出てくるために，密度のゆらぎを一意的に定義することができないことによっている．Φ と Ψ は時間的にも一定であるためにこの影響を受けないのである．このことは密度ゆらぎの成長の物理的解釈として，密度の大きな領域が自己重力不安定で収縮するというよりは，初期に因果関係のない空間曲率が異なる領域が独立に膨張するとみなすほうが適切であることを意味している．$\Psi > 0$ の領域は曲率が正の閉じた宇宙であり，減速が大きく密度も大きくなる．これはこの領域は重力ポテンシャルのゆらぎが $\Phi < 0$ であることと整合的である．

輻射優勢の時期では

$$c_{\rm s}^2 = \frac{1}{3}c^2$$

$$a \propto t^{1/2}$$

なので

$$\ddot{\Phi} + \frac{5}{2t}\dot{\Phi} + \frac{k^2 c^2}{3a^2}\Phi = 0 \tag{6.222}$$

となる．地平線より小さなスケールでは，減衰振動解となって成長する解はない．解は近似的には

$$\Phi \propto \frac{1}{kt}\cos\left(k\sqrt{\frac{t}{t_*}}\right) \tag{6.223}$$

となる．ここで

$$t_* = \frac{3a^2}{4c^2 t} = {\rm const.}$$

である．輻射と物質のエネルギー密度が等しくなる時期の時間を $t_{\rm eq}$，地平線の長さを $ct_{\rm eq} = a_{\rm eq}/k_{\rm eq}$ とすると

$$t_* = t_{\rm eq} k_{\rm eq}^2$$

となる．密度のゆらぎは

$$\delta \propto -\frac{c^2 k^2}{4\pi G \rho a^2}\Phi \propto k\cos\left(k\sqrt{\frac{t}{t_*}}\right) \tag{6.224}$$

と振動解になる．地平線より大きなスケールでは

$$\Phi = \text{const.} \tag{6.225}$$

の解と減衰解 $\Phi \propto t^{-3/2}$ が得られる．密度のゆらぎは前者にたいして

$$\delta = -\frac{3\dot{a}^2}{4\pi G \rho a^2}\Phi = -2\Phi \tag{6.226}$$

となる．これらの結果の解釈は物質優勢の場合と同様である．

最後に宇宙項優勢の場合は

$$\ddot{a} \propto \dot{a} \propto a$$

であって

$$\ddot{\Phi} + 4H\dot{\Phi} + 3H^2\Phi = 0 \tag{6.227}$$

から

$$\Phi \propto e^{-Ht}$$

$$\Phi \propto e^{-3Ht}$$

となって急速に減衰する解しかない．したがって密度のゆらぎも減衰する．われわれの宇宙は $z \approx 0.5$ 以降は宇宙項優勢であるが，まだ物質密度の影響もあるので，ここまで極端ではないが密度ゆらぎの成長は抑制されている．したがって宇宙の構造形成は基本的には $z = 0.5$ の段階までに終了していなければならないことになる．

6.4.4 多成分流体のゆらぎ

ここまではゆらぎが断熱的だとしてきたが，エントロピーのゆらぎがある場合には初期に Φ が 0 であっても，Φ を生成することができる．これを初期に曲率が 0 であるという意味で等曲率ゆらぎと呼ぶ．

$$\delta p = c_s^2 \delta\rho + \left.\frac{\partial p}{\partial s}\right|_\rho \delta s \tag{6.228}$$

とおくと，Φ にたいする方程式は

$$\ddot{\Phi} + \frac{\dot{a}}{a}\left(4 + \frac{3c_s^2}{c^2}\right)\dot{\Phi} - \frac{1}{a^2}\frac{c_s^2}{c^2}\Delta\Phi + \frac{1}{a^2}\left[\dot{a}^2\left(1 + \frac{3c_s^2}{c^2}\right) + 2a\ddot{a}\right]\Phi = \frac{4\pi G}{c^4}\left.\frac{\partial p}{\partial s}\right|_\rho \delta s \tag{6.229}$$

となって，この方程式の非斉次解が等曲率ゆらぎを記述する．実際の宇宙ではエント

ロピーは宇宙マイクロ波背景放射が担っているので，このモードは輻射とバリオン物質の比のゆらぎに相当するものである．すなわち，本来物質場を多成分として取り扱うことが必要なのである．

ここまでは，物質を1成分として取り扱ってきた．実際には物質は暗黒エネルギーを別にしても暗黒物質，バリオン，輻射からなっている多成分系である．したがって，物質のゆらぎの量としてはそれぞれの成分の密度や速度を考えなければならない．断熱ゆらぎでは初期にそれぞれの成分の相対ゆらぎが同じ振幅をもつとする．しかし，暗黒物質は圧力が0なのにたいし，輻射は大きな圧力をもっている．地平線より大きなスケールのゆらぎでは，この違いは無視できて，上に述べた取り扱いでよい．しかし地平線以下のスケールではゆらぎのふるまいはそれぞれの成分で大きく異なる．輻射優勢の時期では，地平線より小さなスケールの密度ゆらぎは輻射とバリオン物質が強く結合した音波としてふるまう．音速は

$$c_{s0}^2 = \left.\frac{\partial p}{\partial(\rho_b + \rho_\gamma)}\right| = \frac{c^2}{3}\frac{1}{1+\frac{3\rho_b}{4\rho_\gamma}} \tag{6.230}$$

となる．これにたいし，暗黒物質のゆらぎは成長しようとするが，地平線に入ったときの膨張速度は輻射で決まっており，暗黒物質の重力が小さく，ゆらぎの振幅は基本的に一定にとどまる．

その後，物質優勢になると膨張速度も暗黒物質が決定するようになるので，暗黒物質のゆらぎは重力的に成長する．輻射とバリオン物質は音波モードのままである．そして小さなスケールでは光子の有限の平均自由行程の影響が無視できなくなり，輻射とバリオン物質とが一流体運動をするという近似が破れる．この効果で輻射とバリオン物質との間に相対運動が生じて，音波が減衰する．これはシルク減衰と呼ばれており，現在の銀河群スケール以下のバリオンのゆらぎは再結合時にいったん減衰してしまうのである．また，再結合時までに音波が伝播できる距離はバリオン物質のゆらぎと宇宙背景放射の非等方性に特徴的なスケールを与える．これは音響地平線と呼ばれ

$$r_s = a_0 \int^{t_{\rm rec}} \frac{c_s}{a} dt \tag{6.231}$$

で定義される．暗黒物質とバリオン物質の密度パラメータを標準値ととるとき，$r_s \approx 148\,{\rm Mpc}$ となる．しかし，暗黒物質のゆらぎは成長しているので，再結合時以降には暗黒物質のつくる重力ポテンシャルによってバリオン物質のゆらぎも成長する．この結果，現在観測される宇宙の大規模構造や銀河，銀河団が形成されるのである．

6.5　構　造　形　成

密度ゆらぎの成長は銀河，銀河団などの宇宙の構造形成をもたらすとともに，宇宙

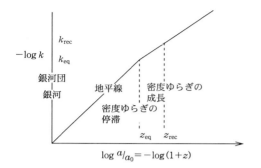

図 **6.6** 地平線の時間発展の概念図

k は共動座標で表された波数である．小さなスケールのゆらぎほど早い時期に地平線に入る．その後等密度期までは密度ゆらぎはほとんど成長しない．等密度期以降は暗黒物質のゆらぎが成長し，バリオン物質は輻射と結合した音波としてふるまう．再結合期をすぎると，バリオン物質のゆらぎも成長する．

背景放射に非等方性をつくり出す．本節ではこれらの観測を説明するために必要な密度ゆらぎの性質について調べよう．宇宙論パラメータや宇宙の物質構成がはっきりせず，宇宙背景放射の非等方性が検出されていなかった時代には，さまざまな構造形成のシナリオが考えられていた．宇宙背景放射の非等方性の観測を中心に精密な観測が進んでいる現在の時点では，スケール不変な断熱ゆらぎというシナリオが広く受け入れられている．断熱ゆらぎは概念的にも最も単純なゆらぎであり，実際に観測事実をよく説明できるのである．宇宙の地平線スケールは時間とともに増大するので，当然現在の銀河などのスケールも初期には因果的に相互作用しない，地平線スケールを超えるスケールのゆらぎであったことになる．共動距離で表せば，等密度期の地平線スケールはおよそ120 Mpc，再結合時の地平線スケールはおよそ240 Mpcなので，銀河や銀河団は等密度期より少し前の時期に地平線に入ったことになる．これは宇宙初期に，銀河以下のスケールから現在のハッブル半径をはるかに超えるスケールにわたって，微小振幅の密度ゆらぎが用意されていたことを意味する．宇宙の構成物質は暗黒エネルギーを別にすれば，暗黒物質，バリオン，輻射からなっている．赤方偏移が0.5以上の宇宙では暗黒エネルギーの寄与は小さいので，それ以前の構造形成過程では暗黒エネルギーの効果は無視してよい．宇宙背景放射の非等方性は次節に述べることにして，本節では銀河や銀河団などの宇宙構造の形成の問題を中心に述べていく．図6.6にゆらぎのスケールと地平線との関係を概念図で示しておく．

6.5.1 密度ゆらぎのスペクトル

さまざまのスケールの密度ゆらぎがどのような大きさをもっているのかを記述するのがゆらぎのパワースペクトルである．線形摂動論で任意の物理量のゆらぎを $A(\vec{x})$，そのフーリエ変換を $\tilde{A}(\vec{k})$ とすると

$$\tilde{A}(\vec{k}) = \int d^3\vec{x} A(\vec{x}) e^{-i\vec{k}\cdot\vec{x}} \tag{6.232}$$

$$A(\vec{x}) = \frac{1}{(2\pi)^3} \int d^3\vec{k}\, \tilde{A}(\vec{k}) \mathrm{e}^{i\vec{k}\cdot\vec{x}} \tag{6.233}$$

である．ゆらぎの平均値は 0 であるが，積の平均値は 0 ではないので，これを取り扱うためにアンサンブル平均という統計量を考えよう．フーリエ成分の積のアンサンブル平均は

$$\langle \tilde{A}(\vec{k})\tilde{A}^*(\vec{k}') \rangle = \int d^3\vec{x}\, d^3\vec{x}'\, \mathrm{e}^{-i(\vec{k}\cdot\vec{x}-\vec{k}'\cdot\vec{x}')} \langle A(\vec{x})A(\vec{x}') \rangle \tag{6.234}$$

と表される．ここで

$$\langle A(\vec{x})A(\vec{x}') \rangle$$

は A の2点相関関数と呼ばれる量である．もし A が空間的に無相関なら，A_0 を定数として

$$\langle A(\vec{x})A(\vec{x}') \rangle = A_0 \delta(\vec{x}-\vec{x}')$$

と表されるので

$$\langle \tilde{A}(\vec{k})\tilde{A}^*(\vec{k}') \rangle = A_0 \int d^3\vec{x}\, \mathrm{e}^{-i(\vec{k}-\vec{k}')\vec{x}} = (2\pi)^3 A_0 \delta(\vec{k}-\vec{k}') \tag{6.235}$$

となる．これはいわゆる白色雑音に相当する．ゆらぎが空間的に相関をもつ場合でも，それぞれのフーリエモードは独立であり，ゆらぎが等方的であればその強度は $\vec{k}$ の大きさのみによる．そこで

$$\langle \tilde{A}(\vec{k})\tilde{A}^*(\vec{k}') \rangle = (2\pi)^3 P(k) \delta(\vec{k}-\vec{k}') \tag{6.236}$$

と書いて，$P(k)$ をゆらぎのパワースペクトルと呼ぶ．このように定義すると

$$\int d^3\vec{k}\, d^3\vec{k}' \langle \tilde{A}(\vec{k})\tilde{A}^*(\vec{k}') \rangle = (2\pi)^3 \int d^3\vec{k}\, d^3\vec{k}' \delta(\vec{k}-\vec{k}') P(k)$$
$$= (2\pi)^3 \int d^3\vec{k}\, P(k) = (2\pi)^6 \langle A(0)^2 \rangle \tag{6.237}$$

の関係があることに注意しよう．実空間で A が無次元量だとすると，$\tilde{A}$ およびパワースペクトルは $\vec{x}$ 空間の体積の次元をもつことになる．このことは，フーリエ空間の量を実空間の量と対応させて考えるときには $k^3 P(k)$（フーリエ成分では $k^{3/2}\tilde{A}(k)$）で比較すべきことを意味している．

さて，前節でみたようにポテンシャルや空間曲率のゆらぎは，成長モードにたいしてもほぼ一定にとどまる．構造形成を記述するには密度のゆらぎの成長を考え，$\delta = \delta\rho/\rho$ が1程度になるときに天体形成が起こるとみなすのが適当である．しかし，密度ゆらぎの表式についてはハッブルスケールより大きなスケールでの定義にあいまいさがあり，いくつかの方法がある．多くの文献では $\delta = \delta\rho/\rho$ そのものよりも，時間座標の

変換を表す2つの項を差し引いて，直接的な空間的ゆらぎを表す

$$\Delta\rho \equiv \delta\rho + \frac{1}{4\pi G}\left(\frac{3\dot{a}}{a}\dot{\Phi} + \frac{3\dot{a}^2}{a^2}\Phi\right) = \frac{c^2}{4\pi G a^2}\Delta\Phi$$

を使って[1]

$$\Delta \equiv \frac{\Delta\rho}{\rho}$$

を考えている場合が多い．この場合，Δ は地平線より大きなスケールでも成長する．ここでは，地平線を超えるスケールでのゆらぎは空間曲率の異なる独立なフリードマン宇宙を比較しているという描像をとり，密度のゆらぎを直接考えることはやめて，$\Phi = -\Psi$ のゆらぎを考え，地平線より小さなスケールにたいしてのみ密度のゆらぎを考えることにする．

考えているスケールは数十桁も異なるスケールにわたっているが，宇宙初期にはすべて因果的関係をもたない超地平線スケールのゆらぎなので，特別なスケールが存在しない．このときに最も自然なものはべき型のスペクトルである．したがって，自然にはべき型のパワースペクトルをしていると考えられる．Φ のパワースペクトルを

$$P_\Phi(k) = Ak^{n-4} \tag{6.238}$$

の形で書こう．$n = 1$ はハリソン–ゼリドビッチスペクトルと呼ばれるが，これは $k^3 P_\Phi$ が一定であるという特別な性質をもつ．すなわち，どのスケールでみても同じような性質の膨張宇宙のアンサンブルが初期に用意されていることを意味する．これにたいし，$n > 1$ ならば小スケールのゆらぎの振幅が大きく，$n < 1$ ならば大スケールのゆらぎの振幅が大きい．白色雑音は $n = 0$ に対応する（密度のゆらぎのパワースペクトル P_Δ は $P_\Delta \propto k^4 P_\Phi$ を満たすことに注意する）．インフレーション理論の予言も $n = 1$ に非常に近いとされていることもあり，ハリソン–ゼリドビッチスペクトルは最も標準的なパワースペクトルとみなされているのである．

宇宙の地平線は基本的には時間に比例して増加していくので，時間とともに地平線内に入るスケールは $ct \approx a/k$ のように増加する．波数 k のゆらぎが地平線に入るときのスケール因子を $a(k)$ と書くと，輻射優勢の時期では，$a \propto t^{1/2}$ なので，$k > k_{\rm eq}$ にたいし

$$a(k) = a_{\rm eq}\frac{k_{\rm eq}}{k}$$

となる．ここで $a_{\rm eq}$, $k_{\rm eq}$ は輻射と物質のエネルギー密度が等しくなる等密度期のスケール因子とそのときに地平線に入るゆらぎの波数である．物質優勢の時期には $a \propto t^{2/3}$ なので，$k < k_{\rm eq}$ にたいし

---

[1] 最右辺の Δ はラプラシアンを表す．

$$a(k) = a_{\text{eq}} \left(\frac{k_{\text{eq}}}{k}\right)^2$$

とふるまう．地平線を超えるスケールではポテンシャルのゆらぎは時間的に一定なので，ハリソン–ゼリドビッチスペクトルでは，地平線に入った時点でのゆらぎの大きさもスケールによらず一定となるという特別の性質をもつことに注意しておこう．現在の地平線スケールを $2c/H_0 \approx 8\,\text{Gpc}$ と評価し，暗黒エネルギー優勢の時期を無視して現在まで物質優勢とすると，$1+z_{\text{eq}} \approx 6\times 10^3$ として，k_{eq} に対応する共動長さはおよそ $120\,\text{Mpc}$ となる．ちなみに再結合期に地平線に入る共動長さはおよそ $240\,\text{Mpc}$ となる．

さて，地平線に入った後の密度のゆらぎの成長を調べよう．地平線に入ったときにはポテンシャルのゆらぎと密度のゆらぎは因子 2 程度の違いしかないことに注意しよう．輻射優勢の時期には密度のゆらぎは振動するのみで成長しない．したがって，等密度期以前の密度のパワースペクトルは

$$P_\delta \propto k^{n-4}$$

のままである．物質優勢の時期になると，バリオン成分は輻射と結合しているので音速が大きく，やはり振動解となる．これにたいし暗黒物質はほぼ a に比例して成長する．したがって $k > k_{\text{eq}}$ のスケールでは，再結合期の密度のゆらぎは

$$\delta(a_{\text{rec}}) = \delta(a_{\text{eq}}) \left(\frac{a_{\text{rec}}}{a_{\text{eq}}}\right) \tag{6.239}$$

となる．ゆらぎの増加は k によらないので再結合期でのパワースペクトルはやはり $P_\delta \propto k^{n-4}$ であるが，パワースペクトルの強度は初期の約 30 倍まで大きくなる．$k < k_{\text{eq}}$ のスケールでは

$$\delta(a_{\text{rec}}) = \delta(a(k)) \left(\frac{a_{\text{rec}}}{a(k)}\right) = \delta(a(k)) \left(\frac{k}{k_{\text{eq}}}\right)^2 \tag{6.240}$$

とふるまう．これから，再結合期の密度のゆらぎのパワースペクトルは，

$$P_\delta \propto k^n$$

となる．$n=1$ だと，$120\,\text{Mpc}$ より短波長のゆらぎは $k^3 P_\delta \approx \text{const.}$，長波長のゆらぎは $k^3 P_\delta \propto k^4$ となる．実際にはこれほど極端ではなく，短波長の極限で $k^3 P_\delta \propto k^0$，長波長の極限で $k^3 P_\delta \propto k^4$ であるが，途中はゆるやかに変化するスペクトルになる．銀河から超銀河団にかけてはたとえば $k^3 P_\delta \propto k^2$ 程度と考えればよい．図 6.7 に銀河分布から得られたパワースペクトルを示しておく．

再結合期以降にはバリオンと輻射との結合も解けるので，バリオンも暗黒物質のつ

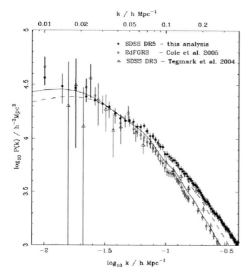

図 6.7 銀河分布から求められた物質分布のパワースペクトル
(W. J. Percival et al: *Astrophysical Journal* vol. 657, p. 645, 2007).

くる重力場により，その密度ゆらぎを成長させる．密度ゆらぎが非線形にまで成長すると天体が形成されることになる．重要なことは短波長ほど密度ゆらぎの振幅が大きいので，天体形成は小さなスケールから先に起こることである．あるいは，時間とともに形成される天体のスケールが大きくなっていくと考えるとよい．初期ゆらぎの振幅が 10^{-4} の程度であっても，再結合期には銀河スケールのゆらぎの振幅は 10^{-3} 程度になっており，現在までに構造形成が起こりうるのである．

6.5.2 球対称ゆらぎ

暗黒物質の密度ゆらぎが重力的に成長して自己重力で束縛された天体をつくるとき，ゆらぎの振幅が小さい段階に線形摂動論で扱えるが，当然ながら天体形成の段階では非線形の振幅をもつ．非線形の段階まで解析的に取り扱うためには特別の仮定が必要となる．球対称の密度ゆらぎの成長は非線形段階まで解析的に取り扱えるため，特に有用である．簡単のため物質優勢の平坦な宇宙で，$t = t_{\rm eq}$，$z = z_{\rm eq}$ の時期に，周囲の密度 $\rho_{\rm eq}$ よりも $\delta\rho_{\rm i}$ だけ密度の高い半径 $R_{\rm i}$ の球領域があったとする．この球領域のふるまいはニュートン力学の一様球とまったく同じなので

$$R = \frac{GM}{2|E|}(1 - \cos\xi) \qquad (6.241)$$

$$t = \frac{GM}{\sqrt{8|E|^3}}(\xi - \sin\xi) \qquad (6.242)$$

で記述される．ここで

$$M = \frac{4\pi R_i^3 (\rho_{eq} + \delta\rho_i)}{3} \tag{6.243}$$

$$E = \frac{1}{2}\dot{R}^2 - \frac{GM}{R} \tag{6.244}$$

であるが，$\xi \ll 1$ の展開から

$$E = -\frac{20\pi G \delta\rho_i R_{eq}^2}{9} \tag{6.245}$$

となることがわかる．この領域は $\xi = \pi$ で最大半径 R_{max} に達し，その後は収縮に転じる．この時刻を t_{max} とすると

$$t_{max} = \frac{\pi GM}{\sqrt{8|E|^3}} = \frac{9}{20\sqrt{10\pi G \rho_{eq}}}\left(\frac{\rho_{eq}}{\delta\rho_i}\right)^{3/2} = \frac{3\pi}{4}\left(\frac{3}{5}\right)^{3/2} t_{eq} \left(\frac{\rho_{eq}}{\delta\rho_i}\right)^{3/2} \tag{6.246}$$

$$R_{max} = \frac{GM}{|E|} = \frac{3}{5} R_{eq} \frac{\rho_{eq}}{\delta\rho_i} \tag{6.247}$$

である．このときの密度は

$$\rho_{max} = \frac{3M}{4\pi R_{max}^3} = \left(\frac{5}{3}\right)^3 \rho_{eq} \left(\frac{\delta\rho_i}{\rho_{eq}}\right)^3 \tag{6.248}$$

となるが，周囲の密度は

$$\rho_{amb} = \rho_{eq} \left(\frac{t_{eq}}{t_{max}}\right)^2 = \rho_{eq} \frac{16}{9\pi^2} \left(\frac{5}{3}\right)^3 \left(\frac{\delta\rho_i}{\rho_{eq}}\right)^3 \tag{6.249}$$

となっているので

$$\rho_{max} = \rho_{amb} \frac{9\pi^2}{16} = 5.6 \rho_{amb} \tag{6.250}$$

となり，周囲の 5.6 倍の密度になっている．線形摂動論では

$$\frac{\delta\rho}{\rho} = \frac{\delta\rho_i}{\rho_{eq}} \left(\frac{t_{max}}{t_{eq}}\right)^{2/3} = \left(\frac{3\pi}{4}\right)^{2/3} \frac{3}{5} = 1.06 \tag{6.251}$$

となっている．

この解は $\xi = 2\pi$ で 1 点に収縮するが，実際には構成粒子間の重力相互作用によって緩和が起こりその速度分散で支えられる自己重力系を形成すると考えられる．この過程で全エネルギーは保存する．$\xi = 2\pi$ に対応する時間 t_{vir} は

$$t_{vir} = 2 t_{max} = \frac{3\pi}{2}\left(\frac{3}{5}\right)^{3/2} t_{eq} \left(\frac{\rho_{eq}}{\delta\rho_i}\right)^{3/2} \tag{6.252}$$

となる．形成された系を半径 R_{vir} の一様球だとしてビリアル定理を適用すると，全エネルギーは重力エネルギーの半分となるので

$$-\frac{3GM^2}{5R_{\max}} = -\frac{3GM^2}{10R_{\mathrm{vir}}} \tag{6.253}$$

すなわち

$$R_{\mathrm{vir}} = \frac{1}{2}R_{\max} = \frac{3}{10}R_{\mathrm{eq}}\frac{\rho_{\mathrm{eq}}}{\delta\rho_{\mathrm{i}}} \tag{6.254}$$

となる．密度 ρ_{vir} は

$$\rho_{\mathrm{vir}} = 8\rho_{\max} = 8\left(\frac{5}{3}\right)^3 \rho_{\mathrm{eq}} \left(\frac{\delta\rho_{\mathrm{i}}}{\rho_{\mathrm{eq}}}\right)^3 \tag{6.255}$$

であるが，周囲の密度は

$$\rho_{\mathrm{amb}} = \rho_{\mathrm{eq}}\left(\frac{t_{\mathrm{eq}}}{t_{\mathrm{vir}}}\right)^2 = \rho_{\mathrm{eq}}\frac{4}{9\pi^2}\left(\frac{5}{3}\right)^3\left(\frac{\delta\rho_{\mathrm{i}}}{\rho_{\mathrm{eq}}}\right)^3 \tag{6.256}$$

となっているので，密度は

$$\rho_{\mathrm{vir}} = 18\pi^2 \rho_{\mathrm{amb}} = 178\rho_{\mathrm{amb}} \tag{6.257}$$

と周囲の 178 倍となっている．線形摂動論では

$$\frac{\delta\rho}{\rho} = \frac{\delta\rho_{\mathrm{i}}}{\rho_{\mathrm{eq}}}\left(\frac{t_{\mathrm{vir}}}{t_{\mathrm{eq}}}\right)^{2/3} = \left(\frac{3\pi}{2}\right)^{2/3}\frac{3}{5} = 1.69 \tag{6.258}$$

である．

形成された系の内部エネルギーはビリアル定理から

$$\frac{1}{2}M\langle v^2 \rangle = \frac{3}{10}\frac{GM^2}{R_{\mathrm{vir}}} \tag{6.259}$$

となる．したがって速度分散は

$$\langle v^2 \rangle = \frac{3}{5}\frac{GM}{R_{\mathrm{vir}}} = \frac{3}{5}24^{1/3}\pi GM^{2/3}\rho_{\mathrm{amb}}^{1/3} \tag{6.260}$$

となる．密度は式 (6.257) より形成時期 z_{vir} のみで決まり，

$$\rho_{\mathrm{vir}} = 4.7\times 10^{-28}(1+z_{\mathrm{vir}})^3 \,\mathrm{g\,cm^{-3}} \tag{6.261}$$

となる．典型的な銀河団として質量を $10^{15}\,M_\odot$，半径を $1\,\mathrm{Mpc}$ とすると，密度は $2\times 10^{-27}\,\mathrm{g\,cm^{-3}}$ となるので，$z_{\mathrm{vir}} \approx 0.6$ と推定される．速度分散は約 $10^3\,\mathrm{km\,s^{-1}}$ である．典型的な銀河として質量を $10^{12}\,M_\odot$，半径を $30\,\mathrm{kpc}$ とすると，密度は $6\times 10^{-26}\,\mathrm{g\,cm^{-3}}$ となるので，$z_{\mathrm{vir}} \approx 5$ と推定される．速度分散は約 $200\,\mathrm{km\,s^{-1}}$ である．等密度期に必要な密度ゆらぎの振幅は

$$\delta_{\mathrm{eq}}\frac{1+z_{\mathrm{eq}}}{1+z_{\mathrm{vir}}} = 1.69 \tag{6.262}$$

から，典型的銀河団にたいし 5×10^{-4}，典型的銀河にたいし 2×10^{-3} であることがわかる．これから地平線に入ったときの原始密度ゆらぎの振幅は 3×10^{-5} 程度と考えられる．

形成時期は初期振幅で決まるが，前節で述べたように，小スケールのゆらぎのほうが初期振幅は大きいので，まず小さなスケールの天体から形成され，次第に大きなスケールの天体が形成されていくことになる．すると，過去につくられた構造は次々により大きなスケールで形成される構造によって壊されていくことになる．どの程度過去に形成された構造が残されるのかというのは現在でも決着のついていない問題である．現在形成されている典型的スケールは銀河団スケールであるが，実際には銀河団は銀河の集団であって，銀河というより小スケールの構造は現在も生き残っているのである．これを理解するためには，上に述べた描像は暗黒物質についてのものであって，暗黒物質とバリオン物質が同じふるまいをする限りにおいて正しい記述といえる．銀河スケールで天体が形成されるときには，バリオン物質は散逸や輻射冷却によってより中心部に凝縮し，強く束縛された系をつくると考えられる．実際に銀河はバリオン物質からなる星やガスの構造がより中心部にあり，暗黒物質からなる広がった構造がそれを取り囲んでいると考えると観測事実をよく説明できる．いったん銀河が形成されると，その後の大スケールの構造は銀河群や銀河団であって，これは暗黒物質からなる1つの構造中に高温の銀河間ガスが分布し，その中に主としてバリオンからなる銀河が点在しているということになる．

6.5.3 質量関数

ある時期に存在する天体の数を天体の質量の関数として表したものは質量関数と呼ばれる．質量 M と $M + dM$ の間にある天体の共動体積密度を $n(M)$ とする．前節で述べた球対称ゆらぎの理論によると線形摂動論で $\delta = \delta_c = 1.69$ になったときに自己重力系が形成されるとみなすことができる．線形摂動論はフーリエモードに展開して調べられるが，天体の質量は空間的に局在するある有限の領域を対象としている．質量関数を調べるためには，まずこの2つの間に関係をつける必要がある．そのために窓関数を使う．半径 R の球状領域の密度ゆらぎを取り出すための窓関数は

$$W(r) = 1 \quad \text{for} \quad r \leq R$$
$$W(r) = 0 \quad \text{for} \quad r > R \tag{6.263}$$

であり，これを密度ゆらぎの場 $\delta(\vec{x})$ にかけて

$$\delta_M(\vec{x}) = \frac{3}{4\pi R^3} \int d\vec{y}\, \delta(\vec{y}) W(\vec{x} - \vec{y}) \tag{6.264}$$

を考える．これは各点のまわりの半径 R の球の平均密度のゆらぎ，あるいは球の質量

のゆらぎ $\delta M/M$ を表している．また，6.5.3 項と 6.5.4 項では $\vec{x}$ も無次元ではなく長さの次元をもたせてあるので，以下でフーリエ変換したときの波数の次元は長さの逆数の次元となる．窓関数のフーリエ変換は k のみに依存し

$$\tilde{W}(k) = \frac{3}{4\pi R^3}\int d\vec{x}\, e^{-i\vec{k}\cdot\vec{x}} W(\vec{x}) = \frac{3}{(kR)^3}(\sin kR - kR\cos kR) \quad (6.265)$$

となる．ここで，$\tilde{W}$ は無次元量としている．球の質量のゆらぎの大きさは

$$\sigma^2(M) \equiv \langle \delta_M^2 \rangle = \frac{1}{(2\pi)^3}\int d^3\vec{k}\, P_\delta(k)\tilde{W}(k)^2 = \int \frac{k^2 dk}{2\pi^2} P_\delta(k)\tilde{W}^2(k) \quad (6.266)$$

となる．窓関数は直感的には $k \approx R^{-1}$ のスケールのゆらぎを取り出すものと考えればよいが，1 対 1 対応ではなく，$k \gg R^{-1}$ の短波長のゆらぎの寄与は小さくなっているが，$k < R^{-1}$ の長波長のゆらぎは同程度の寄与をなしていることがわかる．$P_\delta \propto k^n$ とすると $n > -3$ ならば

$$\sigma^2(M) \propto k^{3+n} \propto M^{-(3+n)/3}$$

の依存性をもつことになる．

　任意の点をとったとき，そこでの密度ゆらぎの振幅の値の確率分布をガウス型と仮定しよう．ゆらぎが無数のランダムな変数の和で表されるときにはガウス分布となるが，標準的なインフレーション理論の予言もガウス型である．

$$P(\delta) = \frac{1}{\sqrt{2\pi\sigma^2}}\exp\left(-\frac{\delta^2}{2\sigma^2}\right) \quad (6.267)$$

このとき，δ_M もガウス分布

$$P(\delta_M) = \frac{1}{\sqrt{2\pi\sigma^2(M)}}\exp\left(-\frac{\delta_M^2}{2\sigma^2(M)}\right) \quad (6.268)$$

となる．分散 $\sigma^2(M)$ は M の減少関数であるが，時間とともに変化し物質優勢期には線形成長論では $a^2 \propto t^{4/3}$ に比例して増加する．今，δ_M が $\delta_c = 1.69$ 以上となった領域が宇宙膨張から切り離された天体を形成していると考えよう．すると質量が M 以上の天体になっている領域の割合は

$$P_>(M) = \frac{1}{\sqrt{2\pi}}\int_{\delta_c/\sigma(M)}^\infty dx\, \exp\left(-\frac{x^2}{2}\right) \quad (6.269)$$

とみなすことができる．$P_>(M)$ と $P_>(M+dM)$ の差が質量が M と $M+dM$ の天体の量を表しているとみなすと質量関数が得られる．ただし，この量は M の減少関数なので $M \to 0$ でも全宇宙の半分は天体とならないことになる．しかし，$\sigma(M) \to \infty$ となったときにはどの点でもいずれかのスケールの天体に含まれることが自然なので，因子 2 だけ不整合であるという問題が出てくる．これは各点ごとでみると δ_M が M

の単調関数とは限らないからであって，本来質量関数の定義としては，δ_M が M で臨界値をとり，M を超えると限界値以下となる確率を考えなくてはいけないのである．これはまだ求められていないので，単純に質量関数は上の 2 倍とすることで評価すると，ρ を平均密度として

$$n(M)MdM = 2\rho[P_>(M) - P_>(M+dM)] = -2\rho\frac{dP_>(M)}{dM}dM \quad (6.270)$$

となる．これより

$$n(M) = \sqrt{\frac{2}{\pi}}\frac{\rho}{M^2}\left|\frac{d\ln\sigma(M)}{d\ln M}\right|\frac{\delta_c}{\sigma(M)}\exp\left(-\frac{\delta_c^2}{2\sigma^2(M)}\right) \quad (6.271)$$

を得る．これをプレス–シェヒターの質量関数という．

$$\sigma(M)^2 = \left(\frac{M}{M_0}\right)^{-(n+3)/3} \quad (6.272)$$

の形（実際的には $n \approx -1$ を想定する）を仮定すると

$$n(M) = \frac{n+3}{3\sqrt{\pi}}\frac{\rho}{M_*^2}\left(\frac{M}{M_*}\right)^{(n-9)/6}\exp\left(-\left(\frac{M}{M_*}\right)^{(n+3)/3}\right) \quad (6.273)$$

$$M_* = \left(\frac{2}{\delta_c^2}\right)^{3/(n+3)}M_0 \quad (6.274)$$

が特徴的な質量スケールとなる．

この特徴的スケールは時間とともに増大し，現在では銀河団スケールとなっているとみなされる．前節の最後に注意したように，これは暗黒物質の質量関数であり，暗黒物質でみると銀河の特徴的スケールは現れない．銀河の特徴的スケール $10^{12} M_\odot$ は重力以外の効果が入って初めて出てくるものと考えられる．

6.5.4 相関関数

密度ゆらぎの成長は天体を形成するだけではなく，形成された天体の空間分布にも影響を及ぼす．これは観測的には銀河分布の相関関数というもので表される．密度ゆらぎの空間相関関数は

$$\xi(\vec{r}) = \langle\delta(\vec{x})\delta(\vec{x}+\vec{r})\rangle \quad (6.275)$$

で定義される．ゆらぎは等方的なので相関関数は r のみの関数となる．式 (6.234) から

$$P(k) = \int d^3\vec{r}\xi(r)e^{i\vec{k}\cdot\vec{r}} = 4\pi\int r^2 dr\frac{\sin(kr)}{kr}\xi(r) \quad (6.276)$$

となることが示され，パワースペクトルは相関関数のフーリエ変換で表される．逆変換は

$$\xi(r) = \frac{1}{(2\pi)^3}\int d^3\vec{k}P(k)\mathrm{e}^{-i\vec{k}\cdot\vec{r}} = \int \frac{k^2 dk}{2\pi^2}\frac{\sin(kr)}{kr}P(k) \qquad (6.277)$$

である．

銀河分布が密度ゆらぎの分布に比例しているとすると，銀河の数密度分布は平均数密度を $\bar{n}$ として

$$n(\vec{x}) = \bar{n}(1+\delta(\vec{x})) \qquad (6.278)$$

となる．したがって銀河分布の相関関数は

$$\langle n(\vec{x})n(\vec{x}+\vec{r})\rangle = \bar{n}^2(1+\xi(\vec{r})) \qquad (6.279)$$

で定義される．1960 年代から銀河のカタログをもとに，まず天球上の角度相関関数が調べられ，赤方偏移のサーベイが進むにつれ，3 次元相関関数が調べられてきた．その結果は，相関関数はべき型でよく近似され

$$\xi(r) = \left(\frac{r}{r_0}\right)^{-\gamma} \qquad (6.280)$$

$r_0 \approx 5 \sim 8h^{-1}$ Mpc, $\gamma \approx 1.8$ でよく表されている．パワースペクトルが $P(k)\propto k^n$ のとき，$k \approx r^{-1}$ と対応すると考えると $\xi(r) \propto r^{-(n+3)}$ となるので，$\gamma = 1.8$ は $n = -1.2$ に対応することになる．これはパワースペクトルの項でみたことと整合的である．ただし，$\xi \gg 1$ となる小スケールでは非線形効果が大きいので，初期のパワースペクトルとの対応は直接的にはできない．また，大スケールでは単一べき則はどこまでも成立するわけではない．観測的には $30h^{-1}$ Mpc を超えると減少の仕方がゆるやかになり，そして，$105h^{-1}$ Mpc に付近に小さなピークがみられる．これはバリオン音響振動によるピークとすると，$h \approx 0.7$ となる．これは直接的に求められたハッブル係数の値と整合的である．理論的には $\delta(\vec{x})$ の全空間での積分は 0 となるので

$$\int dr r^2 \xi(r) = 0 \qquad (6.281)$$

とならねばならない．したがってべき型が成立している範囲より遠方では $\xi(r) < 0$ となっている領域が存在するはずであるが，これはまだ観測にかかっていない．

銀河分布と密度ゆらぎとの関係はおそらくここでみたほど単純ではないであろう．銀河の形成や進化はバリオン部分のふるまいに大きく依存するが，密度のゆらぎは暗黒物質のものであるからである．単純に考えても，銀河の形成は暗黒物質のゆらぎが大きいところで起こりやすいなど，さまざまな効果がありうる．しかし，質量関数の典型的質量が銀河団スケールであり，$\sigma(M) = 1$ となるスケールが銀河団であり，現在の長さスケールで $8h^{-1}$ Mpc ≈ 11 Mpc 程度に相当すること，銀河分布の相関関数が $6\sim 8h^{-1}$ Mpc となることは整合的であり，断熱密度ゆらぎの成長というシナリオを強く支持しているのである．

6.6 宇宙背景放射

宇宙背景放射の存在はビッグバン宇宙論の最大の証拠を与えている．そのスペクトルは 10^{-5} 程度の誤差の範囲で黒体放射で記述され，その温度は約 $2.73\,\mathrm{K}$ である．これは宇宙初期に存在した熱平衡の輻射が断熱膨張した結果であり，その後の宇宙の進化の過程でそのスペクトル形を変形させるような過程がほとんどなかったことを意味している．また，宇宙背景放射の強度の方向分布にはわずかな振幅の非等方性が観測されている．この非等方性は密度ゆらぎに対応する輻射の分布関数のゆらぎを表している．そして，COBE 衛星，WMAP 衛星，Planck 衛星による宇宙背景放射の非等方性の精密な観測により，宇宙論パラメータが精度よく決定されるとともに，宇宙の構造形成が断熱ゆらぎによること，断熱ゆらぎのスペクトルがハリソン–ゼリドビッチスペクトルに非常に近いことが明らかにされたのである．さらに今後，密度ゆらぎの強度分布の非ガウス成分などの検出や偏光観測によるインフレーションの時期に生成された重力波の影響の検出が目指されている．

6.6.1 角度相関関数と角度パワースペクトル

われわれは地球という宇宙の 1 点においてさまざまな方向における輻射強度を観測することしかできず，宇宙の他の場所での非等方性は観測できない．したがって観測と理論とを比較するときには，理論的に計算された非等方性の統計的期待値と観測値とを比較することになる．非等方性の観測から比較すべき統計量を求めるため，まず天球上での強度の分布を

$$\frac{T(\theta,\varphi)}{\bar{T}} = \sum_{\ell,m} a_{\ell m} Y_{\ell m}(\theta,\varphi) \qquad (6.282)$$

と球関数で展開する．ここで $\bar{T}$ は一様成分の温度である．展開係数は

$$a_{\ell m} = \int d\cos\theta\, d\varphi\, Y_{\ell m}^* \frac{T(\theta,\varphi)}{\bar{T}} \qquad (6.283)$$

となる．$\ell=0,\ m=0$ は一様成分（$a_{00}=1$）である．$\ell=1$ は双極子非等方性を表し，この大部分は地球（太陽系の質量中心）が宇宙背景放射の定める慣性系にたいして運動していることに起因しており

$$\frac{\Delta T}{\bar{T}} = \frac{v}{c}\cos\theta \qquad (6.284)$$

と書かれる．この速度は主として銀河中心にたいする太陽の運動（銀河回転）とわれわれの銀河の宇宙背景放射が定める慣性系にたいする運動によるものである．後者はわれわれの銀河の特異運動と呼ばれている．角度 $\theta=0$ がその運動方向からくる輻射

6.6 宇宙背景放射

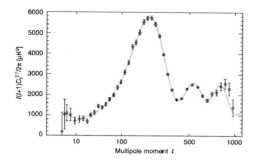

図 6.8 WMAP 衛星によって得られた宇宙背景放射の非等方性の観測

$l < \sim 100$ の領域はザックス–ウルフ効果が卓越している．$l > 100$ の領域にはいくつかの音響ピークが観測されている．宇宙背景放射の非等方性の観測により宇宙論パラメータが精密に決定された (M. R. Nolta et al: *Astrophysical Journal Supplement* vol. 180, p. 296, 2009).

の到来方向に対応している．双極子非等方性の観測値は $\Delta T = 3.3\,\mathrm{mK}$ であり，速度は $v = 365\,\mathrm{km\,s^{-1}}$ となる．銀河回転の影響などを取り除くと，われわれの銀河の特異運動速度は宇宙背景放射にたいし $550\,\mathrm{km\,s^{-1}}$ となる．さらにわれわれの銀河が局所銀河群にたいして運動していることを補正すると，局所銀河群は $630\,\mathrm{km\,s^{-1}}$ で運動していることになる．

$\ell \geq 2$ の成分については，振幅はさらに 2 桁程度小さくなるが，COBE 衛星，WMAP 衛星，Planck 衛星によって精密な観測がなされている．温度のゆらぎの 2 乗平均の期待値は

$$\left\langle \left(\frac{\Delta T}{\bar{T}}\right)^2 \right\rangle = \frac{1}{4\pi}\sum_{\ell m}\langle |a_{\ell m}|^2\rangle = \frac{1}{4\pi}\sum_{\ell}(2\ell+1)C_\ell \qquad (6.285)$$

となる．ここでゆらぎの等方性より $\langle |a_{\ell m}|^2 \rangle$ は m に依存しないので

$$\langle |a_{\ell m}|^2 \rangle = C_\ell$$

と角度パワースペクトル C_ℓ を定義した．ℓ はほぼ角度スケールの逆数に対応しているので，温度ゆらぎへのある角度スケールでの寄与を表すために $\ell(\ell+1)C_\ell$ を考えることが多い（ℓ を連続変数と近似して $(2\ell+1)d\ell = d(\ell(\ell+1))$ とする）．図 6.8 に WMAP 衛星によって得られた宇宙背景放射の非等方性を示す．

角度パワースペクトルは角度相関関数

$$w(\theta) = \frac{\langle T(\theta_1, \varphi_1) T(\theta_2, \varphi_2)\rangle}{\bar{T}^2}$$

と関係づけられる．ここで θ は 2 つの方向 (θ_1, φ_1) と (θ_2, φ_2) の間の角度である．展開係数の積のアンサンブル平均

$$\langle a_{\ell m} a^*_{\ell' m'}\rangle = \int d\cos\theta_1 d\varphi_1 d\cos\theta_2 d\varphi_2 Y^*_{\ell m}(\theta_1, \varphi_1) Y_{\ell' m'}(\theta_2, \varphi_2) w(\theta) \qquad (6.286)$$

を考える．左辺が

$$\delta_{\ell\ell'}\delta_{mm'}C_\ell$$

と書かれること，およびルジャンドル関数の展開公式

$$P_\ell(\cos\theta) = \frac{4\pi}{2\ell+1} \sum_m Y_{\ell m}^*(\theta_1,\varphi_1) Y_{\ell m}(\theta_2,\varphi_2)$$

を使うと

$$C_\ell = 2\pi \int d\cos\theta\, P_\ell(\cos\theta) w(\theta) \tag{6.287}$$

となることがわかる．逆変換は

$$w(\theta) = \sum_\ell \frac{2\ell+1}{4\pi} C_\ell P_\ell(\cos\theta) \tag{6.288}$$

である．

6.6.2　ボルツマン方程式

理論的には，宇宙背景放射の非等方性は光子の分布関数の非等方性にほかならない．ここでは光子分布関数の時間発展と，理論的に期待される非等方性がどのように計算されるかの道筋を与えよう．光子分布関数の時間発展はボルツマン方程式

$$p^\mu \frac{\partial f}{\partial x^\mu} + \frac{dp^\mu}{d\lambda} \frac{\partial f}{\partial p^\mu} = \left.\frac{\delta f}{\delta \lambda}\right|_{\rm coll} \tag{6.289}$$

に従う．ここで

$$p^\mu = \frac{dx^\mu}{d\lambda}$$

は粒子の4元運動量，λ は軌跡に沿ったアフィンパラメータであり，右辺は物質との相互作用による衝突項である．この方程式を宇宙背景放射に適用しよう．光子にたいしては $p^\mu p_\mu = 0$ なので，分布関数は p^i の関数とみなすことができる．

まず，無摂動状態を考えよう．これは宇宙初期に存在した黒体放射が膨張とともに，温度が赤方偏移した形の黒体放射として残存することを説明する．フリードマン宇宙の計量にたいし

$$(p^0)^2 = \sum_i a^2 (p^i)^2$$

である．p^0 を光子のエネルギーにとると，γ^i を光子の進行方向を表す3次元単位ベクトルとして，$a(t)p^i = p^0 \gamma^i$ は運動量に c をかけた量になることに注意しておこう．分布が一様等方で衝突項が無視できる場合の分布関数の発展を調べよう．このとき，分布関数は $\sqrt{\sum_i (p^i)^2} = p = p^0/a$ と a の関数となる．光子の運動方程式は

$$\frac{dp^i}{dt} = -2\frac{\dot{a}}{a} p^i \tag{6.290}$$

となるので，ボルツマン方程式は

$$\frac{\partial f}{\partial t} - 2\frac{\dot{a}}{a}p^i\frac{\partial f}{\partial p^i} = \frac{\partial f}{\partial t} - 2\frac{\dot{a}}{a}p\frac{\partial f}{\partial p} = 0 \tag{6.291}$$

となる．したがって，解 f_0 は $a^2p = ap^0$ のみの関数となる．

宇宙初期には熱平衡状態にあるので，初期時刻 t_1 でのスケール因子を a_1，温度を T_1 とすると，分布関数はプランク分布

$$f = \frac{2}{(2\pi\hbar)^3}\frac{1}{\exp(h\nu/kT_1)-1} = \frac{2}{(2\pi\hbar)^3}\frac{1}{\exp(a_1p/kT_1)-1} \tag{6.292}$$

で与えられる．熱平衡状態では衝突項は 0 になるので，時間発展は f を a^2p で表せばよい．その後の時刻 t_2 の量を使うと

$$\frac{a_1p}{kT_1} = \frac{(a_1)^2p}{a_1kT_1} = \frac{(a_2)^2p}{a_1kT_1}$$

となる．したがって

$$T_2 = \frac{a_1}{a_2}T_1 \tag{6.293}$$

と定義すると，分布関数は

$$f = \frac{2}{(2\pi\hbar)^3}\frac{1}{\exp(a_2p/kT_2)-1} = \frac{2}{(2\pi\hbar)^3}\frac{1}{\exp(h\nu/kT_2)-1} \tag{6.294}$$

となることがわかる．直感と一致して，よく知られているように温度が赤方偏移している形になっている物質との相互作用が切れても，光子分布は一様等方で衝突項は無視できるので，これらの式はそのまま成立する．ただしこのときの温度は物質の温度とは一般に異なったものになっているのである．

a. 光子分布関数のゆらぎ

密度ゆらぎが存在すると光子分布関数にもゆらぎが存在することになる．再結合期以前ではバリオン物質と輻射とは基本的に一体となって運動している．輻射を $p_r = \rho_r c^2/3$ の理想気体とみなせば，ゆらぎは断熱的なので

$$\frac{\delta\rho_b}{\rho_b} = \frac{3}{4}\frac{\delta\rho_r}{\rho_r} = \frac{3\delta T}{T} \tag{6.295}$$

の関係がある．ゆらぎはポテンシャルや速度のゆらぎも伴っているが，これらは暗黒物質のゆらぎとも結合している．再結合期に近づくと輻射とバリオンの運動の差も出てくるので本来は衝突項を考慮して，分布関数の摂動 δf をボルツマン方程式から計算しなければならない．そして，δf から輻射のエネルギー運動量テンソルの摂動

$$\delta T_r^{\mu\nu} = \sqrt{-g}\int\frac{d^3\vec{p}}{p_0}p^\mu p^\nu \delta f = a^2\int\frac{d^3\vec{p}}{p}\delta f p^\mu p^\nu + (\Phi+3\Psi)\int\frac{d^3\vec{p}}{p_0}p^\mu p^\nu f \tag{6.296}$$

を計算する必要が出てくる．輻射の方向分布に非等方性があると輻射の状態方程式が

$p_\mathrm{r} = \rho_\mathrm{r} c^2/3$ の理想気体からずれてくるとともに，エネルギー運動量成分に非対角成分が現れるので，$\Phi + \Psi = 0$ も成立しなくなる．アインシュタイン方程式の右辺のエネルギー運動量テンソルは暗黒物質，バリオン物質，輻射および残存ニュートリノの4成分からの寄与をもつとして，ゆらぎの成長を考えることになる．また，それぞれの成分の運動方程式を考えることになる．これは複雑になるが，観測の精密化に伴い理論の精密化も必要となっているのである．

ここでは簡単のため，再結合時までバリオンと輻射とは一体となって運動し，その後は輻射は自由に運動すると近似して議論を進めよう．再結合以前では輻射は熱平衡にあって等方的（バリオン流体の固有系で）だと近似することになって，δf は δT で表されることになる．再結合期の最終散乱面で，重力ポテンシャルのゆらぎ $\Phi = -\Psi$，輻射密度のゆらぎ $\delta \rho_\mathrm{r}$，バリオン速度のゆらぎ $\vec{v}$ が与えられることになる．

観測者は3次元最終散乱面中の2次元球面上のゆらぎを観測する．最終散乱面から観測点までは輻射は自由に進む，すなわち，重力場の影響のみを受け，物質とは相互作用しない．線形摂動を考慮すると

$$-(1+2\Phi)(p^0)^2 + a^2(1-2\Phi)\sum_i (p^i)^2 = 0 \tag{6.297}$$

となるので，光子のエネルギーは

$$p^0 = ap(1-2\Phi) \tag{6.298}$$

となる．光子の運動方程式のうち，エネルギー変化を表す式は

$$\frac{d}{dt}(a^2 p) = 2a^2 p \dot{\Phi} \tag{6.299}$$

となる．光子の進行方向は

$$\frac{d\gamma^i}{dt} = -\frac{2c}{a}(\delta^{ij} - \gamma^i \gamma^j)\frac{\partial \Phi}{\partial x^j} \tag{6.300}$$

となる．これは重力場によって光の進行方向が曲げられる重力レンズ効果を表している．曲がりの角度は $|\Phi|$ のオーダーなので，典型的には 10^{-4} rad 程度であり，それより大角度の非等方性を考える限りこの効果は無視できる．

光子のエネルギー変化はフリードマン宇宙の通常の赤方偏移にたいする補正項となるが，非等方性の観測には本質的な役割を果たす．4元速度 u^μ で運動する観測者が観測する光子のエネルギーは $-u_\mu p^\mu$ なので，バリオン物質の4元速度が

$$u_\mu = (-1 - \Phi, av^i/c) \tag{6.301}$$

で与えられることに注意すると

$$-u_\mu p^\mu = ap\left(1 - \Phi - \frac{\gamma^i v_i}{c}\right) \tag{6.302}$$

となる．したがって最終散乱面のバリオン物質の固有系でみた光子のエネルギーと観測者が観測するエネルギーの比は

$$\frac{(u_\mu p^\mu)_{\rm rec}}{(u_\mu p^\mu)_{\rm obs}} = \frac{(ap)_{\rm rec}}{(ap)_{\rm obs}} \left[1 - \Phi_{\rm rec} + \Phi_{\rm obs} - \left(\gamma^i \frac{v_i}{c}\right)_{\rm rec} + \left(\gamma^i \frac{v_i}{c}\right)_{\rm obs}\right]$$
$$= \frac{a_{\rm obs}}{a_{\rm rec}} \left[1 - \Phi_{\rm rec} + \Phi_{\rm obs} - \left(\gamma^i \frac{v_i}{c}\right)_{\rm rec} + \left(\gamma^i \frac{v_i}{c}\right)_{\rm obs} - 2\int_{t_{\rm rec}}^{t_{\rm obs}} \dot{\Phi} dt\right]$$
(6.303)

となる．Φ は重力的赤方偏移の効果を，$\gamma^i v_i$ の項は運動学的赤方偏移の効果を表している．赤方偏移を γ^i は観測者に向かってくる方向を示しているので観測方向は $-\gamma^i = n^i$ になることに注意しておこう．最後の項は積分ザックス–ウルフ効果と呼ばれる項で，重力ポテンシャルが時間変化している空間を伝播するときに値をもつ．

最終散乱面上では重力ポテンシャルやバリオン流体の速度や温度がゆらいでいるので，それに応じて宇宙背景放射に非等方性が現れるのである．最終散乱面と観測者との間の光子の伝播は衝突項を無視したボルツマン方程式で記述されるので分布関数は保存する．最終散乱面ではバリオン流体の固有系でプランク分布をしているとすると，観測者からみてもやはりプランク分布となり，ゆらぎは温度の非等方性として観測されることになる．天球上 n^i の向きの温度非等方性は

$$\frac{\delta T(n^i)}{\bar{T}} = \left.\frac{\delta T(n^i)}{\bar{T}}\right|_{\rm rec} + \Phi_{\rm rec} - \left(n^i \frac{v_i}{c}\right)_{\rm rec} + \left(n^i \frac{v_i}{c}\right)_{\rm rec} + 2\int_{t_{\rm rec}}^{t_{\rm obs}} \dot{\Phi} dt \quad (6.304)$$

となる．このようにして最終散乱面上のゆらぎが天球面上のゆらぎとして観測されることになるので，ゆらぎの統計量が非等方性の統計量と結びつけられるのである．

最終散乱面はほぼ再結合時とすると，角度が α だけ離れた 2 点は

$$d_{\rm A}\alpha = \frac{a_0 r \alpha}{1 + z_{\rm rec}} \tag{6.305}$$

であるが，$a_0 r(z_{\rm rec})$ は宇宙論パラメータに依存する．非等方性の ℓ 依存性の特徴的スケールを使って宇宙論パラメータを決定することになる．再結合時までの視角直径距離は 8 Mpc 程度，地平線の共動長さは 240 Mpc（その時期の固有長さでは 220 kpc 程度）なので，角度ではほぼ 2° 程度になる．この正確な位置が宇宙論パラメータの決定にとって重要になる．これより大きな角度ではポテンシャルのゆらぎによるザックス–ウルフ効果が支配的である[1]．この領域では Φ のパワースペクトルは $n=1$ でスケールによらないので宇宙背景放射の非等方性のパワースペクトルも基本的に角度によらない．現在の宇宙構造から推定されている原始密度ゆらぎの振幅は 3×10^{-5} 程度なので，$\Delta T/T$ はおよそ 10^{-5} 程度の値となるはずだが，これは観測値と一致して

---

[1] 式 (6.226) および式 (6.295) によって与えられる温度のゆらぎも付随する．

いる．一方これより小さな角度では $\delta\rho_\gamma/\rho_\gamma$ の寄与が支配的になる．この領域では基本的に輻射とバリオン物質とは一体化して音波となっているので，地平線に入ってから再結合までの間の振動の回数によって，非等方性の振幅は異なることになる．これが，バリオン音響振動の非等方性への影響である．また，等密度期と再結合期の間では暗黒物質のゆらぎは成長するが，輻射・バリオン成分も大きなスケールでは成長するので，非等方性は再結合期の地平線スケールでは大きくなっている．さらにおよそ $0.1°$ 以下のスケールでは音波の減衰の効果により非等方性は非常に小さくなる．詳細はその他の効果もあって複雑だが，基本的な構造は以上のとおりである．

6.7 バリオン物質の構造

前節までに述べたように，密度ゆらぎの成長により構造形成が起こり，銀河や銀河団などの自己重力系が生成される．密度ゆらぎの成長には暗黒物質が主導的な役割を果たし，現在の宇宙では，暗黒物質からなる自己重力系の典型的質量は銀河団スケールとなっている．しかし，観測的にみえる宇宙はバリオン物質の構造であって，暗黒物質の構造とまったく同じというわけではない．そこで，暗黒物質の分布とバリオン物質の分布が違いがどこに現れるかという問題がある．次に，バリオン物質でみえる基本的単位は銀河であるが，銀河にあるバリオン物質の量は，宇宙初期の元素合成や宇宙背景放射の非等方性などから推定されるバリオンの平均密度の3分の1から半分程度しかないという問題がある．残りのバリオン物質は銀河間空間にガスの状態で存在していると考えられている．このような未知の銀河間ガスを探索することも，天文学上の重要な課題となっている．最後に，形成された銀河は星の進化とともに，可視光や赤外線を放出する．これらの光子は背景放射として宇宙を満たしており，その強度は過去の星形成および元素合成活動の総量を表していることになる．巨大銀河の中心には大質量のブラックホールが存在している．大質量ブラックホールは活動銀河中心核のモデルとしてよく知られているが，強い活動性を示さない通常の銀河でも，バルジ質量の1000分の1程度の大質量ブラックホールが普遍的に存在していることがわかってきた．これらの大質量ブラックホールの形成過程にはまだ定説はない．大質量ブラックホールの形成や活動性で放出されたエネルギーはX線やガンマ線の背景放射として観測されている．銀河の形成過程では，形成された大質量星からの紫外線放射や大質量ブラックホールからの運動エネルギーが周囲の銀河間物質に影響を与え，その後の銀河形成過程にフィードバックを与えると考えられる．その代表例が宇宙の再電離である．再結合期以降バリオン物質は中性の状態にあるが，現在の銀河間ガスの電離度は非常に高いことが知られている．これは構造形成による星やクェーサーからの紫外線放射によって電離されたと考えられるが，その具体的機構や時期はまだよ

6.7.1 銀河形成

まず観測的には宇宙を構成する単位は銀河である．銀河の典型的質量は暗黒物質を含んでも $10^{12}\,M_\odot$ 程度で銀河団の 1000 分の 1 程度と小さい．バリオン物質に限ればこの 5 分の 1 程度である．銀河の観測可能な部分はバリオン物質の量が暗黒物質よりも多く，暗黒物質はバリオン物質よりも空間的に広がって存在している．これを銀河の暗黒物質ハローと呼ぶ．典型的な銀河を例にとればバリオン物質は 10 kpc 程度の領域に集中しているが，暗黒物質は 50〜100 kpc 程度の広がりをもっている．個々の銀河に付随している暗黒物質が，より大きな構造中の暗黒物質の分布とどのように関係しているのかは，現段階でははっきりとは理解されていない．典型的な銀河団中では，銀河団中心にある超巨大銀河を除けば，暗黒物質は個々の銀河に付随しているというよりも，銀河団全体に分布していると考えられる．この場合個々の銀河はほとんど暗黒物質ハローをもたないことになる．より小さな銀河群の場合には，暗黒物質の分布が個々の銀河に付随しているのか，銀河群全体に分布しているのかを見分けることは簡単ではない．この問題については原理的には重力レンズ効果の観測から，情報が得られるはずである．重力レンズ効果は明るさではなく質量密度を計測するからである．重力レンズ効果の観測は，近年大きく進んでいるが，現段階ではまだこの問いに答える決定的な観測はない．

暗黒物質が構造形成を担うということに起因して，このような問題は実は矮小銀河スケールから問題となってくる．構造形成過程は時間とともに自己重力系のスケールが大きくなっていくことで特徴づけられるが，その過程で過去に形成された小さなスケールの自己重力系がどうふるまうのかは微妙な問題なのである．それらが完全に消されて新たな大きな構造ができるというわけではなく，一部は大きな構造の内部構造として残存する．その残存の仕方がバリオン物質のふるまいに依存すると考えられる．形成された自己重力系の中でバリオン物質が輻射冷却できれば，バリオン物質は暗黒物質ハローの重力場中で中心に集中していくし，星を形成することも容易となるであろう．バリオン物質が冷却できなければ，星もできないので銀河とはならない．この境界の質量は 10^5〜$10^6\,M_\odot$ とされている．これは，形成された自己重力系の温度がおよそ 10^4 K を超えるか否かで決まっている．温度が高ければ，水素原子の電離度が高く自由電子を介して水素分子の形成とそれによる冷却が有効となるからである．この質量は大雑把にいって矮小銀河の質量に対応している．問題は，われわれの銀河を例にとった数値シミュレーションの結果では，形成される矮小銀河の数が実際に観測されてい

る矮小銀河の数よりも1桁ほど大きいことである．このことは，矮小銀河スケールの暗黒物質ハローでの星形成があまり有効ではなく観測にかからない，あるいはいったんできた矮小銀河がその後の進化の過程で破壊されるなどの可能性が考えられている．

暗黒物質と矮小銀河の間のもう1つの問題は暗黒物質の間接的な探査にかかわっている．数値シミュレーションによれば暗黒物質の密度分布が中心付近でコアを形成せずに，カスプ状になっていることを示唆している．もし，暗黒物質の正体が未知の超対称性粒子であれば，矮小銀河中心部での粒子反粒子の対消滅によるガンマ線発生率が大きくなる．矮小銀河中心部での暗黒物質の分布が実際にどうなっているのかはバリオン物質の影響などの問題もあって，未確定の部分も大きいが，暗黒物質の正体を天文学的に調べる貴重な手段の1つである．

さて，銀河の質量の問題に戻って，なぜ銀河の典型的質量が $10^{12} M_\odot$ 程度なのかを考えてみよう．この程度の質量の巨大銀河は赤方偏移が2から10程度の時期に形成されるが，それ以降も自己重力系をつくる暗黒物質ハローの質量は増大していくので，もっと大きな質量の銀河が存在していてもよいように思える．構造形成理論からは，銀河団スケールの質量の銀河が典型的であるのがむしろ自然であろう．銀河の典型的質量が $10^{12} M_\odot$ にとどまる理由は，やはり輻射冷却の効果による．大きな質量は大きな速度分散と高い温度を意味し，形成時の赤方偏移が小さくなると密度も低くなるので，バリオン物質は冷却できないので高温のガスのままにとどまる．このことは銀河団には銀河の数倍の質量の大量の銀河間ガスが存在していることと整合的である．形成時期 z_vir，質量 M の銀河のバリオン密度は

$$\rho_\mathrm{b} \approx 10^{-25} \left(\frac{1+z_\mathrm{vir}}{10} \right)^3 \mathrm{g\,cm^{-3}} \tag{6.306}$$

であり，温度は

$$T \approx 3 \times 10^6 \left(\frac{M}{10^{12} M_\odot} \right)^{2/3} \frac{1+z_\mathrm{vir}}{10} \mathrm{K} \tag{6.307}$$

となる．制動放射による冷却率は

$$\epsilon_\mathrm{cool} \approx 10^{21} \rho_\mathrm{b}^2 T^{1/2} \mathrm{erg\,cm^{-3}\,s^{-1}} \tag{6.308}$$

なので，冷却時間は

$$t_\mathrm{cool} \approx 3 \times 10^{-13} T^{1/2} \rho_\mathrm{b}^{-1} \approx 3 \times 10^{15} \left(\frac{M}{10^{12} M_\odot} \right)^{1/3} \left(\frac{1+z_\mathrm{vir}}{10} \right)^{-1} \mathrm{s} \tag{6.309}$$

と評価される．赤方偏移の小さい時期に形成される大質量の天体は宇宙年齢内に冷却できないことがわかる．一方比較的小さな質量の天体は，赤方偏移が小さい時期に形成されても冷却可能なので，銀河形成は赤方偏移の小さい時期まで生起可能であることがわかる．このようにして，巨大銀河の典型的質量を理解することができる．

遠方の銀河の観測は近年飛躍的に進み，宇宙の平均の星形成率の変化が推定できるようになった．それによると，赤方偏移が 2 程度のところで星形成率は最大となり，その後急激に減少している．赤方偏移が 10 から 2 までの時間は 3 Gyr 程度はあるので，銀河は形成直後 1～2 Gyr 程度の時間をかけて星形成を進めていることになる．この星形成によって重元素生成という化学進化と，可視光赤外線領域の天体起源の背景放射が形成されることになる．$Z = 0.02$ 程度の重元素形成によって，単位共動体積から放出されるエネルギーは

$$\epsilon_* = Z f_* \rho_b c^2 \approx 3 \times 10^{-12}\,\mathrm{erg\,cm^{-3}} \tag{6.310}$$

程度となる．ここで f_* はバリオンのうち銀河に取り込まれた割合を表す．これらは可視光および近赤外線領域の背景放射として観測されるが，その強度は星形成の平均の赤方偏移を $z_* \approx 2$ として

$$\frac{c}{4\pi}\epsilon_*(1+z_*)^{-4} \approx 3 \times 10^{-5}\,\mathrm{erg\,s^{-1}\,cm^{-2}\,sr^{-1}} \tag{6.311}$$

と評価される．観測値はこれとほぼ同程度で，可視光から遠赤外線にわたって

$$\nu I_\nu \approx 10^{-5}\,\mathrm{erg\,s^{-1}\,cm^{-2}\,sr^{-1}}$$

程度である．遠方銀河の観測は飛躍的に進んでおり，深い銀河探査が行われている領域ではほぼ存在する銀河をほとんどすべて観測しつくしているといってもよい．このような領域では計数された銀河の明るさを合計したものが背景放射の強度になる．このことは，可視赤外域の背景放射に影響を及ぼすような未知のエネルギー解放機構（たとえば崩壊素粒子による加熱，バリオンからなる大量のブラックホール形成など）に大きな制限をつけることになる．

赤外線背景放射の強度については，活動銀河の一種であるブレーザー天体からの TeV 領域のガンマ線放射の観測も強い制限を与える．TeV 程度のエネルギーのガンマ線は 1 eV 程度の光子と衝突して電子陽電子対生成を起こす．この断面積はトムソン断面積に近いので，およそ 300 Mpc 以遠からのガンマ線は強い吸収を受けるはずである．この吸収の様子から，赤外線背景放射の強度が上の推定値と同程度であることが示されている．このことは，現在観測にかかっている遠方銀河の星形成を大幅に超えるような未知の過程はないことを意味している．

6.7.2 銀 河 団

銀河団は宇宙最大の自己重力系であり，可視光でみると数百個から数千個の銀河の集団である．重要なことは，銀河団のバリオン質量の大部分が高温の銀河間ガスの状態で存在していることである．銀河団のガスは数千万度に達するので強い X 線放射を

放出する．この銀河間ガスは原始組成のガスに銀河の化学進化を受けて重元素を含むガスが混合したものであって，宇宙の化学進化の歴史を調べる上で重要な役割を果たす．また，ガスの空間分布から重力ポテンシャルを求めることができる．球対称を仮定すると，静水圧平衡の式

$$\frac{GM}{r^2} = -\frac{1}{\rho}\frac{dp}{dr} = -\frac{kT}{\mu m_\mathrm{H}}\left(\frac{d\ln\rho}{d\ln r} + \frac{d\ln T}{d\ln r}\right) \tag{6.312}$$

を使って，重力を及ぼす質量 M の分布を求めることができる．最も単純な等温で密度が半径にたいしてべき型分布（$\rho \propto r^{-\beta}$）をとる場合には

$$M(r) = \frac{\beta k T r}{G\mu m_\mathrm{H}} \tag{6.313}$$

と半径に比例して増加する．これで求められた質量は銀河やガスの質量よりも大きく，重力場は暗黒物質が支配していることを示している．このような暗黒物質は重力レンズ効果を通して，背景にある銀河の形状を変形させたり，弓状のみかけの構造をつくったりする．

銀河団は宇宙最大の自己重力系なので，全体としてみればバリオン物質と暗黒物質の比は宇宙の平均値を表していると考えられる．ただし，銀河団より大きなスケールは，現在形成途上にある構造，あるいは暗黒エネルギーの影響で形成過程が凍結された構造であるとみなされる．そのため，形成直後の銀河団や銀河団の周辺では力学平衡状態に達していないと考えられる．このときには暗黒物質とバリオン物質のふるまいに大きなずれがありうる．実際にそのような観測的な例として 2 つの銀河団が合体「衝突」してより大きな銀河団をつくる過程で，暗黒物質とバリオン物質の力学的ふるまいに差が出てくるため，重力場は 2 つの中心をもっている連銀河団だが，ガスは一体の銀河団のように分布しているような例も発見されている．

高温ガスはまた宇宙背景放射を散乱して，そのスペクトルを変形させる．散乱にたいする光学的厚さは平均密度を n_e，ガス分布の広がりを R として，

$$\tau_\mathrm{T} = n_\mathrm{e}\sigma_\mathrm{T} R \approx 10^{-2} \sim 10^{-3}$$

程度だが，高温ガスでのコンプトン散乱により，低振動数の光子は高振動数側にシフトすることになる．このスペクトル変化の程度はコンプトンパラメータ

$$y = \frac{4kT_\mathrm{e}}{m_\mathrm{e}c^2}\tau_\mathrm{T} \approx 10^{-4} \sim 10^{-5}$$

で決まる．高温ガスを通過した宇宙背景放射のスペクトルは，レイリー–ジーンズ則では，$2y$ の割合で減少する．ピーク振動数より高振動数の側では強度は増加する．これをスニアエフ–ゼリドビッチ効果という．この効果は赤方偏移に依存しないので，高赤方偏移の宇宙での銀河団や高温ガスの性質を調べる上で重要となる．

6.7.3 銀河中心の大質量ブラックホール

われわれの銀河など質量がある程度大きな銀河の中心には大質量のブラックホールが存在している．その質量は銀河のバルジ成分の質量の約1000分の1程度である．円盤銀河では $10^{6.5} \sim 10^8 \, M_\odot$，楕円銀河では $10^8 \sim 10^{9.5} \, M_\odot$ が典型的な値である．これらは銀河形成の過程で生成されると考えられるが，その機構はまだよくわかっていない．ブラックホールの質量は最初にある程度の質量で形成され，その後周囲のガスを降着してその質量を増大させたものと考えられる．ブラックホールへ周囲のガスが降着すると，莫大なエネルギーを解放する．現在の質量になるまでに解放したエネルギーは，単位共動体積あたり

$$\epsilon_{\rm BH} = \eta f_{\rm BH} \rho_{\rm b} c^2 \approx 3 \times 10^{-14} \, {\rm erg \, cm^{-3}} \tag{6.314}$$

程度と推定される．ここで η は降着でのエネルギー解放の効率，$f_{\rm BH}$ はバリオン物質のうちブラックホールになった割合である．これは星によるエネルギー解放よりは2桁程度は小さいので，星形成とブラックホール形成の時期がそれほど違わなければ，ブラックホール形成による背景放射への寄与も2桁程度小さいことになる．したがってブラックホール起源の背景放射が可視赤外域にあれば，それを見分けることは困難である．ブラックホール起源の背景放射としてはX線背景放射があるが，その強度は可視赤外線背景放射の1000分の1程度の強度であり，上の評価の10%程度となる．

ブラックホールへの降着が大きいときには，そのエネルギー解放は銀河の星の光度を大きく上回る．このときブラックホールはさまざまな活動性を示し，活動銀河中心核として観測される．観測的には活動銀河は全銀河の数%である．これは降着が盛んに起こる時期は限られており，大部分の時間は激しい降着は起きていないことを意味している．活動性がきわめて高いと，周囲の銀河の明かりをみることが困難で，点状に観測されたものがある．これがクェーサーで，活動銀河の1%程度の数である．クェーサーは本質的には活動銀河の一種であるが，赤方偏移の大きなものでも観測されるので，高赤方偏移の宇宙の観測にとって重要な役割を果たしてきた．

6.7.4 銀河間物質

バリオン物質のうち銀河に取り込まれた部分は全体の3分の1程度であって，残りは銀河に取り込まれておらず，原始組成の銀河間ガスとして存在しているはずである．これを直接観測することは銀河団を除けば困難である．間接的観測としてはクェーサーの強い連続光を背景とした吸収線の観測が有用である．その結果，銀河間物質は一様分布しているのではなく，さまざまなサイズの銀河間雲として存在していること，きわめて高い電離度となっていることなどがわかっている．吸収線を使うと背景のクェーサーとわれわれとの間にある，さまざまな赤方偏移にある銀河間ガスを探査できる．

赤方偏移の効果があるので，クェーサーに近い赤方偏移では水素原子のライマン系列線の観測ができ，吸収線の等価幅から銀河間雲の中性水素原子の柱密度を得ることができる．大きなものは $10^{21}\,\mathrm{cm}^{-2}$ 程度と通常銀河と同程度のものから，小さなものは $10^{12}\,\mathrm{cm}^{-2}$ まで観測されている．柱密度がおよそ $10^{17}\,\mathrm{cm}^{-2}$ より小さければ，ライマン α 線をはじめとした吸収線により特徴づけられライマン α 雲と呼ばれる．柱密度がこれより大きくなると，水素原子を電離することによる連続吸収がみられるので，ライマン端吸収雲と呼ばれる．さらに柱密度が大きくおよそ $10^{20}\,\mathrm{cm}^{-2}$ を超えるとライマン系列の吸収線の幅が大きく広がって，ある振動数範囲の光子がすべて吸収されてしまう．これらは減衰ライマン α 雲と呼ばれる．柱密度が大きな雲以外では電離度は非常に高いので，実際に存在する物質量はより大きいことに注意しておこう．

ある程度柱密度があると水素以外の元素の吸収線も観測される．重元素も観測されているので，完全に原始組成というわけではなく，銀河形成の結果合成された重元素が銀河から放出されて，銀河間空間に分布しているものと考えられる．高階電離状態にある重元素の吸収線が観測されることから，吸収線輪郭から決まる温度に比して非常に高い電離度を有していることがわかる．おもな電離光子はクェーサーからの紫外光であると考えられる．吸収線系の雲以外の一般の銀河間ガスでは，密度がより低いので電離度はより高いはずである．雲以外の一様密度に近い状態にある一般の銀河間ガスの電離度は，赤方偏移 z の時期のライマン α 線の吸収が $\nu_{\mathrm{Ly}\alpha}/(1+z)$ に観測されることから，みかけ上連続吸収として観測されるという効果を使って測ることができる．これをガン–ピーターソン効果と呼ぶ．

共鳴線の吸収断面積は

$$\sigma_\nu = \frac{\pi e^2}{m_e c} f_{\mathrm{ul}} \phi_\nu \tag{6.315}$$

と与えられる．ここで

$$\phi_\nu = \frac{\Gamma/(4\pi^2)}{(\nu - \nu_{\mathrm{ul}})^2 + (\Gamma/(4\pi))^2}$$

は静止した原子にたいする吸収線の輪郭を表すもので，共鳴振動数 ν_{ul} でピークをもち，減衰幅 Γ をもつ．これを振動数で積分すると1となる．f_{ul} は振動子強度と呼ばれる因子である．水素原子のライマン α 線にたいしては $\nu_{\mathrm{ul}} = 2.46 \times 10^{15}\,\mathrm{Hz}$, $\Gamma = 6.26 \times 10^{8}\,\mathrm{s}^{-1}$, $f_{\mathrm{ul}} = 0.416$ である．赤方偏移 z_{s} の天体から ν_{s} で放出された光子は赤方偏移 z では

$$\nu(z) = \nu_{\mathrm{s}} \frac{1+z}{1+z_{\mathrm{s}}} \tag{6.316}$$

となるので，

$$\phi_\nu = \delta(\nu - \nu_{\mathrm{ul}})$$

と近似すると，$\nu(z) = \nu_{\mathrm{lu}}$ となる z で共鳴吸収されるとみなすことができる．$\nu_{\mathrm{ul}} \leq \nu_{\mathrm{s}} \leq \nu_{\mathrm{ul}}(1+z_{\mathrm{s}})$，すなわち観測振動数を ν_{ob} が

$$\frac{\nu_{\mathrm{ul}}}{1+z_{\mathrm{s}}} \leq \nu_{\mathrm{ob}} \leq \nu_{\mathrm{ul}}$$

を満たす光子は，源と観測者の間で共鳴吸収を受けることになる．その光学的厚さは

$$\tau_{\nu_{\mathrm{ob}}} = \int ds n_{\mathrm{HI}} \sigma_{\nu(z)} = \frac{\pi e^2}{m_e c} f_{\mathrm{lu}} \int \delta(\nu_{\mathrm{ob}}(1+z) - \nu_{\mathrm{ul}}) n_{\mathrm{HI}} c dt$$
$$= \frac{\pi e^2}{m_e \nu_{\mathrm{ob}}} f_{\mathrm{lu}} n_{\mathrm{HI}}(z) \left. \frac{dt}{dz} \right|_z \tag{6.317}$$

となる．これは

$$10^4 \frac{(1+z)^3}{(\Omega_{\mathrm{m}0}(1+z)^3 + \lambda)^{1/2}} \frac{n_{\mathrm{HI}}}{n_{\mathrm{H}}} \tag{6.318}$$

と評価されるので，銀河間ガスが中性であれば z_{s} にあるクェーサーの連続光は $\nu_{\mathrm{ul}}/(1+z_{\mathrm{s}})$ 以上の振動数では完全に吸収されるはずである．このような吸収の兆候が $z_{\mathrm{s}} < 3$ のクェーサーにはみられないことから，$n_{\mathrm{HI}}/n_{\mathrm{H}} < 10^{-5}$ と銀河間ガスの電離度が非常に大きくなっていることがわかるのである．最近では $z_{\mathrm{s}} > 3$ のクェーサーや遠方銀河にこの吸収の特徴が報告されている．しかしこれは $n_{\mathrm{HI}}/n_{\mathrm{H}}$ が 10^{-4} 程度ならばよいのでまだ高い電離度を保っている．脱結合後のバリオンはほとんど中性であったはずなので，天体形成とともに銀河間ガスも電離したものと考えられる．これを再電離と呼ぶが，最電離は銀河形成に伴って大質量星からの紫外線放射によるものと考えられるので，ようやくその観測的手がかりが得られるようになってきたのである．

水素原子のライマン α 線（10.2 eV）だけでなく，1 回電離のヘリウム原子のライマン α 線（40.8 eV）を使えばより赤方偏移の大きな宇宙を探索できる可能性があることにも注意しておこう．また，水素原子の同位体である重水素のライマン α 線は通常の水素原子のライマン α 線よりわずかにエネルギーが大きくなる．これは速度にして $82\,\mathrm{km\,s^{-1}}$ である．水素原子の吸収線輪郭のすそ部分にこの特徴が出てくるはずであるが，いくつかの観測例が出てきた．これは原始組成の重水素分量を決める有力な方法となっている．

演習問題

6.1 4 次元ユークリッド空間

$$ds^2 = dx^2 + dy^2 + dz^2 + dw^2$$

中の 3 次元球面

$$x^2 + y^2 + z^2 + w^2 = R^2$$

は3次元一様等方正曲率空間になることを示せ．

6.2 ミンコフスキー空間

$$ds^2 = -du^2 + dx^2 + dy^2 + dz^2$$

中の3次元超曲面

$$-u^2 + x^2 + y^2 + z^2 = -R^2$$

は3次元一様等方負曲率空間になることを示せ．（ヒント：超曲面は $u = R\cosh\xi$, $x = R\sinh\xi\sin\alpha\cos\beta$, $y = R\sinh\xi\sin\alpha\sin\beta$, $z = R\sinh\xi\cos\alpha$ と書ける）

6.3 ニュートン力学での一様球の方程式 (6.9), (6.6), (6.5) と一般相対論でのフリードマン方程式 (6.32), (6.33), (6.34) を比較し対応と相違とを調べよ．

6.4 正曲率の輻射宇宙の解が

$$a = \sqrt{B}\sin\xi,$$
$$ct = \sqrt{B}(1 - \cos\xi)$$

となること，負曲率の輻射宇宙の解が

$$a = \sqrt{B}\sinh\xi,$$
$$ct = \sqrt{B}(\cosh\xi - 1)$$

となることを示せ．

6.5 宇宙項が存在する場合の平坦なダスト宇宙の解が式 (6.79) で与えられることを示せ．

6.6 アインシュタイン–ドジッター宇宙で，$z = 0.1$, $z = 1$, $z = 10$, $z = 100$, $z = 1000$ にある直径 1 Mpc の天体を観測したときのみかけの角度を計算せよ．

6.7 ユークリッド空間に光度 L の天体が数密度 n で存在しているとする．みかけの明るさが F と $F + dF$ の間にある天体の数 $N(F)$ は $N(F) = -dN(>F)/dF$ で与えられる．これらの天体のみかけの明るさの総和 $\int FN(F)dF$ は発散することを示せ．これは天球が無限に明るいことを意味する．これをオルバースのパラドクスという．膨張宇宙論では天球の明るさは有限にとどまることを示せ．

6.8 暗黒物質の密度パラメータについて考える．クォーク–ハドロン相転移以前の段階では自由度は $g = 65.25$ である．これはこの時期の温度と時間の関係を定める．暗黒物質を担う素粒子の質量とその脱結合温度を m_X, T_X とし，$m_X c^2 \gg kT_X$ とする．数密度を n_X とすると1粒子あたりの対消滅率は $n_X \langle \sigma v \rangle$ であり，脱結合時間 t_X は

$$t_X = \frac{1}{n_X \langle \sigma v \rangle}$$

と評価される．一方，この粒子の化学ポテンシャルを 0 とすると，熱平衡の数密度が

$$n_X = g_X \left(\frac{m_X kT}{2\pi\hbar^2}\right)^{3/2} \exp\left(-\frac{m_X c^2}{kT}\right)$$

となる．この2つの式から残存する粒子の数密度およびその光子数密度にたいする比を評価し，$\langle \sigma v \rangle \approx 3 \times 10^{-26}\,\mathrm{cm}^3\,\mathrm{s}^{-1}$ であれば現在の暗黒物質の密度パラメータを再現することを示せ．

6.9 もし宇宙が物質と反物質にたいして対称であれば，バリオン数が 0 となる．クォーク-ハドロン相転移の後に核子と反核子は非相対論的温度で熱平衡にあるが $N + \bar{N} \to 2\gamma$ の反応で対消滅する．対消滅の率を
$$\langle \sigma v \rangle \approx \left(\frac{e^2}{m_p c^2} \right)^2 c$$
と評価して，残存する核子数密度およびその光子数密度にたいする比を評価せよ．

6.10 式（6.199）および式（6.201）を導け．

6.11 式（6.202）を導け．

6.12 式（6.231）を具体的に計算して，その値を評価せよ．輻射圧の効果を無視したときと考慮したときでどの程度の差が出るかを調べよ．

6.13 式（6.245）を導け．

6.14 通常の水素と重水素は原子核の質量が異なっているため，換算質量がわずかに異なる．そのためライマン α 線のエネルギーもわずかに異なる．その差が速度にして $82\,\mathrm{km\,s^{-1}}$ となることを確認せよ．

索　引

欧　文

BL Lac 型天体（BL Lacertae object）　167

CNO サイクル　36

$\vec{E} \times \vec{B}$ ドリフト（$\vec{E} \times \vec{B}$ drift）　102
e 過程（e process）　73

G 型矮星問題（G-dwarf problem）　150, 153

H$^-$ イオン　50
H-R 図（H-R diagram）　4, 56, 61

Ia 型超新星（type Ia supernova）　64
ISCO（innermost stable circular orbit）　115

p-p 連鎖（p-p chain）　34

RR Lyr 星（RR Lyrae star）　63
r 過程（r process）　76

S0 銀河（S0 galaxy）　126
S 因子（S-factor）　32
s 過程（s process）　74

T-Tauri 星（T-Tauri star）　48

X 線星（X-ray star）　93, 107
X 線背景放射（X-ray background radiation）　237
X 線バースト（X-ray burst）　111
X 線パルサー（X-ray pulsar）　107

ア　行

アインシュタイン–ドジッター宇宙（Einstein–de Sitter universe）　180
アウターギャップ（outer gap）　95, 104
アクリーション（降着）（accretion）　11, 45, 107
α 過程（α process）　73
α 粘性（α viscosity）　116
アルフベン半径（Alfvén radius）　109
アルミニウム（Aluminium）　73
暗黒エネルギー（dark energy）　8, 177, 195
暗黒物質（dark matter）　6, 127, 195
　——の密度（—— density）　195
暗黒物質ハロー（dark matter halo）　233

異常 X 線パルサー（anomalous X-ray pulsar）　93, 124
移流優勢円盤（advection dominated accretion disk）　113, 117
インフレーション膨張（inflationary cosmology）　177

渦摂動（vorticity perturbation）　209
渦定理（vorticity theorem）　207
渦巻銀河（spiral galaxy）　126
宇宙項（cosmological term）　176
　無次元化した——（normalized ——）　178
宇宙初期の元素合成（cosmological nucleosynthesis）　198
宇宙組成（cosmic abundance）　8
宇宙定数（cosmological constant）　176
宇宙年齢（age of the universe）　188
宇宙の地平線（cosmological horizon）　187

宇宙（マイクロ波）背景放射（cosmic (microwave) background radiation) 8, 195
宇宙物理学（astrophysics） 1
宇宙膨張（cosmological expansion） 7
運動の積分（integral of motion） 133
運動量保存の式（equation of momentum conservation） 13

エディントン光度（Eddington luminosity) 54, 108
エネルギー保存の式（equation of energy conservation） 40
エネルギー密度（energy density） 19
エネルギー輸送の式（equation of energy transport） 23
エネルギー流束密度（energy flux density） 19
エピサイクリック振動数（epicyclic frequency） 141
エムデン解（Emden solution） 15
沿磁力線電場（field aligned electric field) 104
円盤銀河（disk galaxy） 6, 126, 128

音響地平線（sound horizon） 214

カ 行

回転曲線（rotation curve） 6
外部リンドブラッド共鳴（outer Lindblad resonance） 146
ガウス（型）分布（Gaussian distribution) 223
化学進化（chemical evolution） 149
拡散係数（diffusion coefficient） 136
角度相関関数（angular correlation function） 227
角度パワースペクトル（angular power spectrum） 227
可視光の背景放射（cosmic optical background radiation） 235
加速膨張（accelerated expansion） 179
褐色矮星（brown dwarf） 5, 52
活動銀河（active galaxy） 127
活動銀河中心核（active galactic nucleus) 166

ガモフピーク（Gamow peak） 33
ガン–ピーターソン効果（Gunn–Peterson effect） 238
ガンマ線バースト（gamma–ray burst） 67, 121

擬周期的振動（quasi-periodic oscillation） 111
基準平面（fundamental plane） 130
キック（kick） 92
逆コンプトン散乱（inverse Compton scattering） 106
球状星団（globular cluster） 5
吸収係数（opacity: absorption coefficient) 20
球の自由落下運動（free fall motion of a sphere） 46
共回転半径（co-rotation radius） 146
共形時間（conformal time） 176
共時ゲージ（synchronous guage） 209
強度（intensity） 18
共動距離（comoving distance） 189
共動体積（comoving volume） 193
曲率係数（curvature parameter） 178
キルヒホッフの法則（Kirchihoff's law） 21
キロ新星（kilo-nova） 123
銀河（galaxy） 6, 233
——の典型的質量（mass of a ——） 234
——の分類（classification of galaxies） 126
銀河星団（galactic cluster） 6
銀河団（cluster of galaxies） 7, 236
銀河分布の相関関数（correlation function of galaxies） 224
キングモデル（King model） 134
近星点移動（periastron advance） 120
近赤外線領域の背景放射（infrared background radiation） 235

クェーサー（quasar） 11, 167
クラマースの吸収係数（Kramers opacity) 24
グリッチ（glitch） 91
クーロン障壁（Coulomb barrier） 31
クーロン対数（Coulomb logarithm） 137

系外惑星（extrasolar planets） 5
軽元素合成（synthesis of light elements） 72, 198
計数観測（count (of galaxies)） 193
形成時期（formation epoch） 221
激変星（cataclysmic variable） 64, 66
ゲージ不変摂動論（guage invariant perturbation theory） 209
ゲージ変換（guage transformation） 209
結合エネルギー（binding energy） 86
原子核年代学（nucleocosmochronology） 156
原始星（protostar） 45
減衰ライマン α 雲（damped Lyman–α cloud） 238
源泉関数（source function） 20
元素（element） 8, 71
——の起源（origin of elements） 8, 71
減速係数（deceleration parameter） 178

コア（core） 47
——半径（—— radius） 134
——崩壊（—— collapse） 138
——崩壊型超新星（—— collapse supernova） 67, 68
光円柱半径（light cylinder radius） 97, 98
光学的厚さ（optical thickness） 20, 21
光学的距離（optical distance） 20
高質量 X 線連星（high mass X–ray binary） 107
恒星系の力学（stellar dynamics） 133
構造形成理論（structure formation theory） 206
後退速度（recession velocity） 186
降着（アクリーション）（accretion） 11, 45, 107
——円盤（—— disk） 11, 66, 113
——率（—— rate） 108
光度関数（luminosity function） 130
シェヒター型の——（Schechter type ——） 130
光度距離（luminosity distance） 190
固有質量（proper mass） 86
ゴールドライヒ–ジュリアン密度（Goldreich–Julian density） 102
混合距離（mixing length） 28

——理論（—— theory） 27

サ 行

サイクロトロン振動数（cyclotron frequency） 110
最終散乱面（last scattering surface） 230
最大半径（maximum radius） 220
再電離（reionization） 232, 239
宇宙の——（—— of the universe） 232
遡り時間（lookback time） 189
ザックス–ウルフ効果（Sachs–Wolfe effect） 231
サハの式（Saha's formula） 37
残光（afterglow） 122
3 重陽子（tritium） 200

シェーンベルグ–チャンドラセカール限界（Schönberg–Chandrasekhar limit） 57
視角直径距離（angular diameter distance） 192
磁気圏（magnetosphere） 102
磁気再結合（magnetic reconnection） 105
磁気双極子放射（magnetic dipole radiation） 98
時空の特異点（space time singularity） 178
質量関数（mass function） 5, 222
質量吸収係数（mass absorption coefficient） 20
質量保存の式（equation of mass conservation） 13
シャピロ遅延（Shapiro delay） 120
遮蔽効果（screening effect） 137
自由・自由遷移（free–free transition） 24, 53
重水素（deuterium） 72
——量（—— abundance） 154
重陽子（deuteron） 200
——の形成（—— formation） 199
自由落下時間（free fall time） 46
重力質量（gravitational mass） 85
重力熱力学的不安定（gravo–thermal catastrophe） 138
重力波摂動（gravitational wave perturbation） 209
重力波放出（gravitational wave emission） 119

重力不安定性（gravitational instability）161
重力ポテンシャルと空間曲率の摂動（perturbation of gravitational potential and space curvature）209
重力レンズ（gravitational lens）192
主系列星（main sequence star）4, 51
　——の光度（luminosity of ——）53
　ヘリウムの——（helium ——）60
主系列転回点（turn-off point of the main sequence）55
種族 I の星（population I stars）129
種族 II の星（population II stars）129
種族合成（population synthesis）150
シュワルツシルトの真空解（Schwarzschild exterior solution）84
シュワルツシルトの内部解（Schwarzschild interior solution）84
シュワルツシルトの判定条件（Schwarzschild criterion）27
シュワルツシルトの分布関数（Schwarzschild distribution function）144
シュワルツシルト半径（Schwarzschild radius）84
瞬間リサイクル近似（instantaneous recycling approximation）151
準対流（semi-convection）30
衝撃波（shock wave）105
状態方程式（equation of state）14
初期質量関数（initial mass function）151
食パルサー（eclipsing pulsar）94
ショートガンマ線バースト（short gamma–ray burst）122
シルク減衰（Silk damping）214
進化種族合成（evolutionary population synthesis）150
シンクロトロン放射（synchrotron radiation）106, 166
ジーンズ質量（Jeans mass）162
ジーンズの定理（Jeans theorem）133
ジーンズ波数（Jeans wavenumber）162
ジーンズ波長（Jeans length）162
ジーンズ不安定（Jeans instability）162, 207
新星（nova）67

水素（hydrogen）
　——の再結合（—— recombination）205
水素殻燃焼（hydrogen shell burning）57
水素燃焼（hydrogen burning）34
水平分枝の星（horizontal branch star）60
スケール因子（scale factor）176
スケールハイト（scale height）28
スニアエフ–ゼリドビッチ効果（Sunyaev–Zel'dovich effect）236
スペクトル進化（spectral evolution）149
3α 反応（three α reaction）37

星間雲（interstellar cloud）7
正曲率空間（positive curvature space）175
静止宇宙（static universe）182, 183
星団（stellar cluster）5
制動指数（braking index）99
制動放射（bremsstrahlung）24
セイファート銀河（Seyfert galaxy）11, 166
赤色巨星（red giant star）57, 59
積分ザックス–ウルフ効果（integrated Sachs–Wolfe effect）231
赤方偏移（redshift）186
セファイド型変光星（Cepheid variable）63
漸近分枝の星（asymptotic giant branch star）60

双極子非等方性（dipole anisotropy）226
双極分子流（bipolar flow）48
相対論的ジェット（relativistic jet）11, 167
相対論的ビーミング効果（relativistic beaming effects）167
束縛・自由遷移（bound–free transition）25
束縛・束縛遷移（bound–bound transition）25

タ　行

第 3 積分（third integral）134
太陽組成問題（solar abundance problem）78
太陽ニュートリノ（solar neutrino）77
　——問題（—— problem）4, 77
対流過貫入（convective overshooting）30
対流中心核（convective core）52
対流不安定の条件（criterion of convective instability）26

索　引

楕円銀河（elliptical galaxy）　6, 126, 128
ダスト（dust）　7
　——宇宙（—— universe）　180
脱結合（decoupling）　197
単極誘導（unipolar induction）　100
炭素爆燃型超新星（carbon deflagration supernova）　70

地平線問題（horizon problem）　187
チャンドラセカール質量（Chandrasekhar mass）　10, 64, 66
中性子（neutron）
　——の平均寿命（lifetime of a ——）　199
中性子星（neutron star）　10, 82, 86
　——の最大質量（maximum mass of a ——）　90
　——の内部構造（internal structure of a ——）　91
中性子ドリップ（neutron drip）　89
中性子捕獲反応（neutron capture reaction）　74
超新星（supernova）　64
　Ia 型——（type Ia ——）　64
　コア崩壊型——（core collapse ——）　67, 68
　炭素爆燃型——（carbon deflagration ——）　70
超新星残骸（supernova remnant）　92
超新星爆発（supernova explosion）　67
潮汐半径（tidal radius）　134
超長基線干渉法（very long baseline interferometry）　167

ツームレの最小分散（Toomre's minimum dispersion）　142, 148

定曲率空間（constant curvature space）　175
低質量 X 線連星（low mass X-ray binary）　93, 107, 111
低表面輝度銀河（low surface brightness galaxy）　126
鉄コア（iron core）　68
電子散乱（electron scattering）　24
電子縮退（electron degeneracy）　62
電子数（electron number）　68

天体物理的 S 因子（astrophysical S-factor）　32
電波銀河（radio galaxy）　11, 166
電流閉鎖の問題（current closure problem）　107

等温球（isothermal sphere）　17
等曲率ゆらぎ（isocurvature perturbation）　213
等時曲線（isochrone）　55
灯台モデル（lighthouse model）　95
等密度期（equi-density epoch）　217
特異運動（peculiar motion）　226
特異点（singularity）　178
　時空の——（space time ——）　178
特異等温球（singular isothermal sphere）　135
閉じた宇宙（closed universe）　175
トムソン散乱（Thomson scattering）　24
トールマン–オッペンハイマー–ボルコフ方程式（Tolman–Oppenheimer–Volkoff equation）　84
トレイリング（trailing (arm)）　141
トンネル効果（tunneling effect）　31

ナ　行

内部リンドブラッド共鳴（inner Lindblad resonance）　146
軟ガンマ線リピーター（soft gamma-ray repeater）　93, 124

2 温度降着円盤（two-temperature accretion disk）　117
二重パルサー（double pulsar）　94, 119
2 体緩和（two body relaxation）　135
　——時間（—— time）　138
日震学（helioseismology）　77
ニュートリノ（neutrino）
　——振動（—— oscillation）　80
　——損失（—— loss）　39
　——の質量（—— mass）　204
　——冷却（—— cooling）　69
ニュートンゲージ（Newtonian guage）　209

熱核融合反応（thermonuclear reaction）　30
熱的な安定性（thermal stability）　164

粘性ストレステンソル（viscous stress tensor） 114

ハ 行

背景放射（background radiation） 232
バウンス（bounce） 69
爆轟（detonation） 70
白色雑音（white noise） 216
白色矮星（white dwarf） 10, 61, 63
爆燃（deflagration） 70
激しい緩和（violent relaxation） 139
破砕反応（spallation reaction） 73
ハッブル係数（Hubble parameter） 178
ハッブル系列（Hubble sequnce） 6
ハッブル定数（Hubble constant） 7, 130
林の禁止領域（Hayashi's forbidden region） 50
林フェイズ（Hayashi phase） 49
林ライン（Hayashi line） 50
バリオン音響振動（baryon acoustic oscillation） 225, 232
バリオン数（baryon number）
　——の起源（origin of ——） 197
バリオン物質（baryonic matter） 194, 233
　——の密度（density of ——） 194
ハリソン–ゼリドビッチスペクトル（Harrison–Zel'dovich spectrum） 217
パルサー（pulsar） 10
　——星雲（—— wind nebula） 93, 95
　——風（—— wind） 95
バルジ（bulge） 128
ハロー（halo） 129
パワースペクトル（power spectrum） 215

ビッグバン宇宙論（big bang cosmology） 8
非等方速度分散（anisotropic velocity dispersion） 128
火の玉（ファイアボール）モデル（fireball model） 12, 123
標準光源（standard candle） 191
標準太陽モデル（standard solar model） 78
標準モデル（standard (accretion disk) model） 113
開いた宇宙（open universe） 175
ビリアル定理（virial theorem） 17

ファイアボール（火の玉）モデル（fireball model） 12, 123
フォッカー–プランク方程式（Fokker–Planck equation） 135
不規則銀河（irregular galaxy） 126, 129
負曲率空間（negative curvature space） 175
輻射宇宙（radiation universe） 182
輻射定数（radiation constant） 21
負の比熱（negative specific heat） 18
不飽和コンプトン化（unsaturated Comptonization） 112
ブライト–ウィグナーの式（Breit–Wigner formula） 33
ブラックホール（black hole） 10, 82, 85
　——X 線連星（—— X-ray binary） 94
　——連星（—— binary） 112
プランク関数（Planck function） 20
フリードマン方程式（Friedmann equation） 177
フレアアップ（flare-up） 48
ブレーザー（blazar） 167
プレス–シェヒターの質量関数（Press–Schechter mass function） 224
分子雲（molecular cloud） 7
分布関数（distribution function） 133

平衡自転周期（equilibrium spin period） 109
平均分子量（mean molecular weight） 14
平坦性問題（flatness problem） 182
平坦な宇宙（flat universe） 175
ヘリウム（helium） 37
　——コア（—— core） 57
　——の主系列星（—— main sequence star） 60
　——フラッシュ（—— flash） 59
ヘルツシュプルング–ラッセル図（H–R 図）（Herzsprung–Russel diagram） 4, 56, 61
ベルヌーイパラメータ（Bernoulli parameter） 118
変光星（variable star）
　セファイド型——（Cepheid ——） 63

ポアソン方程式（Poisson equation） 133
放射性同位体（radio isotope） 9

放出率（emissivity） 20
棒状銀河（barred galaxy） 126
膨張宇宙（expanding universe） 172
星の生成率（star formation rate） 151
ポストニュートン効果（post Newtonian effects） 120
ポーラーギャップ（polar gap） 95
ポーラーキャップモデル（polar cap model） 104
ポリトロープ関係式（polytrope relation） 15
ポリトロープ指数（polytropic index） 15
ボルツマン方程式（Boltzmann equation） 133
ボンディ降着率（Bondi accretion rate） 113

マ 行

マイクロクェーサー（microquasar） 94, 112
マグネター（magnetar） 93, 124
窓関数（window function） 222

密度係数（density parameter） 178
密度波理論（density wave theory） 139
密度ゆらぎ（density perturbation） 210
　球対称の——（spherical ——） 219
　——の成長解（growth solution of ——） 211
ミリ秒パルサー（millisecond pulsar） 94, 119

無次元化した宇宙項（normalized cosmological term） 178

ヤ 行

有効温度（effective temperature） 22
有効生産量（effective yield） 152
ユークリッド空間（Euclid space） 175

陽子中性子比（proton neutron ratio） 88
陽電子（positron） 12

ラ 行

ライマン α 雲（Lyman α cloud） 238
ライマン端吸収雲（Lyman limit system） 238
ラザフォード散乱（Rutherford scattering） 135

力学的摩擦（dynamical friction） 136
リチウム（lithium） 72, 201
リーディング（leading (arm)） 141
両極性拡散（ambi-polar diffusion） 163
臨界密度（critical density） 131, 178

ルドーの判定条件（Ledoux criterion） 30
ルメートル宇宙（Lemaitre universe） 185

レイン–エムデン方程式（Lane–Emden equation） 15
連星系（binary） 4
連星中性子星（—— neutron stars） 76
連星パルサー（—— pulsar） 119

ロスランド平均吸収係数（Rosseland mean opacity） 23
ロバートソン–ウォーカー計量（Robertson–Walker metric） 176
ロングガンマ線バースト（long gamma-ray burst） 122

ワ 行

矮小銀河（dwarf galaxy） 126, 233
矮新星（dwarf nova） 66
惑星状星雲（planetary nebula） 61

著者略歴

高原 文郎
<small>たか はら ふみ お</small>

1949 年　大分県に生まれる
1977 年　京都大学大学院理学研究科博士課程修了
　　　　　大阪大学大学院理学研究科宇宙地球科学専攻教授を経て
現　在　大阪大学名誉教授
　　　　　理学博士

新版　宇宙物理学
―星・銀河・宇宙論―

定価はカバーに表示

1999 年 6 月 10 日	初版第 1 刷
2013 年 8 月 25 日	第 10 刷
2015 年 5 月 15 日	新版第 1 刷
2022 年 5 月 25 日	第 4 刷

著　者　高　原　文　郎
発行者　朝　倉　誠　造
発行所　株式会社　朝　倉　書　店
　　　　東京都新宿区新小川町 6-29
　　　　郵便番号　162-8707
　　　　電　話　03(3260)0141
　　　　F A X　03(3260)0180
　　　　https://www.asakura.co.jp

〈検印省略〉

Ⓒ 2015　〈無断複写・転載を禁ず〉　　中央印刷・渡辺製本

ISBN 978-4-254-13117-8　C 3042　　Printed in Japan

JCOPY ＜出版者著作権管理機構 委託出版物＞
本書の無断複写は著作権法上での例外を除き禁じられています．複写される場合は，そのつど事前に，出版者著作権管理機構（電話 03-5244-5088, FAX 03-5244-5089, e-mail: info@jcopy.or.jp）の許諾を得てください．

好評の事典・辞典・ハンドブック

物理データ事典	日本物理学会 編	B5判 600頁
現代物理学ハンドブック	鈴木増雄ほか 訳	A5判 448頁
物理学大事典	鈴木増雄ほか 編	B5判 896頁
統計物理学ハンドブック	鈴木増雄ほか 訳	A5判 608頁
素粒子物理学ハンドブック	山田作衞ほか 編	A5判 688頁
超伝導ハンドブック	福山秀敏ほか 編	A5判 328頁
化学測定の事典	梅澤喜夫 編	A5判 352頁
炭素の事典	伊与田正彦ほか 編	A5判 660頁
元素大百科事典	渡辺 正 監訳	B5判 712頁
ガラスの百科事典	作花済夫ほか 編	A5判 696頁
セラミックスの事典	山村 博ほか 監修	A5判 496頁
高分子分析ハンドブック	高分子分析研究懇談会 編	B5判 1268頁
エネルギーの事典	日本エネルギー学会 編	B5判 768頁
モータの事典	曽根 悟ほか 編	B5判 520頁
電子物性・材料の事典	森泉豊栄ほか 編	A5判 696頁
電子材料ハンドブック	木村忠正ほか 編	B5判 1012頁
計算力学ハンドブック	矢川元基ほか 編	B5判 680頁
コンクリート工学ハンドブック	小柳 洽ほか 編	B5判 1536頁
測量工学ハンドブック	村井俊治 編	B5判 544頁
建築設備ハンドブック	紀谷文樹ほか 編	B5判 948頁
建築大百科事典	長澤 泰ほか 編	B5判 720頁

価格・概要等は小社ホームページをご覧ください.